高等院校**计算机基础课程**新形态系列

Python语言程序设计

微课版

宁爱军 何志永 / 主编

人民邮电出版社
北京

图书在版编目（CIP）数据

Python语言程序设计 ：微课版 / 宁爱军，何志永主编. -- 北京 ：人民邮电出版社，2024.1
高等院校计算机基础课程新形态系列
ISBN 978-7-115-61474-2

Ⅰ. ①P… Ⅱ. ①宁… ②何… Ⅲ. ①软件工具－程序设计－高等学校－教材 Ⅳ. ①TP311.561

中国国家版本馆CIP数据核字(2023)第053209号

内 容 提 要

本书以 Python 3.9 和 Anaconda 3 为编程环境。通过本书的学习，希望读者能理解和掌握 Python 语言的相关知识，具备较强的算法设计、编写和调试程序的能力，理解面向对象程序设计和模块化程序设计思想，掌握文件读写、图形界面、数据库、数据分析与可视化、人工智能等的编程技术。

本书共 16 章。第 1～2 章介绍程序设计与编程环境；第 3～7 章介绍顺序结构、选择结构、循环结构的算法与程序设计，以及函数和 Python 的数据结构；第 8 章介绍文件处理；第 9～11 章介绍面向对象程序设计、模块化程序设计和异常处理；第 12~16 章介绍 Tkinter 图形界面、数据库、网络爬虫、数据分析与可视化、人工智能等的编程。每章后配有针对性强的习题，供读者巩固所学知识。

本书内容由浅入深，可读性强，适合作为普通高等院校程序设计相关课程教材，也可以作为 Python 语言爱好者学习编程的参考书。

◆ 主　　编　宁爱军　何志永
　责任编辑　张　斌
　责任印制　王　郁　陈　犇
◆ 人民邮电出版社出版发行　　北京市丰台区成寿寺路 11 号
　邮编　100164　　电子邮件　315@ptpress.com.cn
　网址　https://www.ptpress.com.cn
　涿州市京南印刷厂印刷
◆ 开本：787×1092　1/16
　印张：18.5　　2024 年 1 月第 1 版
　字数：536 千字　　2024 年 1 月河北第 1 次印刷

定价：66.00 元

读者服务热线：(010)81055256　印装质量热线：(010)81055316
反盗版热线：(010)81055315
广告经营许可证：京东市监广登字 20170147 号

前言

党的二十大报告指出：“教育、科技、人才是全面建设社会主义现代化国家的基础性、战略性支撑。必须坚持科技是第一生产力、人才是第一资源、创新是第一动力，深入实施科教兴国战略、人才强国战略、创新驱动发展战略，开辟发展新领域新赛道，不断塑造发展新动能新优势。”这为高校的教学、科研和人才培养指明了方向。程序设计能力是实现科技创新的重要途径，也是教育和人才培养的重要内容。

Python 语言是一种跨平台、面向对象的高级程序设计语言，具有简洁性、易读性及可扩展性，广泛应用于 Web 和 Internet 开发、科学计算与统计、人工智能、数据处理、图形界面开发、软件开发、后端开发、网络爬虫等众多领域，在产业界应用广泛。

本书以 Python 3.9 和 Anaconda 3 为编程环境，主要介绍 Python 语言的语法知识，顺序结构、选择结构、循环结构的算法设计、程序编写和调试，函数，Python 语言数据结构，面向对象程序设计和模块化程序设计，文件读写、图形界面、数据库、数据分析与可视化、人工智能等的编程技术。

本书遵循程序设计类课程的教学规律，主要特点如下。

（1）通过分析问题、设计算法、编写和调试程序的过程，重点培养读者分析问题、设计算法、编写和调试程序的能力。

（2）为了培养读者模块化的编程思维，在介绍顺序结构和编程基础后，第 4 章即开始讲解函数，并在后续内容中不断强化函数编程。

（3）注意内容的先后顺序，内容由浅入深，案例丰富，叙述简洁，可读性强。

（4）配有课件、源代码、大纲、教案、微视频等资源，可供读者选用。

教师选用本书作为教材，可以根据授课学时情况适当取舍教学内容。教学建议如下。

（1）如果学时充分，建议系统讲解本书全部内容；如果学时较少，建议以第 1～11 章为教学重点，后续内容可在选修课或课程设计中介绍，也可以自学。

（2）在学习第 3～7 章时，应按照分析问题、设计算法、编写和调试程序的步骤进行，重点培养学生相应的实践能力。

（3）学习图形界面、数据库、数据分析与可视化、人工智能等的编程内容时，注意培养学生的实际编程能力。

（4）要求学生通过完成每章习题，巩固语言和语法知识，提升编程能力，以达到全国计算机等级考试要求的水平。

本书的编者都是长期从事软件开发和大学程序设计课程教学的一线教师，具有丰富的软件开发和教学经验。本书由宁爱军和何志永担任主编，并负责全书的总体策划、统稿和定稿。具体编写分工如下：第 1～2 章由贾宝会编写，第 3～7 章由宁爱军编写，第 8～11 章由何志永编写，第 12～16 章由赵奇编写。本书的编写和出版，还得到了很多老师的帮助以及各级领导的关怀和指导，在此一并表示感谢。

本书是编者多年软件开发和教学经验的总结，但是由于编者水平有限，书中肯定还存在很多不足，恳请专家和读者批评指正。联系邮箱：naj@tust.edu.cn。

编者

2023 年 11 月

目录
Contents

第1章 程序设计基础

本章主要介绍程序的概念及程序设计语言的分类、Python 语言的发展历史与特点、程序设计的本质、算法及算法的表示方法、结构化程序设计方法等内容，目的是使读者初步了解程序设计的相关概念。

1.1 程序设计语言

人类和计算机之间不能完全使用自然语言进行交流，需要借助计算机能够理解并执行的“计算机语言”交流。与人类语言类似，计算机语言是语法、语义与词汇的集合，可用于编写计算机程序。用以编写程序的计算机语言称为程序设计语言。

程序设计语言种类较多，如 C/C++、Java、Python、PHP 等。Python 语言是跨平台的最受欢迎的程序设计语言之一，应用广泛、简单易学。各种程序设计语言具有相通之处，因此学好 Python 语言可以为学习其他程序设计语言打下基础。

1.1.1 什么是程序

人们操作计算机以完成各项工作，实际上这是由计算机执行各种程序来实现的，如操作系统、文字处理程序、手机内置的各类应用程序等。简单的程序可能仅仅向屏幕输出一段符号，而复杂的程序可以实现更多功能。

程序是用来完成特定功能的一系列指令。通过向计算机发布指令，可以控制其执行某些操作或进行某种运算，从而解决具体问题。程序总是按照既定顺序执行的，以完成编程人员设计的任务。

1.1.2 程序设计语言的分类

自计算机诞生以来，产生了上千种程序设计语言，有些已被淘汰，有些则得到了推广和发展。程序设计语言经历了由低级到高级的发展过程，可以分为机器语言、汇编语言、高级语言和面向对象程序设计语言。低级语言包括机器语言和汇编语言；高级语言有很多种，包括 C、BASIC、FORTRAN 等；面向对象程序设计语言包括 C++、Python、Java 等。越低级的语言越接近计算机的二进制指令，越高级的语言越接近人类的思维方式。

1．机器语言

机器语言是由特定的某一计算机或某类计算机的机器指令组成的用二进制代码表示的计算机语言。机器语言程序是计算机能够直接识别并执行的一系列二进制指令代码的集合，执行效率高。但机器语言程序的指令由计算机的指令系统提供，采用二进制，人们阅读与编写起来比较困难，效率低，容易出错。不同计算机的指令系统也不同，使得用机器语言编写的程序通用性较差。

2．汇编语言

汇编语言是对操作、存储部位和其他特征（例如宏指令）提供符号命名的面向机器的语言。汇编语言程序采用助记符来代替机器语言的指令代码，使得机器语言程序符号化，编程效率得到提高。如加法表示为ADD，指令“ADD AX, BX”的含义是将AX寄存器中的数据与BX寄存器中的数据相加，并将结果存入AX寄存器内。汇编语言程序转换成机器语言程序的过程由计算机执行，因此执行效率逊于机器语言程序的执行效率。使用汇编语言编程，程序设计人员需要对计算机硬件有深入了解，没有摆脱对具体计算机的依赖，编程仍然具有较大难度。

3．高级语言

为了解决计算机硬件的高速度和程序编制的低效率之间的矛盾，20世纪50年代中期产生了独立于计算机的通用语言，称为高级语言。高级语言比较接近自然语言，直观、精确、通用、易学、易懂，编程效率高，便于移植。高级语言以语句和函数为单位编写程序，不能被计算机直接执行，编译器先使用编译程序将高级语言源程序转换为汇编语言源程序，再由汇编程序将汇编语言源程序转换为计算机可执行的机器语言程序。例如，语句“R = 6 +9”表示“求6和9的和，并将结果赋值给R”，如图1-1所示。高级语言有上千种，但实际应用的仅有十几种，如BASIC、PASCAL、C、FORTRAN、ADA、COBOL、PL/I等。

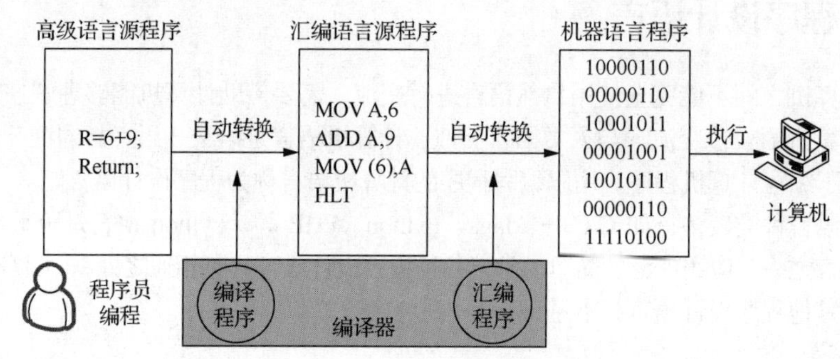

图1-1　高级语言程序执行过程

4．面向对象程序设计语言

面向对象程序设计语言更接近人们的思维习惯。它将事物或某个操作抽象成类，将事物的属性抽象为类的属性，将事物所能执行的操作抽象为方法。常用的面向对象程序设计语言有C++、Python、Java等。

程序执行有编译执行和解释执行两种方式。

（1）编译执行方式是将整个源程序翻译成一个可执行的目标程序，该目标程序可以脱离编译环境和源程序独立存在与执行。如C、C++等语言采用的是编译执行方式。

（2）解释执行方式是将源程序逐句解释成二进制指令，解释一句执行一句，不生成可执行文件，它的执行速度比编译执行方式的慢。如Python、BASIC等语言采用的是解释执行方式。

1.1.3　Python语言简介

1．发展历史

Python语言的创始人是荷兰的吉多·范罗苏姆（Guido Van Rossum），他于1989年开发了一个脚本解释程序，作为ABC语言程序的一种继承。

（1）1991年，第一个Python解释器诞生，它是使用C语言实现的。Python开源、易拓展，受到吉多同事的欢迎，他们迅速反馈使用意见，并参与Python改进工作。

（2）1994年1月，Python 1.0问世。

随着Internet的发展，吉多通过维护一个maillist，使得来自许多领域、不同背景的用户能用邮件进行交流，发表对Python拓展或改造的建议，提出的改动由吉多决定是否纳入Python自身或者标准库。

（3）2000 年 10 月，Python 2.0 发布，开发方式由 maillist 转为完全开源的开发方式。

（4）2008 年 12 月，Python 3.0 发布，Python 强大的标准库体系已经稳定，其生态系统开始拓展第三方包，并且 Python 3 不再兼容 Python 2，2010 年 7 月开发的 Python 2.7.13 是 Python 2 的最后版本。

（5）目前，Python 版本一直在不断发展中。

2．主要特点

Python 语言是一种跨平台、面向对象的高级程序设计语言，具有如下特点。

（1）简洁、使用灵活，便于学习和应用。Python 的设计优雅、明确、简单。Python 容易上手，有极其简单的语法，使程序员能够专注于解决问题而不是去搞明白语言本身。

（2）开源、免费。Python 是开源的，也就是说其源代码是开放的，任何人都可以查看并下载。Python 也是免费的，用户使用其源代码进行程序开发，不需要支付费用，也没有版权问题。

（3）可扩展性。Python 提供丰富的 API（Application Program Interface，应用程序接口）、模块和工具，程序员可以轻松地使用 C、C++语言来编写扩充模块。

（4）控制流结构化。Python 语言提供各种控制流语句（如 if、while、for 等），并采用函数作为主要结构，便于程序模块化，符合现代程序设计风格。

（5）面向对象。Python 既支持像 C 语言一样面向过程的编程，也支持如 C++、Java 语言一样面向对象的编程。

（6）高级解释性语言、可移植性好。程序员在开发时无须考虑底层细节，Python 解释器把源代码转换成被称为字节码的中间形式，然后把它翻译成计算机使用的机器语言并运行。Python 可在 Linux、Windows、FreeBSD、Macintosh、Solaris、OS/2 和 Android 等平台上运行。

（7）丰富的库。Python 丰富的标准库可以帮助开发人员高效地完成软件开发，如涉及正则表达式、线程、数据库、Web 浏览器、CGI（Common Gateway Interface，公共网关接口）、FTP（File Transfer Protocol，文件传送协议）、电子邮件、XML（eXtensible Markup Language，可扩展标记语言）、HTML（Hypertext Markup Language，超文本标记语言）、GUI（Graphical User Interface，图形用户界面）、Tk 等内容的编程。除了标准库，还有许多其他高质量的第三方库，如 NumPy、pandas、Matplotlib 等数据处理库及 scikit-learn 机器学习库等。

（8）规范的代码。Python 采用强制缩进的方式使得代码具有较好的可读性。

Python 语言的主要不足之处是运行速度慢、源代码开放无法被加密、独特的语法格式，但这些未阻挡其前进的步伐，Python 语言目前已发展成为出色的、无处不在的程序设计语言。

Python 语言广泛应用于科学计算、统计分析、人工智能、数据处理、图形界面开发、游戏开发、Web 和 Internet 开发、网络爬虫等众多领域。Python 在产业界应用广泛，许多大型网站就是用 Python 开发的。

1.2 程序设计概述

程序设计与计算机组成有密切关系，学习计算机组成方面的知识，有助于读者更好地理解程序设计的本质。

1.2.1 计算机系统结构

“计算机之父”冯・诺依曼于 1945 年 6 月提出存储程序控制的概念，相应的计算机体系结构如下。

（1）计算机（硬件）由控制器、运算器、存储器、输入设备和输出设备 5 个部件构成。

（2）计算机内部指令和数据均以二进制形式表示和存放。

（3）计算机按照程序规定的顺序将指令从存储器中逐条取出、分析并正确执行。

控制器集中控制其他设备。信息分为数据信息和控制信息两种。如图 1-2 所示，在控制指令的控制下，数据按照如下方式“流动”：由输入设备输入数据，并将数据存储在存储器中，控制器和运算器直接从存储器中取出数据（包括程序代码和运算数据）进行处理，结果存储在存储器内，并由输出设备输出。

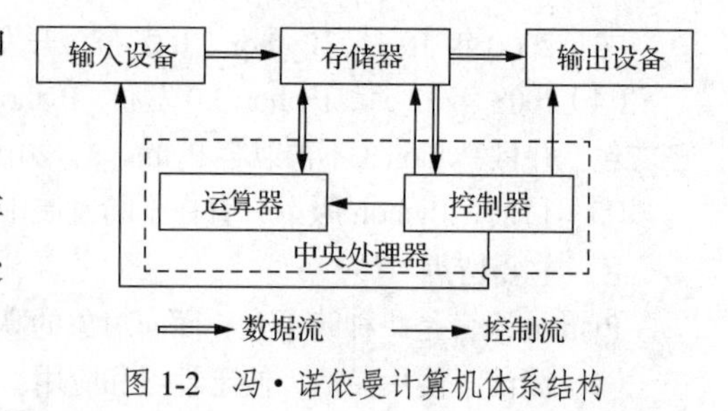

图 1-2　冯·诺依曼计算机体系结构

1.2.2　程序设计的本质

程序设计的本质是设计能够利用计算机的 5 个部件完成特定任务的指令序列。

【例 1.1】用键盘输入单价与重量，计算樱桃的总金额。

```
#计算樱桃价格
price=float(input("请输入单价:"))
number=float(input("请输入樱桃重量:"))
total=price*number
print("总金额为:",total)
```

在运行程序时先在相应提示信息后输入“20”并按 <Enter> 键，再输入“3”并按 <Enter> 键，显示“总金额为：60.0”，程序的运行结果如下。

```
请输入单价:20
请输入樱桃重量:3
总金额为:60.0
>>>
```

说明如下。

（1）程序保存在计算机的存储器中。

（2）数据存储在存储器中。3 个变量 price、number 和 total，分别占用一块存储空间，用于存放单价、重量和总金额。

（3）通过键盘输入单价与重量。input( )函数用于输入数据。

（4）由运算器执行乘法，求出总金额。

（5）通过输出设备显示程序的运行结果。print( )函数用于输出数据。

通过本例可见，一个程序的成功运行离不开 5 个部件的配合。一个程序可以没有输入，但是一定要有输出才能知道程序的运行结果。

1.2.3　程序设计的过程

程序设计过程如表 1-1 所示。

表 1-1　程序设计过程

序号	步骤	解决的问题
1	分析和定义实际问题	做什么
2	建立处理模型	如何做
3	设计算法	
4	设计流程图	
5	编写程序	实现程序
6	调试程序和运行程序	

在编程解决具体问题时，一般应按照以下这 6 个步骤逐一实施来完成程序。

1．分析和定义实际问题

通过深入分析实际问题，准确地提炼、描述要解决的问题。

2．建立处理模型

实际问题往往有一定的数学、物理、化学等规律，用特定方法描述问题的规律和其中的数值关系是为确定计算机实现算法而做的理论准备。如求解图形面积一类的问题，可以归结为数值积分，积分公式就是为解决这类问题而建立的数学模型。

3．设计算法

将要处理的问题分解成计算机能够执行的若干特定操作，也就是确定解决问题的算法。例如，由于计算机不能识别积分公式，编程人员需要将积分公式转换为计算机能够识别的运算，如梯形公式或辛普森（Simpson）公式等。

4．设计流程图

在编写程序前给出处理步骤的流程图能直观地反映出所处理问题中较复杂的关系，从而在编程时确保思路清晰，避免出错。流程图是程序设计的良好辅助工具，便于程序设计时的交流。

5．编写程序

编程是指用某种语言按照流程图描述的步骤写出程序，也称为编码。使用某种语言编写的程序叫源程序。

6．调试程序和运行程序

调试程序和运行程序就是指对写好的程序进行上机检查、编译、调试和运行，并纠正程序中的错误。

1.3 算法的概念和特性

编写程序之前，首先要找出解决问题的方法，并将其转换成计算机能够理解和执行的步骤，即算法。算法设计是程序设计过程中的一个重要步骤。

1.3.1 什么是算法

算法就是解决问题所采取的一系列步骤。知名的计算机科学家尼古拉斯·沃斯（Niklaus Wirth）提出过如下公式：

程序＝数据结构＋算法

其中，数据结构是指程序中数据的类型和组织形式，Python 语言中有列表、元组、字典、集合等数据类型。

算法给出解决问题的方法和步骤，它是程序的灵魂，决定如何操作数据、如何解决问题等。解决同一个问题可以有多种算法。

1.3.2 算法举例

计算机程序的算法必须是计算机能够执行的。理发、吃饭等操作计算机不能执行，而加、减、乘、除、比较和逻辑运算等就是计算机能够执行的操作。

【例 1.2】求 $1+2+3+4+\cdots+100$。

第一种算法是书写形如“$1+2+3+4+5+6+\cdots+100$”的表达式，其中不能使用省略号。这种算法太长，写起来很费时，且经常出错。

第二种算法是利用数学公式：

$$\sum_{n=1}^{100} n=(1+100)\times 100/2$$

相比之下，第二种算法要简单得多。但是，在解决实际问题时，并非每个问题都有现成的公式可用，如求 100! = 1 × 2 × 3 × 4 × 5 × ⋯ × 100。

【例 1.3】求 5!=1 × 2 × 3 × 4 × 5。

```
step1:  p=1
step2:  i=1
step3:  p=p * i
step4:  i=i+1
step5:  如果 i<=5，那么转入 step3 执行
step6:  输出 p，算法结束
```

其中 p 和 i 是变量，它们各占用一块内存，变量中存储的数据是可以改变的，如图 1-3 所示。变量可以被赋值，也可以被取出其中的值并参加运算。本例通过循环条件“i<=5”，使得乘法操作被执行 4 次。

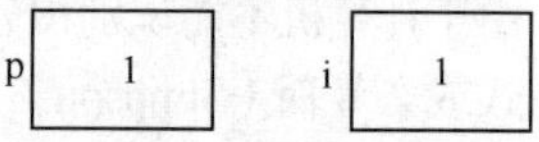

p 1　i 1

图 1-3　变量示意

【例 1.4】求 1 × 2 × 3 ×⋯ × 100。

```
step1:  p=1
step2:  i=1
step3:  p=p * i
step4:  i=i+1
step5:  如果 i<=100，那么转入 step3 执行
step6:  输出 p，算法结束
```

只需要在例 1.3 中算法的基础上将循环条件改为“i<=100”，乘法操作执行 99 次就可以求出 100 个数的乘积。

【例 1.5】求 1 × 3 × 5 × ⋯ × 101。

```
step1:  p=1
step2:  i=1
step3:  p=p * i
step4:  i=i+2
step5:  如果 i<=101，那么转入 step3 执行
step6:  输出 p，算法结束
```

通过观察，可见后一个乘数比前一个增加 2，因此每次循环增加 2 就可以了。读者在学习过程中要多观摩已有的程序，分析其算法，并力求有所创新。

1.3.3　算法的特性

算法应该具有以下特性。

（1）有穷性。算法经过有限次的运算就能得到结果，而不能无限执行或超出实际可以接受的时间。如果一个程序需要执行 1 000 年才能得到结果，对程序执行者而言，基本就没有什么意义了。

（2）确定性。算法中的每一个步骤都是确定的，不能含糊、模棱两可。算法中的每一个步骤不应当被解释为多种含义，而应当有十分明确的唯一含义。

（3）输入。算法可以有输入，也可以没有输入，即有多个或 0 个输入。

（4）输出。算法必须有一个或多个输出，用于显示程序的运行结果。

（5）可行性。算法中的每一个步骤都是可以执行的，都能得到确定的结果，而不能无法执行。例如，用 0 作为除数就无法执行。

1.4　算法的表示方法

算法的表示方法有很多种，常用的有自然语言、伪代码、传统流程图、N-S 流程图等。本节主要讲述常用的算法表示方法，其中流程图是需要读者学习和掌握的重点。

1．自然语言

使用自然语言就是采用人们日常生活中的语言。如求两个数的最大值，可以表示为：

```
如果A大于B，那么最大值为A，否则最大值为B
```

但在描述“陶陶告诉贝贝她的小猫丢了”时，表示的是陶陶的小猫丢了还是贝贝的小猫丢了呢？此处就出现了歧义。可见使用自然语言表示算法时拖沓、冗长，容易出现歧义，因此不常使用。

2．伪代码

伪代码用介于自然语言和计算机语言之间的文字和符号来描述算法。例如，求两个数的最大值，可以表示为：

```
if  A大于B, then 最大值为A, else 最大值为B
```

伪代码的描述方法比较灵活，修改方便，易于转变为程序，但是当情况比较复杂时，不够直观，而且容易出现逻辑错误。软件专业人员一般习惯使用伪代码，而初学者最好使用流程图。

3．传统流程图

流程图表示算法比较直观，它使用一些符号来表示各种操作，用箭头表示语句的执行顺序。传统流程图的常用符号如图 1-4 所示。将例 1.4 中的求 1×2×3×…×100 的算法用传统流程图表示，如图 1-5 所示。用传统流程图表示复杂的算法时不够方便，也不便于修改。

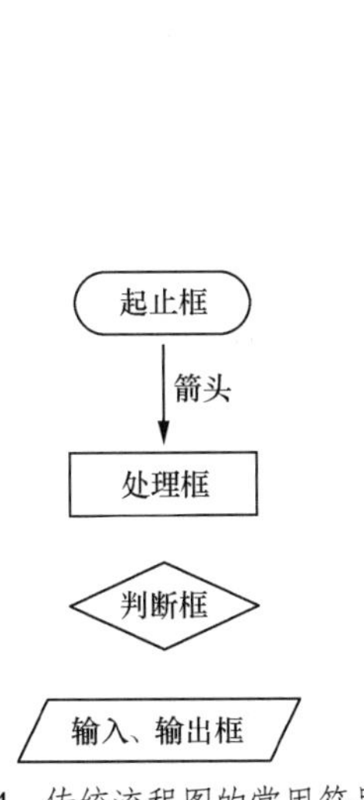

图 1-4　传统流程图的常用符号

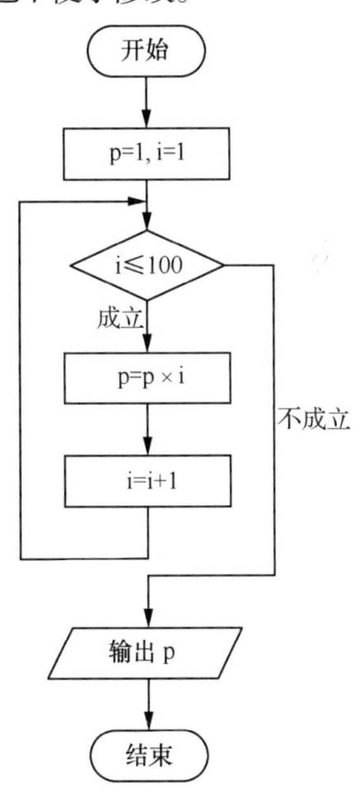

图 1-5　求 1×2×3×…×100 的算法的传统流程图

4．N-S 流程图

N-S 流程图又称盒图，其特点是所有的程序结构均用方框表示。N-S 流程图绘制方便，能避免使用箭头任意跳转程序所造成的混乱，更加符合结构化程序设计的原则。它按照从上往下的顺序执行语句。

【例 1.6】求 1×2×3×…×100 的算法的 N-S 流程图如图 1-6 所示。

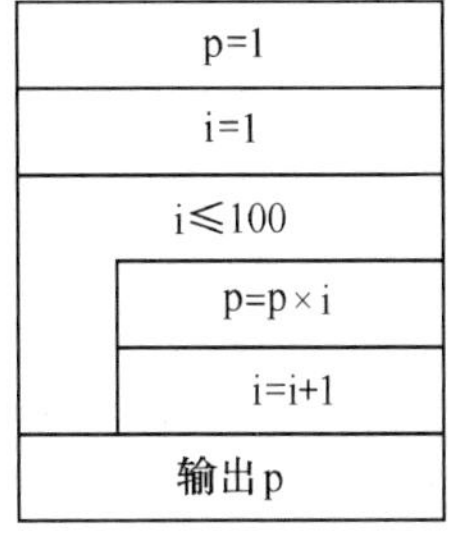

图 1-6　求 1×2×3×…×100 的算法的 N-S 流程图

1.5 结构化程序设计方法

编写程序、得到运行结果只是学习程序设计的基本要求。要全面提高编程的质量和效率就必须掌握正确的程序设计方法和技巧，培养良好的程序设计风格，使程序具有良好的可读性、可修改性、可维护性。结构化程序设计方法是目前主流的程序设计方法之一。

1966 年，顺序结构、选择结构和循环结构这 3 种基本结构被提出，结构化程序设计方法使用这 3 种基本结构组成算法。已经证明，用这 3 种基本结构可以组成解决所有编程问题的算法。

1．顺序结构

顺序结构按照语句在程序中出现的先后次序执行，其流程图如图 1-7 所示。顺序结构里的语句可以是单条语句，也可以是选择结构或循环结构。

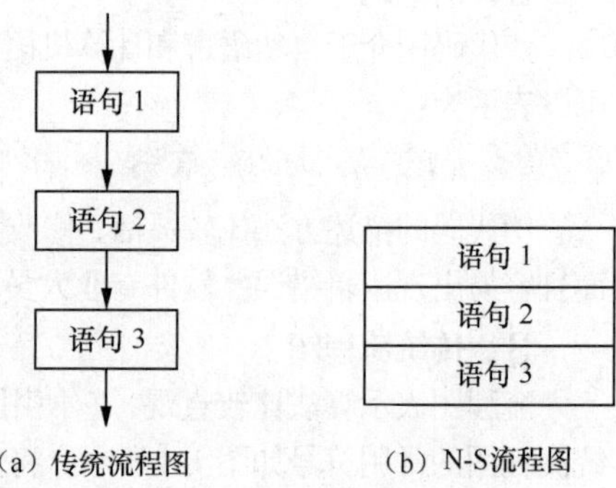

图 1-7　顺序结构的流程图

2．选择结构

选择结构根据条件选择程序的执行顺序。

选择结构一：流程图如图 1-8 所示，当条件成立时执行语句块①，否则执行语句块②。不管执行哪一个语句块，完成后继续执行选择结构后的语句。选择结构里的语句块可以是顺序结构，也可以是选择结构或循环结构。

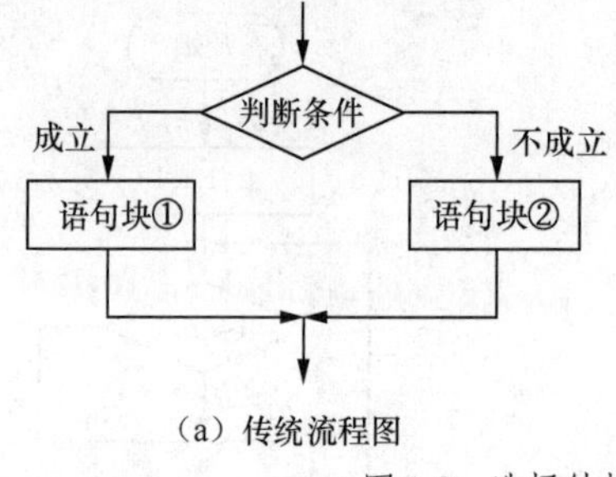

（a）传统流程图　（b）N-S 流程图

图 1-8　选择结构一的流程图

选择结构二：流程图如图 1-9 所示，当条件成立的时候执行语句块，否则什么都不执行。不管执行或不执行语句块，完成后继续执行选择结构后的语句。

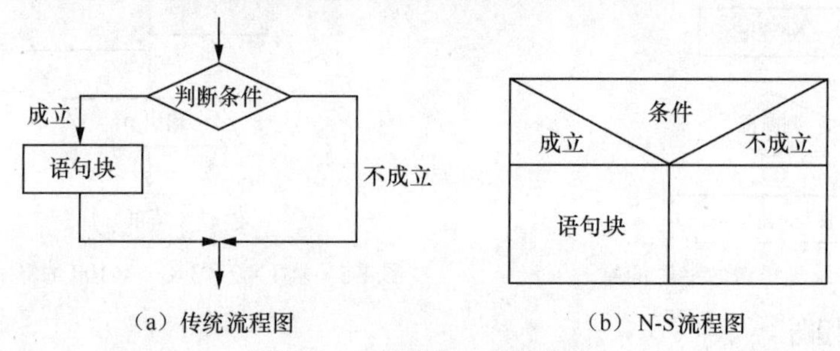

（a）传统流程图　（b）N-S流程图

图 1-9　选择结构二的流程图

3．循环结构

循环结构是指设定循环条件，在满足该条件时反复执行程序中的某语句块（循环体）。

循环结构一：当型循环结构的流程图如图 1-10 所示。判断条件是否成立，若成立则执行语句块，重复这一过程；当条件不成立时则不再执行语句块。如果条件第一次就不成立，那么该结构的

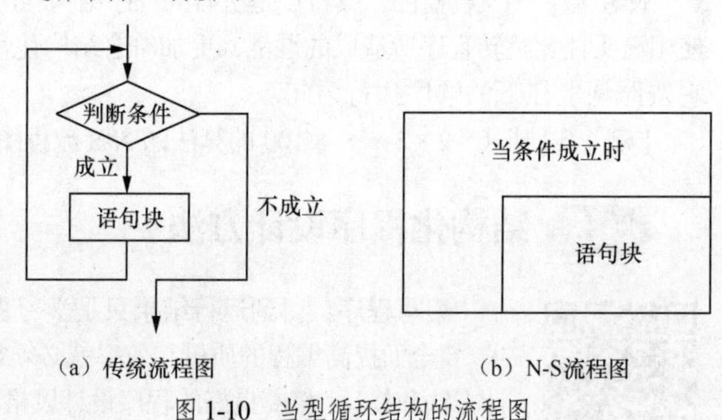

图 1-10　当型循环结构的流程图

语句块一次也不执行。

循环结构二：直到型循环结构的流程图如图 1-11 所示。先执行一次语句块，然后判断条件是否成立，若成立则执行语句块，重复这一过程，直到条件不成立时不再执行语句块。该结构至少执行一次语句块。

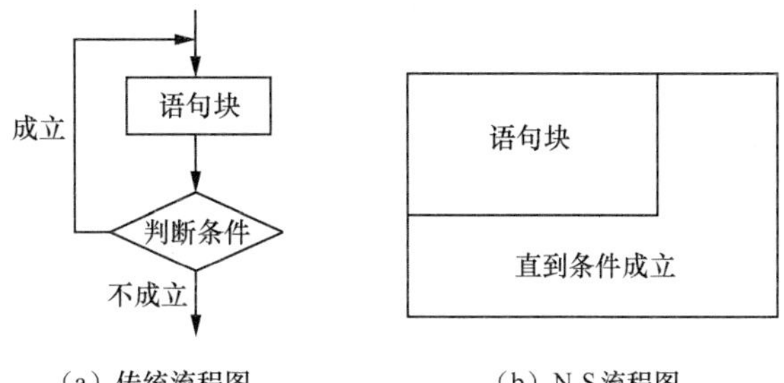

（a）传统流程图　　（b）N-S 流程图

图 1-11　直到型循环结构的流程图

循环结构里的语句块可以是顺序结构，也可以是选择结构或循环结构。

结构化程序设计的思想和方法主要包括以下内容。

（1）程序组织结构化。其原则是对任何程序都以顺序结构、选择结构、循环结构作为基本单元来进行组织。这样的程序结构清晰、层次分明，各基本结构相互独立，方便阅读和修改。

（2）程序设计采用自顶向下、逐步细化、功能模块化的方法。其原理就是将实际问题一步步地分解成有层次又相对独立的子任务，对每个子任务又采用自顶向下、逐步细化的方法继续进行分解，直至分解成一个个功能既简单、明确又独立的模块，每个模块又可以被分解为结构化程序设计的 3 种基本结构。

习题

一、选择题

1. 用来完成一系列特定功能的指令称为（　　）。

A. 算法　　B. 程序　　C. 语言　　D. 文件

2. （　　）是使用二进制编码的指令编写程序的语言，执行效率高。

A. 机器语言　　B. 高级语言　　C. C 语言　　D. 汇编语言

3. 使用助记符来代替机器语言的指令代码，使机器语言符号化的语言是（　　）。

A. 机器语言　　B. 高级语言　　C. C 语言　　D. 汇编语言

4. （　　）是类似于自然语言、以语句和函数为单位书写程序的编程语言。

A. 汇编语言　　B. 面向对象程序设计语言

C. 高级语言　　D. 机器语言

5. 程序执行时，将整个源程序翻译成一个可执行的目标程序，该目标程序可以脱离编译环境和源程序独立存在或执行，这种执行方式叫作（　　）。

A. 调试　　B. 编译　　C. 翻译　　D. 解释

6. 将源程序逐句解释成二进制指令，解释一句执行一句，且不会生成可执行文件，这种执行方式叫作（　　）。

A. 调试　　B. 编译　　C. 翻译　　D. 解释

7. Python 语言中，输出数据的函数是（　　）。

A. print( )　　B. input( )　　C. out( )　　D. get( )

8. Python 语言中，输入数据的函数是（　　）。

A. print( )　　B. input( )　　C. out( )　　D. get( )

9. 在程序设计的过程中，很重要的一步是，将要处理的问题分解成计算机能够执行的若干特定操作，也就是确定解决问题的（　　）。

A. 模型　　B. 程序　　C. 算法　　D. 流程图

10. 使用某种语言编写的程序叫作（　　）。

A. 编程　　B. 源程序　　C. 目标程序　　D. 文件

11. （　　）给出解决问题的方法和步骤，是程序的灵魂。

A. 模型　　B. 程序　　C. 算法　　D. 流程图

12. 算法具备的特性不包括（　　）。

A. 有穷性　　B. 确定性　　C. 可行性　　D. 必要性

13. 关于算法的输入/输出，以下说法错误的是（　　）。

A. 可以没有输入　　B. 可以没有输出　　C. 可以输出到屏幕　　D. 可以从文件输入

14. 用（　　）表示算法比较直观，它使用一些符号来表示各种操作，用箭头表示语句的执行顺序。

A. 自然语言　　B. 伪代码　　C. 传统流程图　　D. N-S 流程图

15. 使用方框表示算法结构，又被称作盒图的是（　　）。

A. 自然语言　　B. 伪代码　　C. 传统流程图　　D. N-S 流程图

16. 以下说法中，（　　）不是结构化程序设计的结构。

A. 顺序结构　　B. 选择结构　　C. 循环结构　　D. 递归结构

17. （　　）指按照语句在程序中出现的先后次序执行。

A. 顺序结构　　B. 选择结构　　C. 循环结构　　D. 递归结构

18. （　　）根据条件选择程序的执行顺序。

A. 顺序结构　　B. 选择结构　　C. 循环结构　　D. 递归结构

19. （　　）通过设定循环条件，在满足该条件时反复执行程序中的某部分语句，即反复执行循环体。

A. 顺序结构　　B. 选择结构　　C. 循环结构　　D. 递归结构

二、算法设计题

1. 设计算法，绘制 N-S 流程图。输入某学院毕业生人数 m、就业人数 t 和升学人数 n，计算并输出就业率和升学率。

2. 设计算法，绘制 N-S 流程图。输入两个变量 a 和 b，如果 $a>b$ 则计算 $a+b$ 的值，否则计算 $a-b$ 的值。

3. 设计算法，绘制 N-S 流程图。计算 $s=1+3+5+7+9+\cdots+99$。

第2章 Python 编程与调试

目前 Python 语言可以在多个平台上运行，如 Windows、Linux 和 macOS 等。读者可以根据需求下载和安装 Python 语言开发环境。本章主要介绍如何在 Windows 平台上下载和安装 Python 开发环境（包括 Python IDLE 和 Anaconda Spyder），以及程序编写和调试的过程。

2.1 Python 集成开发环境

集成开发环境（Integrated Development Environment，IDE）是一种辅助程序开发人员进行开发工作的应用软件，集成代码编写、语法检测、编译和调试等功能。IDE 可以帮助开发人员加快开发速度，提高开发效率。

常用的 Python IDE 有 Python IDLE、Anaconda Spyder、PyCharm、Eclipse with PyDev 以及各种在线编辑器等。本章以 Python IDLE 和 Anaconda Spyder 为例进行讲解。

2.1.1 Python IDLE 简介

Python IDLE 是 Python 标准发行版中的一个简单、小巧的 IDE，包括交互命令行、编辑器、调试器等基本组件，能够满足大多数的编程需求。

在 Python 的官方网站中，可以很方便地下载 Python 的安装包，具体下载和安装的步骤如下。

（1）打开浏览器，进入 Python 官网，将鼠标指针移动到 Downloads 菜单上，会显示和下载有关的选项。根据所使用的操作系统及版本，选择合适的安装包并下载，如图 2-1 所示。

图 2-1　选择 Windows 平台的安装包

（2）双击 Python 安装包，进入 Python 安装界面，如图 2-2 所示。选择安装方式：第一种是默认安装方式；第二种是自定义安装方式，即用户可以选择安装路径，可选择启用或禁用 Python 的某些功能。在此需要注意，需选中下方“Add Python 3.9 to PATH”复选框，如果未选中，使用时需要用户手动配置环境变量。程序开始安装，如图 2-3 所示，此过程可能需要持续几分钟。

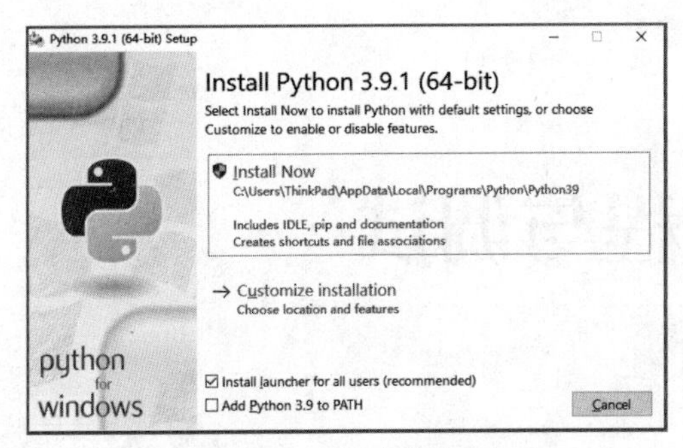

图 2-2　选择安装方式

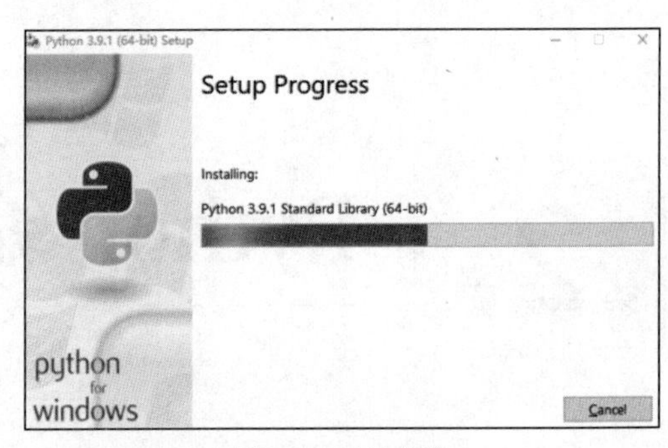

图 2-3　开始安装

（3）安装完成，如图 2-4 所示。

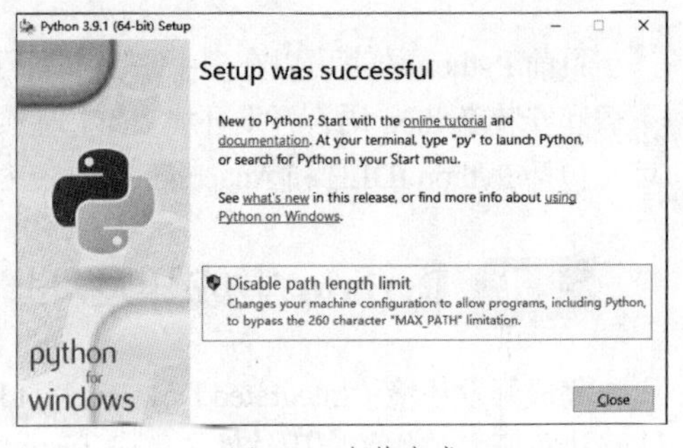

图 2-4　安装完成

（4）安装完成后，在"开始"菜单的"所有程序"中新增加了文件夹"Python 3.9"，单击打开它后，可以看到如下 4 项。

① IDLE（Python 3.9 64-bit）：官方自带的 Python IDE。

② Python 3.9（64-bit）：Python 终端。

③ Python 3.9 Manuals（64-bit）：Python 官方使用文档。

④ Python 3.9 Module Docs（64-bit）：模块速查文档。

2.1.2　Python IDLE 的 Shell

在"开始"菜单中，选择"所有程序→Python 3.9→IDLE（Python 3.9 64-bit）"，启动 IDLE，进入 Shell 窗口，如图 2-5 所示。使用命令交互模式，在 Python 提示符">>>"后输入相应的命令，按<Enter>键即可执行。

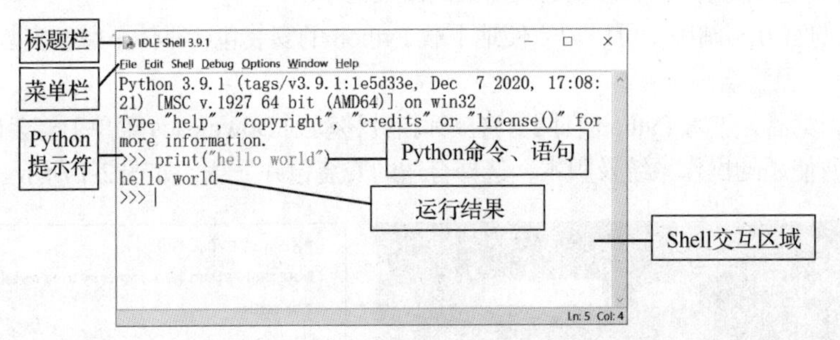

图 2-5　Python IDLE 的 Shell 窗口

Shell 窗口中各部分介绍如下。

1．标题栏

标题栏用于显示当前正在使用的解决方案的名称。

2．菜单栏

菜单栏中列出了 Shell 提供的多组菜单，具体如下。

（1）"File"菜单：包含与文件和模块相关的命令，如图 2-6 所示，包括 New File（新建文件）、Open…（打开文件）、Open Module…（打开模块）、Recent Files（最近的文件）、Save（保存）、Save As…（另存为）、Save Copy As…（将副本另存为）、Close（关闭）、Exit（退出）等命令。

（2）“Edit”菜单：编辑程序代码所需的命令，如图 2-7 所示，包括编程过程中对代码的编辑操作，有 Undo（撤销）、Redo（重做）、Cut（剪切）、Copy（复制）、Paste（粘贴）、Find...（查找）、Replace...（替换）等命令。

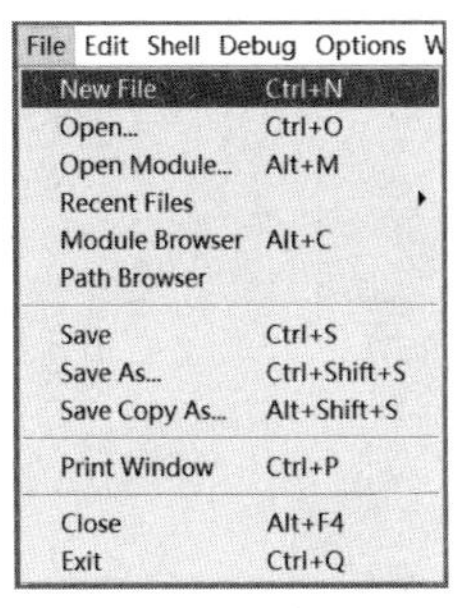

图 2-6 “File”菜单

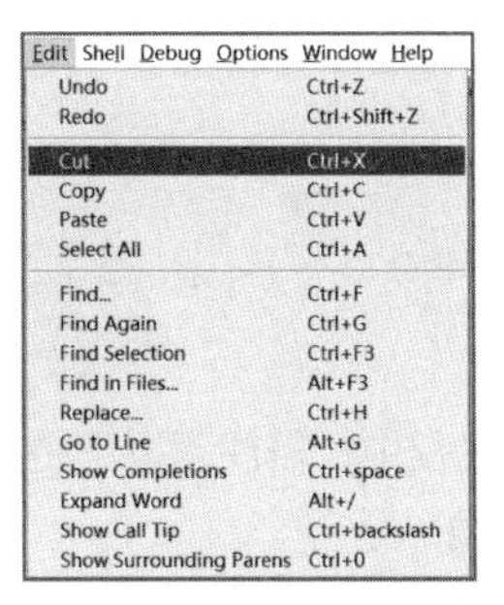

图 2-7 “Edit”菜单

（3）“Shell”菜单：与 Shell 有关的操作，如图 2-8 所示，包括 View Last Restart（查看上次重新启动）、Restart Shell（重新启动 Shell）、Interrupt Execution（中断执行）等。

（4）“Debug”菜单：主要用于调试程序，是学习程序设计需要重点掌握的内容。程序编写完后，通过调试过程找出程序中的错误或存在的问题，可能需要的命令包括 Go to File/Line（转到文件/行）、Debugger（打开调试器）等，如图 2-9 所示。

（5）“Options”菜单：包括与项目设置有关的命令，如图 2-10 所示，如 Configure IDLE（配置 IDLE）命令，可以配置窗口的字体、字号、背景等。

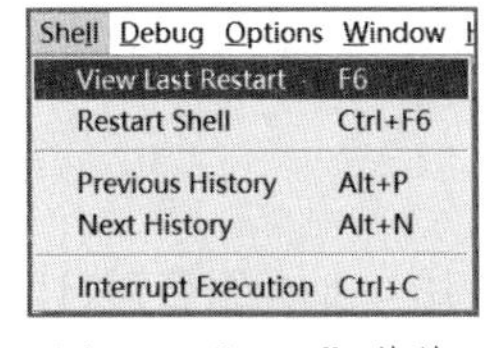

图 2-8 “Shell”菜单

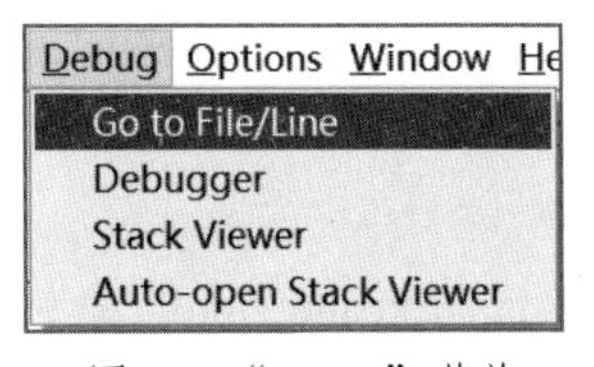

图 2-9 “Debug”菜单

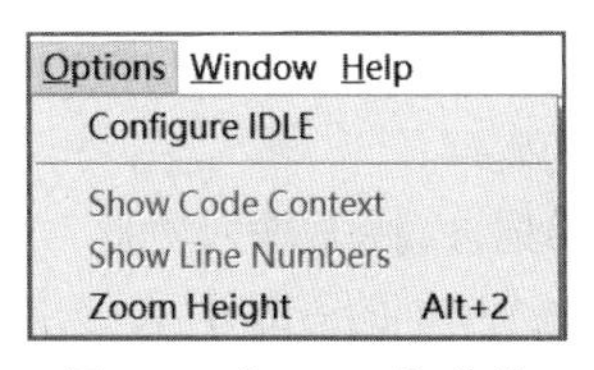

图 2-10 “Options”菜单

（6）“Window”菜单：在本窗口和其他文本编辑窗口之间切换，如图 2-11 所示。

（7）“Help”菜单：提供软件的帮助信息，如图 2-12 所示。

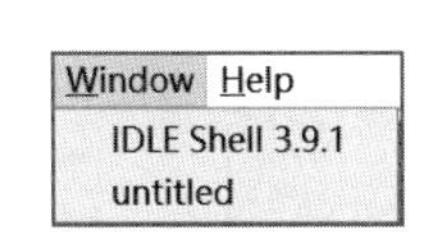

图 2-11 “Window”菜单

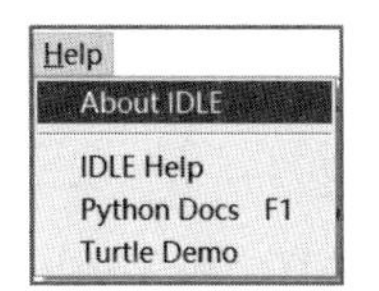

图 2-12 “Help”菜单

3．Shell 交互区域

在 Shell 交互区域可以显示程序执行过程、结果及可能的错误信息；用户在该区域输入 Python 的命令，然后按<Enter>键即可执行。如果语句正确，那么在命令提示符下方提示输入信息、输出执行结果，否则，出现错误提示信息。

代码在输入时会自动着色，将鼠标指针放在任意输入的命令上按<Enter>键，就会把命令和鼠标指针一起移动到最后一行，并将命令发送给解释器。交互中会话内容被记入缓冲区，用户可利用鼠标、箭头键、<Alt+P>组合键或<Alt+N>组合键等在已输入的命令之间切换。

2.1.3 Python IDLE 编辑器编写和运行程序

本节介绍在 Python IDLE 编辑器中，如何编写 Python 源程序，并进行调试、运行。

【例 2.1】创建一个新文件，在编辑器中编写 Python 源程序。

1．新建 Python 程序

启动 IDLE 后，在出现的 Shell 窗口中选择“File→New File”命令，进入 IDLE 编辑器，如图 2-13 所示，输入程序代码。

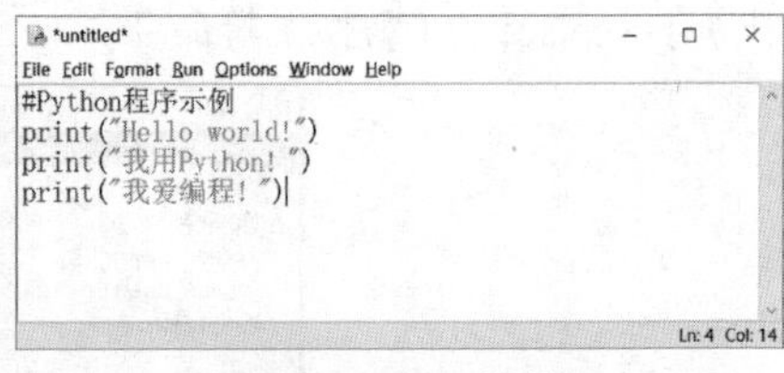

图 2-13 IDLE 编辑器

```
#Python 程序示例
print("Hello world!")
print("我用 Python! ")
print("我爱编程! ")
```

使用 IDLE 编辑器过程中，需注意以下特点。

（1）使用英文（半角）字符。

IDLE 编辑器中的代码、关键字、注释符、括弧、字符串定界符、字符串外标点符号等均使用英文（半角）字符。

（2）自动缩进。

Python 强制缩进，简单的顺序结构程序采用左对齐，当使用与控制结构相应的关键字（如 for）或输入与函数定义相关的关键字（如 def）引导的语句时，后面添加“:”后按<Enter>键，会自动缩进。缩进长度一般为 4 个空格，可通过选择“Edit→Expand Word”命令来进行修改。

（3）语法高亮显示。

代码中不同的元素使用不同颜色显示。默认状态下，注释显示为红色，关键字显示为紫藕荷色，字符串显示为绿色，解释器的输出显示为蓝色，提示错误信息显示为红色，控制台的提示信息显示为棕色。输入代码时，自动使用这些颜色突出显示，容易区分不同的语法元素，提高程序的可读性，降低出错的概率。

（4）单词自动完成输入功能。

用户输入单词的一部分后，选择“Edit→Expand Word”命令或使用<Alt+/>组合键自动完成该单词的输入。

2．保存程序

选择“File→Save”命令，若是已有文件则再次保存，若是新建文件则打开“另存为”对话框，在选定的路径下保存文件，如图 2-14 所示。

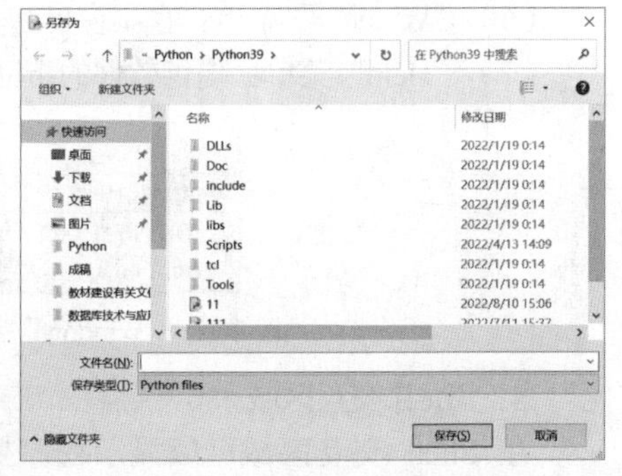

图 2-14 保存程序界面

3．运行程序

在编辑器窗口中，选择“Run→Run Module”命令或按<F5>键，打开 Shell 窗口，显示运行结果如下。

2.1.4 程序错误与调试

1．程序错误

在程序编写、运行过程中错误是难以避免的，主要包括以下 3 类错误。

（1）语法错误（解析错误）。

文件代码违反 Python 的语法规则产生的错误，程序无法正常执行。在 IDLE 编辑器中编写好程序后，可以使用“Run→Check Module”命令查找错误，也可以在运行时由 Python 解释器给出执行程序过程中的错误提示信息。

【例 2.2】语法错误示例，如图 2-15 所示。

```
a=float(input("请输入a:“))      #1
b=float(input("请输入b:")       #2
c=2a*b                          #3
d=a/b                           #4
print("c=", c)                  #5
print("d=",d)                   #6
```

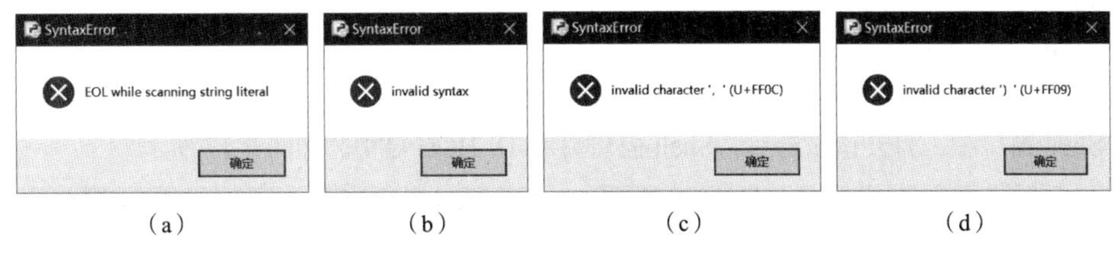

（a）（b）（c）（d）

图 2-15 语法错误示例

产生错误的原因分析：

如图 2-15（a）所示，第 1 行，双引号不能是中文符号；

如图 2-15（b）所示，第 2 行，少一个右括号；

如图 2-15（c）所示，第 3 行，变量名 2a 错，缺少*；

如图 2-15（d）所示，第 5 行，逗号、右括号不能为中文符号。

（2）运行时错误。

运行时错误：程序在执行时被检测出的错误，由 Python 解释器给出错误提示信息。例 2.2 中的程序在执行时会出现运行错误。

输入“Tianjin”时，因为“Tianjin”不能转换为数字，程序的运行时错误如下。

```
========================= RESTART:D:\Python\eg0201b.py
请输入a:Tianjin
Traceback (most recent call last):
  File"D:\Python\eg0201b.py",line 1,in <module>
    a=float(input("请输入a:")) #1
ValueError:could not convert string to float:'Tianjin'
>>>
```

输入浮点数 10 和 0 时，变量 a 为 10、b 为 0，语句 d=a/b 出现 0 作为除数的错误，程序段运行时报错如下。

```
请输入a:10
请输入b:0
Traceback (most recent call last):
  File"D:\Python\eg0201b.py",line 4,in <module>
    d=a/b                       #4
ZeroDivisionError:float division by zero
>>>
```

（3）逻辑错误（语义错误）。

逻辑错误：程序没有语法错误，可以正常运行，但会产生错误的输出或结果。我们可以使用 Python 调试器的单步调试方法发现逻辑错误。常见的逻辑错误有运算符优先级考虑不周、变量名使用不正确、语句块缩进层次错误等。

2．单步调试程序

（1）调试器。

调试器能暂停程序执行、单步执行程序，以检查变量值，帮助分析和查找逻辑错误。在 Shell

窗口中选择“Debug→Debugger”命令，打开调试控制台，如图2-16所示。

调试器的主要调试方法如下。

① Go：正常执行程序到结束或到达一个断点。

② Step：执行当前行代码后暂停，变量取值会更新；当前行代码如果是函数，则进入函数内部，执行函数内第一行代码。

③ Over：执行当前行代码，不进入函数内部。

④ Out：全速执行代码，直到从当前函数返回。

⑤ Quit：停止调试。

（2）调试程序过程。

在Shell窗口中，打开调试器后，Shell窗口显示[DEBUG ON]，如图2-17所示。

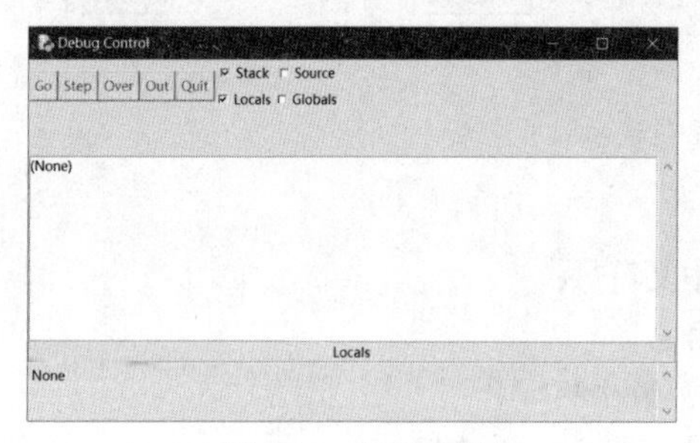

图2-16　调试控制台

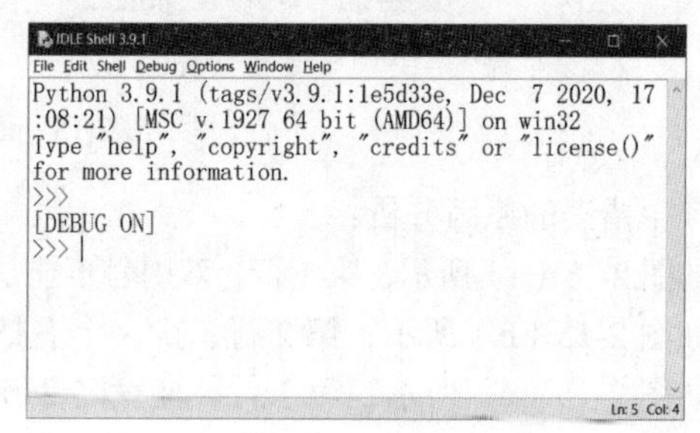

图2-17　打开调试器

在IDLE编辑器窗口中选择“Run→Run Module”命令，进入调试器，如图2-18所示。单击“Over”按钮，执行当前行代码，在Shell窗口中输入数据，实时显示将要执行的代码及程序运行中间结果。如果要观察源程序代码运行情况，则选中调试器中的“Source”复选框，使当前行代码灰色背景突显。

▶学习提示

读者在单步调试程序时，注意观察变量的变化，查找程序逻辑错误。当程序较为复杂时，可设置断点进行分段调试。

（3）断点的使用。

当程序代码行很多时，为了提高程序调试效率，我们可采用设置断点的方法来调试程序。如果希望程序直接到达某一行暂停，我们可以将该行设定为断点。右击需设置断点的代码行，在弹出的快捷菜单中选择“Set Breakpoint”命令（该行变为黄色表示该行有断点），如图2-19所示。

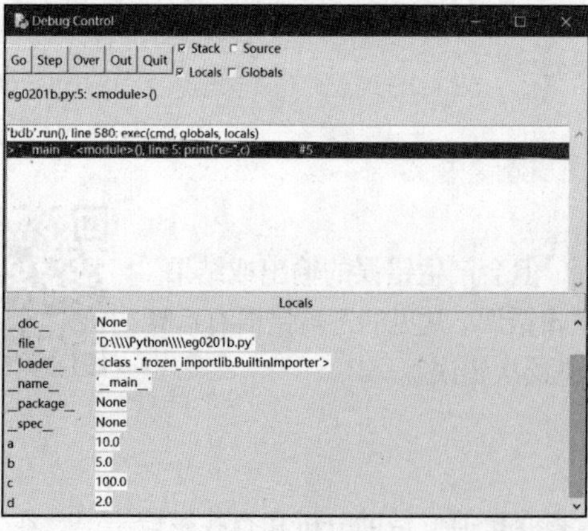

图2-18　调试控制

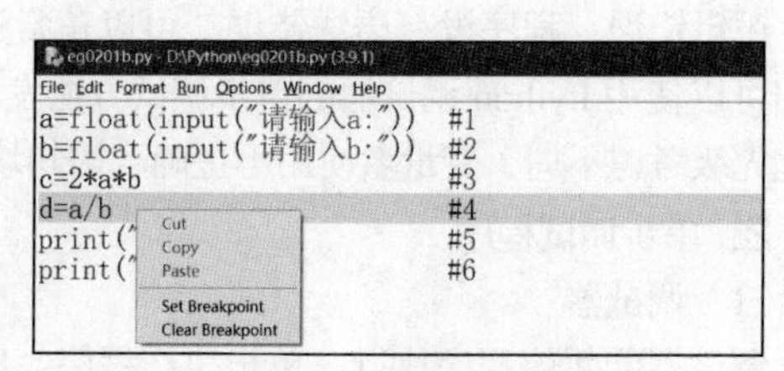

图2-19　设置断点

打开调试器后，在 IDLE 编辑器窗口中选择“Run→Run Module”命令，在调试器窗口中单击“Go”按钮，程序将运行至断点行。

程序调试完毕，再次选择 Shell 窗口中的“Debug→Debugger”命令，显示[DEBUG OFF]如下。

```
请输入a:10
请输入b:5
c=100.0
d=2.0
[DEBUG ON]
>>>
[DEBUG OFF]
>>>
```

2.2 Anaconda Spyder 编程与调试

常用的 Python IDE 除 Python IDLE 之外，还包括 PyCharm、Jupyter Notebook 和 Spyder 等。Anaconda 是开源的 Python 发行版，它包含 Conda、Python 及很多安装好的工具包，如 Spyder、NumPy、pandas 等。本节主要介绍 Spyder。Spyder 是专门面向科学计算的 Python 交互开发工具，提供代码补全、语法高亮、类和函数浏览器及对象检查等功能。

2.2.1 下载与安装

1. 下载

登录 Anaconda 官方网站，选择免费的个人版本（Individual Edition），如图 2-20 所示，单击“Download”按钮，如图 2-21 所示，将安装包下载到指定路径。

图 2-20　Anaconda 产品页面

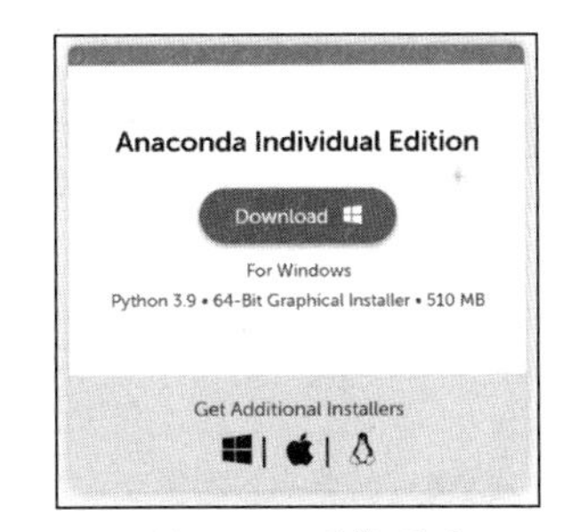

图 2-21　下载页面

2. 安装

双击已下载的安装包进行安装，同意协议后，可以选择安装在默认或指定路径中，在后面每一个安装界面都单击“Next”按钮，如图 2-22 所示。Anaconda 安装完成如图 2-23 所示。

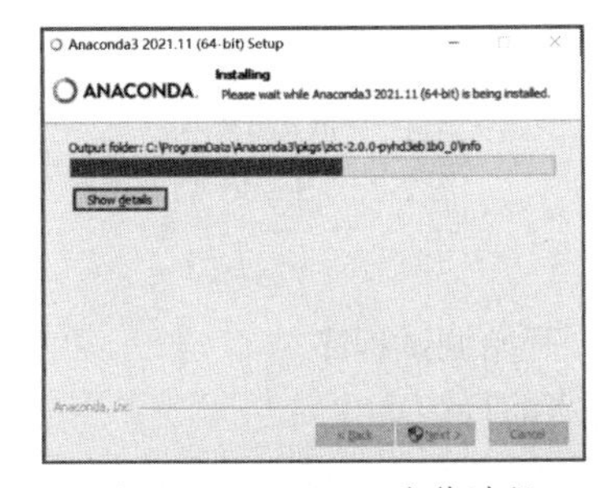

图 2-22　Anaconda 安装过程

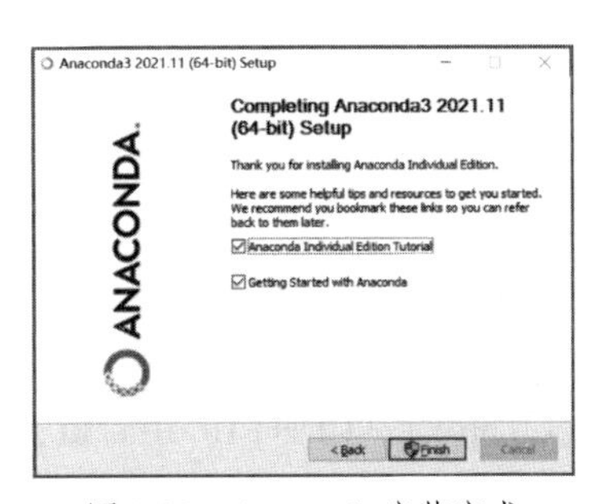

图 2-23　Anaconda 安装完成

2.2.2 编程、运行和调试

（1）选择“开始”菜单中的“Anaconda 3 (64 bit)→Spyder”命令，打开 Spyder 窗口，其中包括程序编辑器。我们可以选择“Tools→Preferences”命令，修改背景色及文本字号等，还可以在编辑器中输入程序代码。

（2）语法错误语句的左侧会出现，当鼠标指针落在上边时会显示错误提示，如图 2-24 所示。

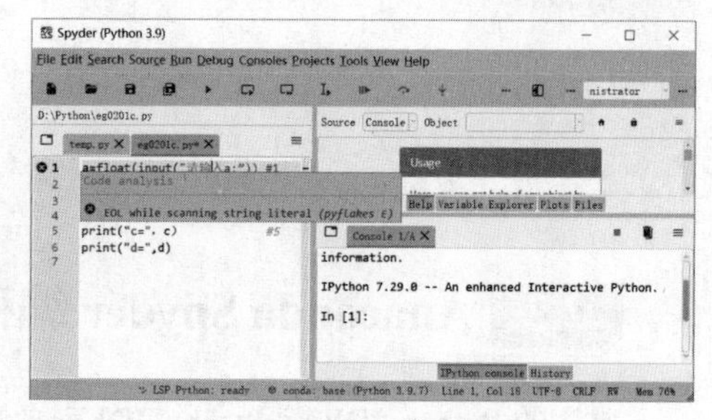

图 2-24 显示错误提示

（3）运行时提示语法错误。

程序编写完成后，单击按钮（也可以选择“Run→Run”命令或按<F5>键）运行程序，运行时提示语法错误如图 2-25 所示。将程序修改正确后，运行结果如图 2-26 所示。

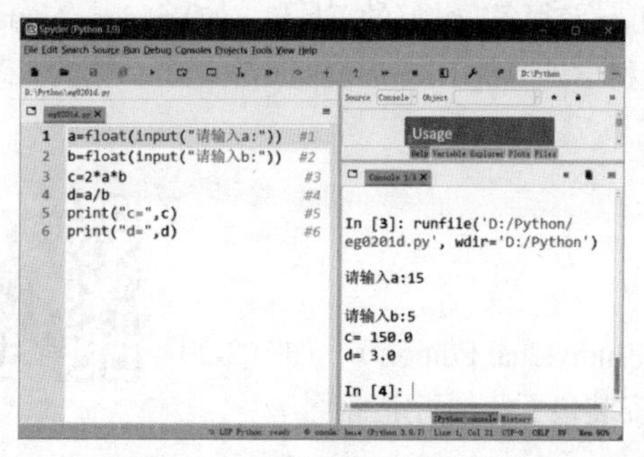

图 2-25 运行时提示语法错误

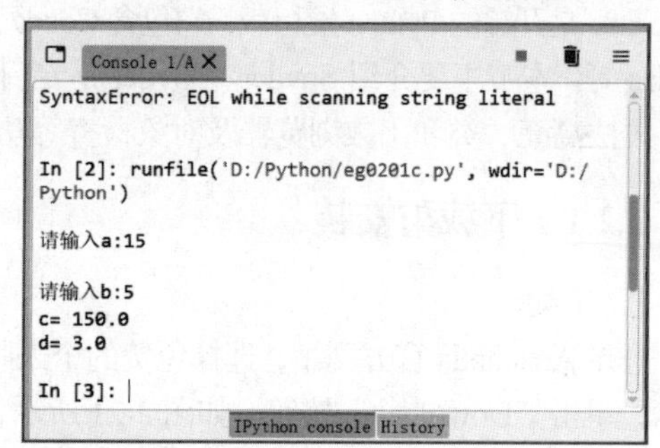

图 2-26 运行结果

单击“Variable Explorer”标签查看内存中变量取值情况，如图 2-27 所示。此外，还可以进行变量操作，如单击“Remove All Variables”按钮删除所有变量。

（4）调试程序。

在 Spyder 中调试程序时，调试程序工具栏如图 2-28 所示。

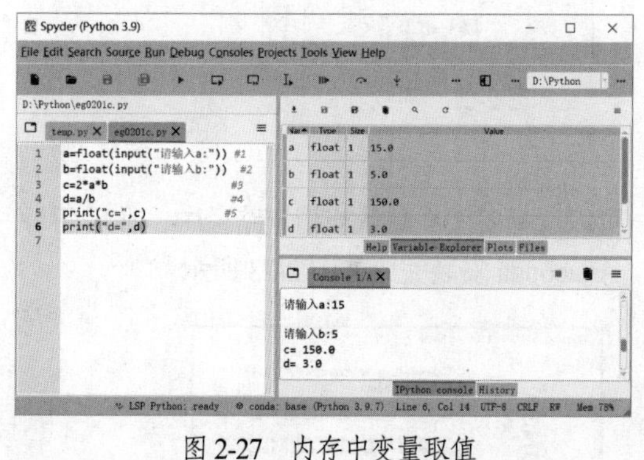

图 2-27 内存中变量取值

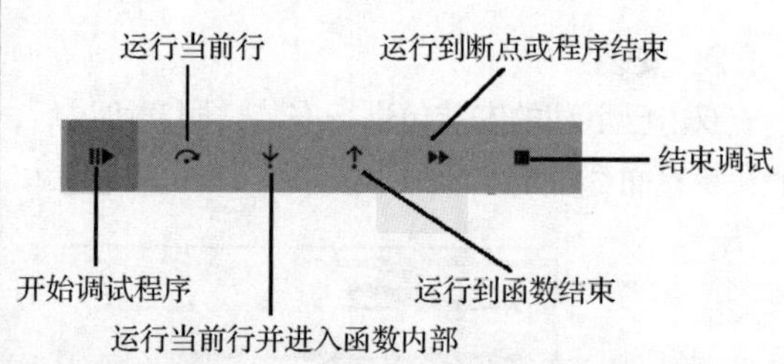

图 2-28 Spyder 调试程序工具栏

工具栏中各按钮的功能说明如下。

① 按钮（Debug File）或<Ctrl+F5>组合键：开始调试程序。

② 按钮（Step）或<Ctrl+F10>组合键：运行当前行。

③ 按钮（Step Into）或<Ctrl+F11>组合键：运行当前行并进入函数内部。

④ 按钮（Step Return）或<Ctrl+Shift+F10>组合键：运行到函数结束。

⑤ 按钮（Continue）或<Ctrl+F12>组合键：运行到断点或程序结束。

⑥ 按钮（Stop）或<Ctrl+Shift+F12>组合键：结束调试。

⑦ 设置/取消断点：光标落入需要设置断点的行，选择“Debug→Set/Clear breakpoint”命令，如图 2-29 所示，或者单击该行左侧灰色部分，如图 2-30 所示。在某一行设置断点后，按 按钮，程序将会运行到断点处暂停。

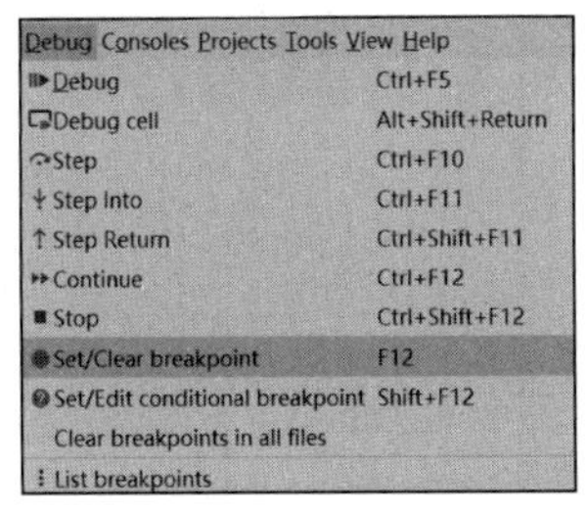

图 2-29 菜单设置/取消断点

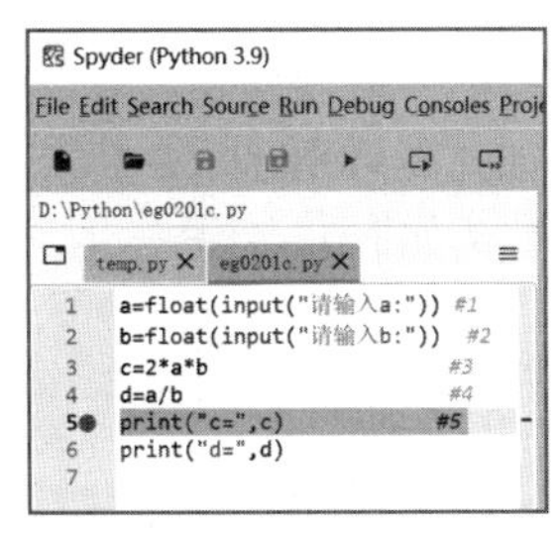

图 2-30 鼠标单击设置/取消断点

2.3 在线编辑与调试

网络上有很多在线编辑工具，可在浏览器页面直接进行程序的编写、调试和运行。选择时要注意用针对 Python 3 版本的工具，如图 2-31 所示。在线编辑器也有手机版，可以在手机端运行。读者可自行学习相关内容，本书不再详述。

图 2-31 在线编辑工具

2.4 turtle 绘图

Python 中自带 math、datetime、turtle、random 等众多的库，通过 import 命令导入库之后，就可以使用库完成相应功能。

2.4.1 turtle 简介

turtle 是 Python 自带的绘图模块，也称海龟作图。将画笔想象成一只小海龟，画笔默认是落下的状态，在以画布中心为坐标原点、横轴为 x 和纵轴为 y 的坐标系（单位是像素，该坐标系不显示）中，根据指令移动画笔，改变海龟的位置、方向和状态，从而留下轨迹，绘制期望的图形。海龟作图坐标系如图 2-32 所示。在使用 turtle 模块绘图之前，需要先导入 turtle 库。

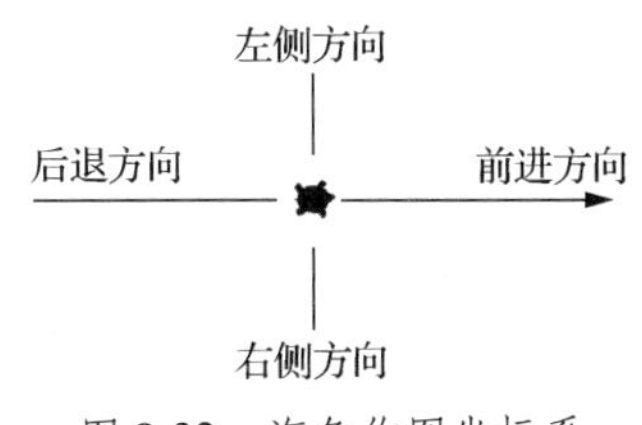

图 2-32 海龟作图坐标系

【例 2.3】导入 turtle 库，绘制半径为 100 像素的圆。

```
import turtle           #导入 turtle 库
turtle.circle(100)      #绘制半径为 100 像素的圆
```

程序的运行结果如图 2-33 所示。

2.4.2 窗体与画布

1. 窗体

turtle 可以设置主窗体的高、宽、位置，命令格式如下：

```
setup(width,height,startx,starty)
```

width,height：宽和高，像素数；若为小数则表示所占屏幕比例。

startx,starty：距离屏幕左上角的定点坐标，为空时默认选中屏幕中心。

【例 2.4】设置窗体。

```
import turtle   #导入 turtle 库
turtle.setup(0.1,0.1,10,10)
turtle.circle(20) #绘图
```

程序的运行结果如图 2-34 所示。

调整窗体大小，代码如下。

```
import turtle     #导入 turtle 库
turtle.setup(100,100)
turtle.circle(20)   #绘图
```

程序的运行结果如图 2-35 所示。

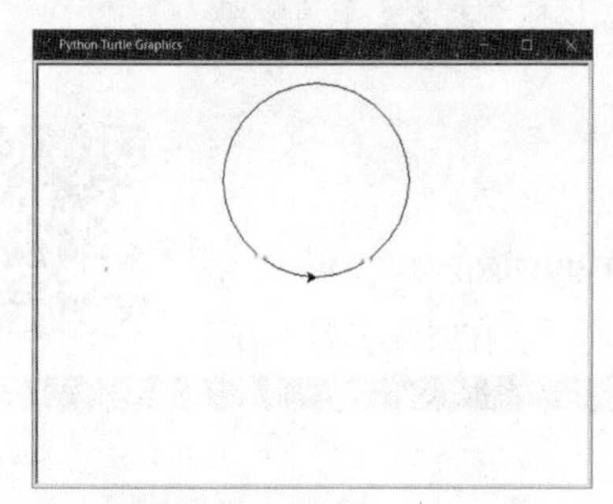

图 2-33　程序的运行结果

图 2-34　设置窗体大小程序的运行结果

图 2-35　调整窗体大小程序的运行结果

2．设置画布

画布是 turtle 展开的用于绘图的区域，设置画布的命令格式如下：

```
screensize(width,height,bg)
```

width：画布的宽。

height：画布的高。

bg：画布的背景色。

【例 2.5】设置画布。

```
import turtle                  #导入 turtle 库
turtle.setup(500,500)          #窗体
turtle.screensize(200,200,"yellow")   #画布
turtle.circle(100)             #绘图
```

程序的运行结果如图 2-36 所示。

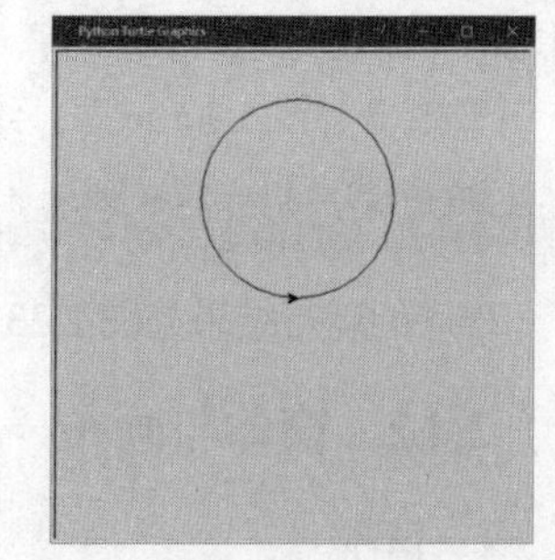

图 2-36　设置画布程序的运行结果

2.4.3　绘图函数

绘图函数包括画笔控制函数、画笔状态函数、画笔颜色函数、颜色填充函数、辅助绘图控制函数、移动与绘图函数等。

1．画笔控制函数

在绘图过程中，使用画笔控制函数控制画笔的动作，如表 2-1 所示。

表 2-1　画笔控制函数

命令格式	功能
turtle.penup( )	画笔抬起，海龟在飞行；可以简写成 turtle.pu( )
turtle.pendown( )	画笔落下，海龟在爬行；可以简写成 turtle.pd( )
turtle.forward(d)	向前行进；可以简写成 turtle.fd(d)，d 为整数，可以为负数

2．画笔状态函数

在绘图过程中，使用画笔状态函数控制画笔的状态，如表 2-2 所示。

表 2-2　画笔状态函数

命令格式	功能
pensize( )	绘制图形时画笔的宽度，默认值为 1
pen( )	获取画笔
isdown( )	返回画笔是否处于放下的状态
hideturtle( )	隐藏画笔形状
showturtle( )	显示画笔形状

3．画笔颜色函数

设置画笔的颜色，使用的命令格式及功能如表 2-3 所示。

表 2-3　画笔颜色函数

命令格式	功能
pencolor(colorstring)	设置画笔颜色，参数为颜色字符串或者 RGB 值
color(color1,color2)	设置 color1 为画笔颜色，设置 color2 为填充颜色

【例 2.6】设置画笔颜色。

```
import turtle                  #导入turtle库
turtle.setup(500,500)          #窗体
turtle.screensize(200,200,"yellow")    #画布
turtle.pensize(10)             #画笔宽度
turtle.pencolor("red")         #画笔颜色
turtle.circle(100)             #绘图
```

程序的运行结果如图 2-37 所示。

图 2-37　设置画笔颜色程序的运行结果

4．颜色填充函数

将一个封闭的区域用指定颜色填充时，先用 fillcolor( )指定填充色，再用 begin_fill( )和 end_fill( )将绘制封闭区域的语句包括其间，如表 2-4 所示。

表 2-4　颜色填充函数

命令格式	功能
fillcolor(colorstring)	设置绘图的填充颜色
begin_fill( )	开始填充
end_fill( )	填充完成
filling( )	返回当前是否在填充状态

【例 2.7】颜色填充。

```
import turtle      #导入turtle库
turtle.setup(500,500)     #窗体
turtle.screensize(200,200,"yellow")
turtle.pensize(10)
turtle.pencolor("red")
```

```
turtle.fillcolor("blue")
turtle.begin_fill()
print("开始填充", turtle.filling())  #开始填充，为True
turtle.circle(100) #绘图
turtle.end_fill()
print("结束填充",turtle.filling())    #结束填充，为False
```

程序的运行结果如图 2-38 所示，IDLE Shell 中运行结果如下。

```
开始填充 True
结束填充 False
>>>
```

5．辅助绘图控制函数

辅助绘图控制函数包括清空 turtle 窗口、重置 turtle 状态等，如表 2-5 所示。

表 2-5　辅助绘图控制函数

命令格式	功能
clear()	清空 turtle 窗口
reset()	重置 turtle 状态
done()	启动事件循环，必须是绘图的最后一条语句
write(s,[,font=("font-name",font-size,"font_type")])	写文本，s 为文本内容（方括号中的参数可省略）

【例 2.8】写文本。

```
import turtle   #导入 turtle 库
turtle.setup(500,500)     #窗体
turtle.screensize(200,200,"yellow")
turtle.pencolor("red")
turtle.write("python",font=("Times New Roman",60))
```

程序的运行结果如图 2-39 所示。

图 2-38　颜色填充程序的运行结果

图 2-39　写文本程序的运行结果

6．移动与绘图函数

移动与绘图函数可控制画笔的前进、后退、转向、直接移动到某个位置、画圆或正多边形等，如表 2-6 所示。

表 2-6　移动与绘图函数

命令格式	功能
forward(x)	向前移动 x 像素
backward(x)	向后移动 x 像素

续表

命令格式	功能
right(x)	向右转 x 度，单位默认为度（°）
left(x)	向左转 x 度，单位默认为度（°）
goto(x,y)	将画笔移动到坐标为(x,y)的位置
circle(x,extent=y,steps=z)	x：以 x 为半径画圆，当 x 为负数时反向绘制 extent：y 为角度，指画圆的一段弧 steps：z 为整数，绘制 z 条边的正多边形
home( )	设置画笔当前位置为原点，坐标为(0,0)，朝向东
speed(x)	画笔绘制的速度，x 的范围为[0,10]

【例 2.9】画一个正方形。

```
import turtle                #导入 turtle 库
turtle.setup(500,500)        #窗体
t=turtle.pen()               #创建画笔对象
t.forward(100)               #从中心位置向前移动 100 像素
t.left(90)                   #向左转 90°
t.forward(100)
t.left(90)
t.forward(100)
t.left(90)
t.forward(100)
t.left(90)
```

程序的运行结果如图 2-40 所示。

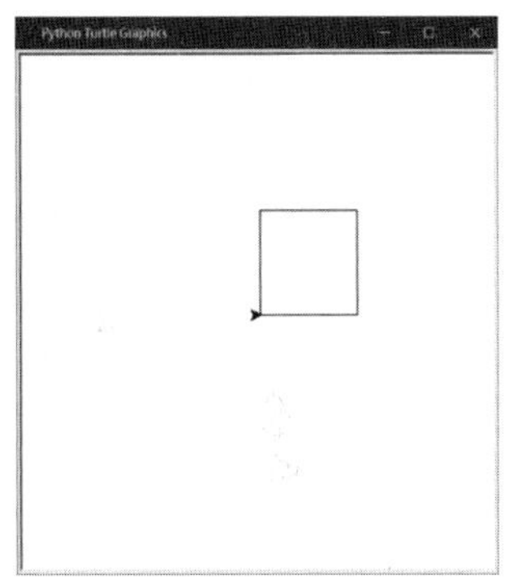

图 2-40　画正方形程序的运行结果

【例 2.10】画一个五角星。

```
import turtle
turtle.setup(500,500)     #窗体
t=turtle.pen()
t.color("red")
t.pensize(5)
turtle.goto(0,0)
turtle.speed(10)
turtle.forward(100);turtle.right(144)
turtle.forward(100);turtle.right(144)
turtle.forward(100);turtle.right(144)
turtle.forward(100);turtle.right(144)
turtle.forward(100);turtle.right(144)
```

程序的运行结果如图 2-41 所示。

【例 2.11】画圆和正多边形。

```
import turtle                #导入 turtle 库
turtle.setup(500,500)        #窗体
turtle.screensize(200,200,"yellow")
turtle.pencolor("red")
turtle.pensize(5)
turtle.circle(50)            #画圆
turtle.penup()
turtle.goto(100,100)
turtle.pendown()
turtle.circle(50,steps=3) #画三角形
turtle.penup()
turtle.goto(-100,100)
turtle.pendown()
turtle.circle(50,steps=4) #画四边形
turtle.penup()
turtle.goto(-100,-100)
turtle.pendown()
```

```
turtle.circle(50,steps=6) #画六边形
turtle.penup()
turtle.goto(100,-100)
turtle.pendown()
turtle.circle(50,steps=8) #画八边形
```

程序的运行结果如图 2-42 所示。

图 2-41　画五角星程序的运行结果

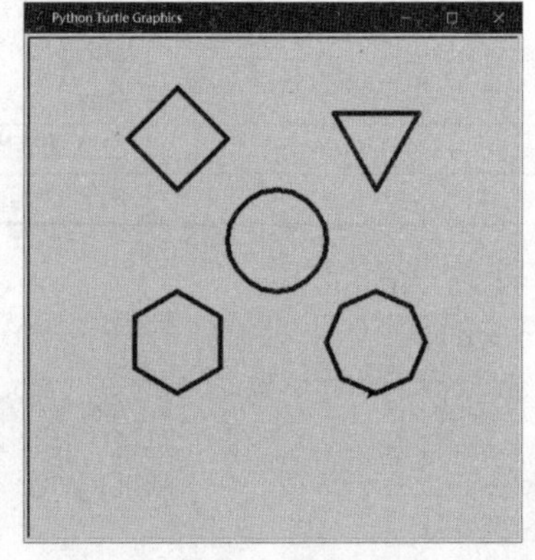

图 2-42　画圆和正多边形程序的运行结果

习题

一、选择题

1. Python 语言源程序的扩展名是（　　）。

   A. .exe　　B. .python　　C. .obj　　D. .py

2. （　　）的功能是将高级语言解释给机器听，也就是将代码转换成计算机能执行的机器码。

   A. 记事本　　B. Word　　C. 解释器　　D. 编译器

3. 以下选项中，（　　）不是 Python 编程工具。

   A. Python IDLE　　B. Anaconda Spyder　　C. PyCharm　　D. VC 2010

4. 以下选项中，（　　）是 Python IDLE 中查看帮助信息的函数。

   A. help　　B. input　　C. print　　D. sys

5. Python 源程序中常见的错误不包括（　　）。

   A. 语法错误　　B. 运行时错误　　C. 逻辑错误　　D. 理解错误

6. 代码违反 Python 语言语法规则，解释器将会检测到（　　）。

   A. 运行时错误　　B. 逻辑错误　　C. 未检测到错误　　D. 语法错误

7. 由于不正确的算法导致的错误是（　　）。

   A. 运行时错误　　B. 逻辑错误　　C. 未检测到错误　　D. 语法错误

8. 以下 Python 源程序的错误是（　　）。

```
a=float(input("请输入 a: “))
```

   A. 双引号不能是中文符号　　B. 少右括号

   C. 少左括号　　D. 缺少*

9. 以下 Python 源程序中，第 3 行的错误是（　　）。

```
a=3       #1
b=4       #2
c=ab      #3
print(c) #4
```

A. 双引号不能是中文符号　　B. 少右括号
C. 少左括号　　D. 缺少*

10. 以下 Python 源程序中，第 3 行的错误是（　　）。

```
a=3       #1
b=0       #2
c=a/b     #3
print(c) #4
```

A. 双引号不能是中文符号　　B. 少右括号
C. 被 0 除　　D. 缺少*

11. 以下 Python 源程序中，第 2 行的错误是（　　）。

```
a=3                          #1
b=float(input("请输入b:")    #2
c=a/b                        #3
print(c)                     #4
```

A. 双引号不能是中文符号　　B. 少右括号
C. 被 0 除　　D. 缺少*

12. 在 Python IDLE 中，运行程序的快捷键是（　　）键。
A. F5　　B. F9　　C. F10　　D. F11

13. 在 Python IDLE 中单步调试程序时，单击（　　）按钮执行下一行代码，不进入函数内部。
A. Go　　B. Step　　C. Over　　D. Quit

14. 在 Python IDLE 中单步调试程序时，单击（　　）按钮正常执行程序到结束或到达一个断点。
A. Go　　B. Step　　C. Over　　D. Quit

15. 在 Python IDLE 中单步调试程序时，单击（　　）按钮结束程序调试。
A. Go　　B. Step　　C. Over　　D. Quit

16. 在 Python IDLE 中，要直接运行到一行程序并停留在该行时，可以设定该行为（　　）。
A. 观察点　　B. 结束行　　C. 断点　　D. 关键点

17. 在 Anaconda Spyder 中，运行程序的快捷键是（　　）键。
A. F5　　B. F9　　C. F10　　D. F11

18. 在 Anaconda Spyder 中单步调试程序时，单击（　　）按钮开始调试程序。
A. ▪　　B. ▪　　C. ▪　　D. ▪

19. 在 Anaconda Spyder 中单步调试程序时，单击（　　）按钮执行当前行代码，不进入函数内部。
A. ▪　　B. ▪　　C. ▪　　D. ▪

20. 在 Anaconda Spyder 中单步调试程序时，单击（　　）按钮正常执行程序到结束或到达一个断点。
A. ▪　　B. ▪　　C. ▪　　D. ▪

21. turtle 库中（　　）函数设置窗体大小和位置。
A. setup( )　　B. screensize( )　　C. circle( )　　D. pensize( )

22. turtle 库中（　　）函数设置画布大小和颜色。
A. setup( )　　B. screensize( )　　C. circle( )　　D. pensize( )

23. turtle 库中（　　）函数设置画笔的宽度。
A. fillcolor( )　　B. pen( )　　C. pencolor( )　　D. pensize( )

24. turtle 库中（　　）函数设置画笔的颜色。

A. fillcolor( )　　B. pen( )　　C. pencolor( )　　D. pensize( )

25. turtle 库中（　　）函数控制画笔向前移动。

A. backward( )　　B. goto( )　　C. forward( )　　D. speed( )

二、操作题

1. 下载和安装 Python 3.9.1。

2. 使用 Python IDLE 编写、运行和单步调试程序，输入某学院毕业生人数 *m*、就业人数 *t* 和升学人数 *n*，计算并输出就业率和升学率。

3. 下载和安装 Anaconda 3。

4. 使用 Anaconda Spyder 编写、运行和单步调试程序，输入 M 国总人口 t、国际上公布的截止到某一日 M 国病毒感染人数 m、死亡人数 d，计算并输出感染率、感染人数的死亡率。

5. 使用 turtle 库绘制图 2-43 所示的图形。

6. 使用 turtle 库绘制图 2-44 所示的同心圆图形。

7. 使用 turtle 库输出文字“我用 Python”，如图 2-45 所示，或者其他含本人姓名的文本。

8. 网上搜索各种有趣的 Python 绘图程序。

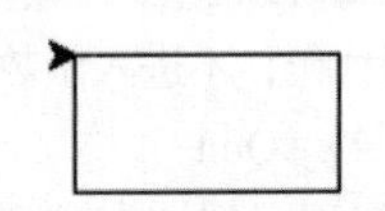

图 2-43　第 5 题参考图

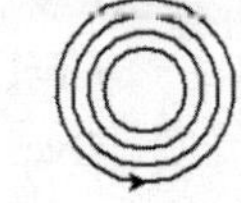

图 2-44　第 6 题参考图

我用Python

图 2-45　第 7 题参考图

第3章 顺序结构程序设计

顺序结构按照语句的先后顺序执行程序，它是结构化程序设计中最简单的控制结构。在编写程序之前必须先掌握如何表示和保存数据、如何进行计算、如何输入和输出数据等程序设计的基本内容。本章首先介绍Python语言基础、数据类型、变量和常量、输入和输出、运算符和表达式等内容，然后介绍顺序结构的算法设计和程序编写。

3.1 Python语言基础

不同于其他编程语言，Python语言具有自己独特的语句、缩进分层和注释等。

3.1.1 语句

1．语句的功能

语句用于向计算机软硬件系统发出操作指令，以完成一定的任务。语句的功能可以是赋值、计算、输入和输出等，例如：

```
a=int(input("a:"))  #输入
b=2*a     #计算和赋值
print(a,b)   #输出
```

2．语句换行

一条太长的语句写在一行可能不方便或者不美观。此时，可以使用反斜线号（\）将一条长语句换行续写在多行上。

【例3.1】语句换行。

```
x=\
    "I like Python!\
    I like Programming!"
print\
(x)
```

以上程序，相当于：

```
x="I like Python!    I like Programming!"
print(x)
```

程序运行的结果如下。

```
I like Python!    I like Programming!
>>>
```

▶注意

反斜线号后边不能加注释。

3．一行书写多条语句

Python 允许在一行上书写多条语句，语句之间用分号隔开，例如：

```
a=10;b=20;c=30; print(a,b,c)
```

> **▶注意**
>
> 在同一行上书写多条语句可能会降低程序的可读性，在单步执行时同一行的多条语句会被一次执行完，不利于单步调试。

3.1.2 缩进分层

Python 语言的重要特色之一就是通过缩进来实现程序的分层结构。使用缩进方式标识代码块，在同一代码块中的语句必须保持相同的缩进空格数，缩进的空格数无具体规定。

【例 3.2】语句缩进。

```
pwd=input("密码：")          #1
if pwd=="123":               #2
    print("密码正确。")       #3
    print("请进入。")         #4
else:                        #5
      print("密码错误。")     #6
      print("请离开。")       #7
```

两次运行程序的结果如下。

```
密码：123                    密码：222
密码正确。                   密码错误。
请进入。                     请离开。
>>>                          >>>
```

说明如下。

例 3.2 程序中第 3 行、第 4 行为同一代码块，缩进空格数相同；第 6 行、第 7 行为同一代码块，缩进空格数相同。但是两个不同代码块的缩进空格数可以不同。

如果同一个代码块中各语句的缩进空格数不同，将会报错。例如，若例 3.2 程序中第 3 行、第 4 行缩进空格数不同（代码如下），将报错，如图 3-1 所示。

```
pwd=input("密码：")          #1
if pwd=="123":               #2
    print("密码正确。")       #3
print("请进入。")             #4
else:                        #5
      print("密码错误。")     #6
      print("请离开。")       #7
```


图 3-1　报错

3.1.3 注释

程序的注释用于描述程序的编写者、版本号、版本形成日期、程序的功能等信息，还用于描述程序某部分、某条语句的功能，从而使得程序更易于理解。程序中的注释将被编译器忽略，编译时注释不产生任何可执行语句，因此不影响程序的运行。

在 Python 语言中，注释主要有两种形式，即单行注释和多行注释。

1．单行注释

单行注释以“#”开始，可以跟在代码的后边，也可以单独作为一行。如果跟在代码后边，则代码和#之间至少有一个空格，例如：

```
area=PI*r*r;  #计算圆的面积
#以上语句的作用是计算面积
```

2．多行注释

多行注释用3个单引号（'''）或3个双引号（"""）表示开始和结束，例如：

```
r=5
PI=3.14
area=PI*r*r
'''  多行注释
计算圆的面积，
r为半径
'''
"""  多行注释
计算圆的面积，
r为半径
"""
print(area)
```

▶**学习提示**

读者在编写程序时应该恰当地使用注释，提高程序的可读性，养成良好的编程习惯。

3.2 数据类型

现实世界中的数据多种多样，表示方法各有不同，如整数、实数、字符串等。这些数据在计算机中也要按照一定的方式进行组织、存放，以便于分配存储空间和进行运算。Python 语言将数据分为不同数据类型，这些数据的存储长度、取值范围和允许的操作都不同。Python 语言包括两类简单的数据类型，即数字类型和字符串类型。

（1）数字类型：123、-123、1.234。

（2）字符串类型："我爱用 Python"。

3.2.1 数字类型

Python 语言支持 4 种数字类型，包括整型（int）、浮点型（float）、布尔型（bool）和复数型（complex）。

1．整型

整型用于表示不带小数点的整数，可以有正、负号，如123、-234、0。

Python 语言的整型没有大小限制，取值范围是无限大。整型常量有如下 4 种表示方法。

（1）十进制整数，如123、-123。

（2）二进制整数（前缀为0b或0B），如0b1111011、0B1111011。

（3）八进制整数（前缀为0o或0O），如0o173、0O173。

（4）十六进制整数（前缀为0x或0X），如0x7b、0X7b。

【例3.3】整型数据。

```
print(123,-123)
print(0b1111011, 0o173, 0x7b)
```

程序的运行结果如下。

```
123 -123
123 123 123
>>>
```

Python 的内置函数能够进行整数的进制转换如下。

（1）bin(x)：x 为十进制整数时，表示将十进制整数 x 转换成二进制字符串。例如 bin(123)。

（2）oct(x)：x 为十进制整数时，表示将十进制整数 x 转换成八进制字符串。例如 oct(123)。

（3）hex(x)：x 为十进制整数时，表示将十进制整数 x 转换成十六进制字符串。例如 hex(123)。

（4）int(x,n)：用于将 n 进制字符串或数字 x 转换成十进制整数。例如 int("123",8)得到 83。

【例 3.4】整数的进制转换。

```
a=bin(123)  #转换成二进制整数
b=oct(123)  #转换成八进制整数
c=hex(123)  #转换成十六进制整数
print(a,b,c)
print(type(a),type(b),type(c))
d=int("0101",2)  #二进制字符串转换成十进制整数
e=int("173",8)   #八进制字符串转换成十进制整数
f=int("7B",16)   #十六进制字符串转换成十进制整数
print(d,e,f)
```

程序的运行结果如下。

```
0b1111011 0o173 0x7b
<class'str'> <class'str'> <class'str'>
5 123 123
>>>
```

2. 浮点型

浮点型用于描述带小数点的实数，浮点型常量包括小数点格式和指数格式。

（1）小数点格式，直接用小数点分开整数与小数部分，例如：

```
3.14   #3.14
123.   #123.0
.123   #0.123
```

（2）指数格式，使用科学记数法将实数分为尾数和指数两部分，用 E 或 e 隔开，指数部分表示 10 的多少次方，例如：

```
1.2345E3      #1234.5，表示1.2345×10³
1.2345e-3     #0.0012345，表示1.2345×10⁻³
```

内置函数 float(x)能将整数或字符串转换成浮点型，例如：

```
float(123)
float("123")
```

【例 3.5】浮点型。

```
print(3.14, 123., 1.2345E3, 1.2345E-3)
a=123
b=float(123)       #整数转换为浮点数
c=float("123")     #字符串转换为浮点数
print(a,b,c)
print(type(a),type(b),type(c))
```

程序中 float( )函数将整数和字符串转换为浮点数，type( )函数可取得变量的类型。程序的运行结果如下。

```
3.14 123.0 1234.5 0.0012345
123 123.0 123.0
<class'int'> <class'float'> <class'float'>
>>>
```

3. 布尔型

布尔型用来描述条件判断的真和假，包括两个常量，即 True 和 False，分别对应整数 1 和 0，也就是说 True 表示整数 1，False 表示整数 0，例如：

```
int(True)     #值为1
int(False)    #值为0
```

内置函数 bool(x)能将 x 转换成布尔型，非 0 则为 True，0 为 False，例如：

```
bool(1)    #值为True
bool(4)    #值为True
bool(0)    #值为False
```

【例 3.6】布尔型。

```
print(int(True),int(False))
print(bool(1), bool(4), bool(0))
print(3>2, 2>3)
```

程序的运行结果如下。

```
1 0
True True False
True False
>>>
```

4. 复数型

复数型用于表示数学中的复数，由实部（real）和虚部（imag）构成。

（1）复数类型表示形式为：real+imagj 或 real+imagJ。

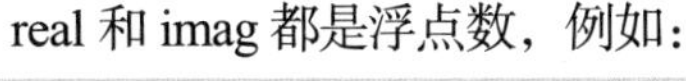

real 和 imag 都是浮点数，例如：

```
1.23+0.9j
3J
3+1.23E3J
1.23E-5J
```

（2）使用复数型数据的 real 与 imag 属性可以分别取出数的实部和虚部，例如：

```
(1.23+0.9j).real    #得到 1.23
(1.23+0.9j).imag    #得到 0.9
```

（3）使用 complex(real,imag)函数可以生成复数，例如：

```
complex(2.4,1.3)    #得到复数2.4+1.3j
```

【例 3.7】复数型。

```
print(1.23+0.9j, 3J, 3+1.23E3J, 1.23E-5J)
a=1.2+3.4j
print(a.real, a.imag)
b=complex(2.6,1.3)
print(b)
```

程序的运行结果如下。

```
(1.23+0.9j) 3j (3+1230j) 1.23e-05j
1.2 3.4
(2.6+1.3j)
>>>
```

3.2.2 字符串类型

字符串类型（string）是由 0 个或多个字符组成的有限序列，是编程中常用的数据类型。

1. 标识字符串

在 Python 语言中使用单引号、双引号或三引号标识字符串。

（1）用单引号标识字符串。在单引号标识的字符串中不能包含单引号。

【例 3.8】用单引号标识字符串。

```
print('I like Python!')        #正确的字符串
```

程序的运行结果如下。

```
I like Python!
>>>
```

若单引号标识的字符串中包含单引号，例如：

```
print('Let's program!')       #错误的字符串，不可以包含单引号
```

则程序在运行时会报错，如图 3-1 所示。

（2）用双引号标识字符串。在双引号标识的字符串中不能包含双引号。

【例 3.9】用双引号标识字符串。

```
print("I like Python!")       #正确的字符串
print("Let's program!")       #正确的字符串，可以包含单引号
```

程序的运行结果如下。

```
I like Python!
Let's program!
>>>
```

若双引号标识的字符串中包含双引号，例如：

```
print("Let"s program!")       #错误的字符串，不可以包含双引号
```

则语句在运行时会报错，如图 3-1 所示。

（3）用三引号（'''或"""）标识字符串，支持多行，保留换行、缩进等格式，但不可以包括同样的三引号。

【例 3.10】用三引号标识字符串。

```
print('''Let's
program!''')                 #正确的字符串
print("""Let's  '''
program!""")                 #正确的字符串，可以包含不同的三引号
```

三引号标识的字符串可以为多行字符串。程序的运行结果如下。

```
Let's
program!
Let's '''
program!
>>>
```

若三引号标识的字符串中包含同样的三引号，例如：

```
print("""Let's go"""
home!""")            #错误的字符串，不可以包含同样的三引号
```

则语句在运行时会报错，如图 3-1 所示。

2．转义字符

转义字符以反斜线号为前缀，用于避免字符的二义性，或者描述一些不方便通过键盘直接输入的特殊字符。Python 中常用的转义字符如表 3-1 所示。

表 3-1　Python 中常用的转义字符

转义字符	说明	转义字符	说明
\\	反斜线号	\n	换行符，将鼠标指针移到下一行开头
\'	单引号	\r	回车符，将鼠标指针移到本行开头

续表

转义字符	说明	转义字符	说明
\"	双引号	\t	横向制表符，即<Tab>键
\f	换页符	\b	退格，即<Backspace>键

（1）使用转义字符，避免二义性。

【例 3.11】在单引号标识的字符串中，不可以包含单引号，但是可以使用反斜线号标识单引号。

```
print('Let\'s program!')  #正确
print("Let\"s program!")  #正确
```

程序的运行结果如下。

```
Let's program!
Let"s program!
>>>
```

（2）使用转义字符标识特殊符号，注意字符串的最后一个字符不能是反斜线号。如果不希望转义字符起作用，此时可以在字符串之前加上 r 或者 R，使得字符串按照原字符解释。

【例 3.12】使用转义字符标识特殊字符。

```
print('I like\nPython!')  #换行
print('I like\tPython!')  #横向制表符
print('d:\\Python\\eg')   #\\
print(r'd:\\Python\\eg')  #原字符
```

程序的运行结果如下。

```
I like
Python!
I like Python!
d:\Python\eg
d:\\Python\\eg
>>>
```

3．字符串索引

字符串索引就是字符的索引（序号、下标），我们可以通过字符串索引访问和操作字符。字符串索引分为正向索引和负向索引。

（1）正向索引最左边的字符索引为 0，从左至右标记字符依次为 0、1、2、…。

（2）负向索引最右边的字符索引为-1，从右向左标记字符依次为-1、-2、…。

字符串索引举例如下。

字符串	S	t	u	d	e	n	t
正向索引	0	1	2	3	4	5	6
负向索引	-7	-6	-5	-4	-3	-2	-1

4．字符串索引操作

字符串索引操作指的是使用字符串的索引获取字符串中的指定字符，语法格式如下：

```
<字符串>[索引]
```

【例 3.13】字符串索引操作。

```
print("Student"[0],"Student"[1])
a="Student"
print(a[-1],a[-3])
```

程序的运行结果如下。

```
S t
t e
>>>
```

▶注意

Python 不支持修改字符串中某个字符的值，否则会报错。

【例 3.14】字符串不允许修改字符的值。

```
a="Student"
a[1]="x"   #不允许修改字符的值
```

程序运行时报错如下。

```
Traceback(most recent call last):
  File"D:\Python\eg0315.py",line 2,in <module>
    a[1]="x"      #不允许修改字符的值
TypeError:'str'object does not support item assignment
>>>
```

5．字符串切片操作

字符串切片操作指的是截取字符串的片段，得到一个子字符串。其方法是通过指定开始位置 start 和结束位置 end 来指定切片的区间。语法格式如下：

```
<字符串>[start:end]
```

说明如下。

（1）截取的是从 start 位置开始到 end-1 位置的子字符串，不包括 end 位置的字符。

（2）如果省略了 start，则从第 0 号字符开始。

（3）如果省略了 end，则截取到字符串的最后一个字符。

【例 3.15】字符串切片。

```
a="Student"
print(a[1:4])
print(a[:4])   #省略开始位置
print(a[1:])   #省略结束位置
```

以上程序对字符串 a 进行切片操作。程序的运行结果如下。

```
tud
Stud
tudent
>>>
```

6．字符串连接操作

字符串连接操作使用加号（+）将两个字符串连接起来。

【例 3.16】字符串连接。

```
print("I "+"like "+"Python!")
print("我爱学"+"编程! ")
```

程序的运行结果如下。

```
I like Python!
我爱学编程!
>>>
```

7．字符串复制操作

字符串复制操作使用乘号（*）生成重复的字符串。

【例 3.17】字符串复制。

```
print("Python!"*3)
print("中国加油"*2)
```

程序的运行结果如下。

```
Python!Python!Python!
中国加油中国加油
>>>
```

8．字符串常用方法

字符串提供丰富的操作方法，表 3-2 所示为一些常用的字符串操作方法。

表 3-2　常用的字符串操作方法

方法	说明
capitalize( )	将字符串首字母转换成大写，其余字母转换成小写
lower( )	将字符串所有字母转换成小写
upper( )	将字符串所有字母转换成大写
rstrip( )	移除字符串右侧空白
lstrip( )	移除字符串左侧空白
strip( )	移除字符串两侧空白
find(sub[,start[,end]])	返回 sub 在字符串中的位置
count(sub[,start[,end]])	返回 sub 在字符串中出现的次数
replace(old,new)	将字符串中的 old 替换成 new

【例 3.18】字符串常用方法。

```
a="I like Programming!"
print(a.lower())   #把大写字母转换成小写字母
print(a.upper())   #把小写字母转换成大写字母
print(a.find("mm")) #查找 mm 在字符串中的位置
print(a.count("i")) #查找 i 在字符串中出现的次数
print(a.replace("i","X"))  #将字符串中的 i 替换为 X
```

以上程序执行字符串的几个常用方法，程序的运行结果如下。

```
i like programming!
I LIKE PROGRAMMING!
13
2
I lXke ProgrammXng!
>>>
```

3.2.3　数据类型转换函数与数学函数

1．数据类型转换函数

数据类型转换函数用于将一种类型的数据转换为另一种类型的数据，常用的数据类型转换函数如表 3-3 所示。

表 3-3　常用的数据类型转换函数

函数名	说明	示例
bool(x)	返回 x 转换的布尔值	bool('a')、bool(1)、bool(0)
int(x)	返回 x 转换的整数	int("3")、int(3.6)
float(x)	返回 x 转换的浮点数	float("3.14")、float(3)
complex(real[,imag]) complex(x)	创建 real+imagJ 的复数，或者将字符串转换为复数	complex("1+2j") complex(1,2)
str(x)	返回 x 转换的字符串	str (123)、str (3.14)
ord(x)	返回字符 x 对应的 ASCII 值	ord("a")、ord("A")
chr(x)	返回整数 x 对应的 ASCII 值对应的字符	chr (97)、chr (65)
bin(x)	返回整数 x 转换的二进制字符串	bin (123)
oct(x)	返回整数 x 转换的八进制字符串	oct(123)
hex(x)	返回整数 x 转换的十六进制字符串	hex (123)

【例 3.19】常用的数据类型转换函数。

```
a=bool('a'); b=bool(1); c=bool(0)
print(a,b,c,type(a))
a=int("3"); b=int(3.6)
print(a,b,type(a))
a=float("3.14"); b=float(3)
print(a,b,type(a))
a=complex("1+2j"); b=complex(1,2)
print(a,b,type(a))
a=str(123); b=str(3.14)
print(a,b,type(a))
a=ord("a"); b=ord("A")
print(a,b,type(a))
a=chr(97); b=chr(65)
print(a,b,type(a))
print(123, bin(123), oct(123), hex(123))
```

以上程序调用常用的数据类型转换函数，程序的运行结果如下。

```
True True False<class'bool'>
3 3<class'int'>
3.14 3.0<class'float'>
(1+2j)(1+2j) <class'complex'>
123 3.14<class'str'>
97 65<class'int'>
a A<class'str'>
123 0b1111011 0o173 0x7b
>>>
```

2．数学函数

Python 内置的数学函数能够完成数学计算，常用的数学函数如表 3-4 所示。

表 3-4　常用的数学函数

函数	说明	举例
abs(x)	求 x 的绝对值；如果 x 是复数，则返回复数的模	abs(−10)，返回值为 10 abs(3+4j)，返回值为 5.0
divmod(a,b)	分别取得商和余数，返回元组	divmod(20,6)，返回值为(3,2)
pow(x,y)	返回 x 的 y 次幂	pow(2,3)，返回值为 8
round(x[,n])	对浮点数 x 按照四舍五入保留 *n* 位小数	round(3.1415,2)，返回值为 3.14
max(x1, x2,⋯)	返回给定参数的最大值，参数可以为序列	max(2,3,5,1)，返回值为 5
min(x1, x2,⋯)	返回给定参数的最小值，参数可以为序列	min(2,3,5,1)，返回值为 1
eval(str)	将字符串中的表达式求值，返回计算结果	eval("1+2+3+4")，返回值为 10

【例 3.20】常用的数学函数。

```
print(abs(-10),abs(3+4j))
print(divmod(20,6))
print(pow(2,3))
print(round(3.1415,2))
print(max(2,3,5,1), min(2,3,5,1))
print(eval("1+2+3+4"))
```

以上程序调用常用的数学函数，程序的运行结果如下。

```
10 5.0
(3,2)
8
3.14
5 1
10
>>>
```

3.3 变量和常量

根据在程序运行过程中数据的值能否改变，数据分为变量和常量。

3.3.1 变量

在程序执行过程中，值可以改变的量称为变量。变量占据内存中的一块存储单元，用来存放数据，存储单元内的数据可以改变。如图 3-2 所示，给存储单元起的名字就是变量名，在存储单元里存放的数据就是变量值。例如，变量 a 的值为 8，则 a 为变量名，8 为变量值。

图 3-2 变量名与变量值

在 Python 语言中，变量在被赋值的同时被创建。变量不需要事先声明，也不需要声明其数据类型。变量本身没有数据类型，变量的数据类型指的是其中保存的数据的类型。

例如：

```
a=8
```

上述语句将整数 8 赋予变量 a，则 a 的数据类型为整型。

变量可以被多次赋值，其数据类型是最后赋的值的数据类型。变量必须先赋值后使用，如果使用了没有被赋值的变量，将会报错“name 'x' is not defined”。

【例 3.21】变量。

```
age=2022                    #整型
print(age,type(age))
age="2022 年"               #字符串型
print(age,type(age))
age=234.56                  #浮点型
print(age,type(age))
print(a)                    #报错，变量必须先赋值后使用
```

以上程序为变量 age 赋不同类型的值，变量的类型由最近一次赋值决定。程序的运行结果如下。

```
2022 <class'int'>
2022年 <class'str'>
234.56 <class'float'>
Traceback(most recent call last):
  File"D:\Python\eg0322.py",line 7,in <module>
    print(a)   #报错，变量必须先赋值后使用
NameError:name 'a' is not defined
>>>
```

变量的赋值方式如下。

（1）一次赋一个值。例如：

```
x=20
```

（2）Python 允许一次为多个变量赋同一个值。例如：

```
a=b=c=200
```

（3）Python 允许同时为多个变量赋不同的值。例如：

```
name,age="小明",15
```

（4）变量之间可以相互赋值。例如：

```
x=20
y=x
```

【例 3.22】变量。

```
x=20        #给 1 个变量赋值
a=b=c=200  #同时给多个变量赋同一个值
name,age="小明",15  #为多个变量赋不同的值
y=x
print(x,y)
print(a,b,c)
print(name,age)
```

程序的运行结果如下。

```
20 20
200 200 200
小明 15
>>>
```

▶**学习提示**

在 Shell 窗口中，选择“Debug→Debugger”命令，打开调试器，运行该程序，在调试器中单击“Over”按钮逐行运行程序，可以观察各个变量的取值，如图 3-3 所示。

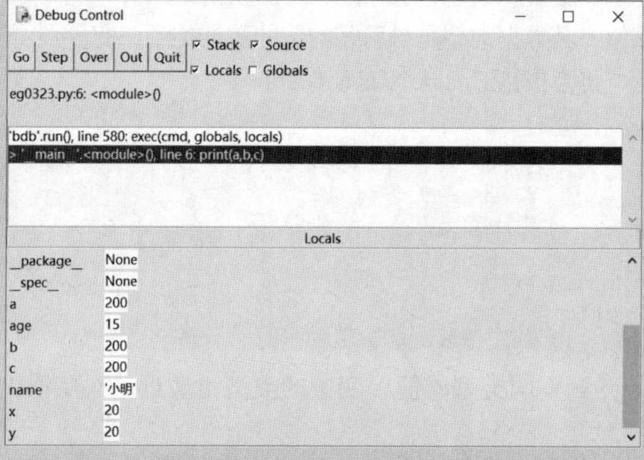

图 3-3　调试器中的变量

3.3.2　标识符与关键字

在编程时，用来区分对象的名称和符号就是标识符。在 Python 语言中，标识符可以包含字母、数字、下画线（_），不可以包含空格、@、%及$等特殊字符。

（1）标识符的第 1 个字符必须是字母或下画线，并且中间不能有空格。

合法标识符：max、min、a、b3、_total、Student、_1_2_3、w_3。

不合法标识符：3abc、M.D.John、!eer、abc?d、a>b。

【例 3.23】标识符。

```
max=123;_total=345  #合法标识符
3abc=5 #不合法标识符，报错
M.D.John=6   #不合法标识符，报错
```

（2）Python 的标识符区分字母大小写。例如，变量名 abc 和 ABC 指的是不同变量。

【例 3.24】标识符区分字母大小写。

```
abc=123
ABC=456
print(abc,ABC)   #abc 和 ABC 标识不同变量
```

程序中 abc 和 ABC 标识不同变量，程序的运行结果如下。

```
123 456
>>>
```

（3）在 Python 语言中，标识符也可以包含非 ASCII 字符，如汉字。

【例 3.25】汉字标识符。

```
长=123
宽=456
面积=长*宽
print(长,宽,面积)
```

以上程序中的变量都使用中文标识符，程序的运行结果如下。

```
123 456 56088
>>>
```

（4）在 Python 中，一些被赋以特定含义或用于专门用途的标识符，称为关键字。Python 语言中的关键字不能作为标识符。例如，if、while 和 for 不能作为标识符，如图 3-4 所示。

使用以下命令可以查看 Python 中的关键字。

```
import keyword
keyword.kwlist
```

Python 中的关键字如图 3-5 所示。

```
IDLE Shell 3.9.1
File Edit Shell Debug Options Window Help
>>> if=2
SyntaxError: invalid syntax
>>> while=3
SyntaxError: invalid syntax
>>> for=4
SyntaxError: invalid syntax
>>>
```

图 3-4　关键字不能作为标识符

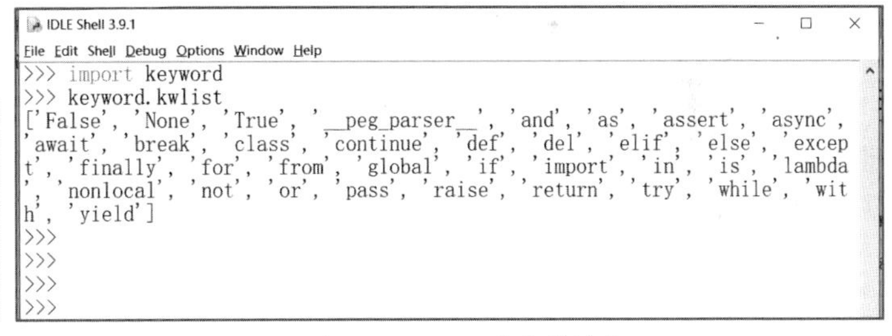

图 3-5　Python 中的关键字

3.3.3　常量

在程序执行过程中，值不能改变的量称为常量。常量分为字面常量和符号常量。

1．字面常量

字面常量是指在程序中直接书写的数据，如整型常量、浮点型常量和字符串型常量等。例如：

```
3   4    3.14    "Hello Python"
```

2．符号常量

符号常量就是用标识符表示的常量，在 Python 语言中通常用全部大写的变量名表示。例如：

```
PI=3.1415926
```

注意，这里的 PI 实际上仍然是变量，还是可以被改变的。

3.4 输入和输出

通过键盘输入数据称为标准输入，通过屏幕显示结果称为标准输出。在 Python 中，简单的输入和输出通过标准输入函数 input( )和标准输出函数 print( )来完成。

在实际编程时，经常需要将数据按照一定格式输出。Python 语言有 3 种格式化的输出方法：格式占位符、内置函数 format( )、字符串 format( )。

> **▶学习提示**
>
> 初学者只需要掌握标准输入和输出函数就可以了。在后续有需要的时候再学习各种格式化的输出方法。

3.4.1 标准输入函数

Python 内置函数 input( )用于接收用户通过键盘输入的字符串。其语法格式如下：

```
input([prompt])
```

说明如下。

（1）参数 prompt 是可选参数，用于提示用户输入什么样的信息。

（2）input( )函数返回用户通过键盘输入的字符串。如果要获得整型、浮点型等其他类型的数据，我们需要进行数据类型转换。

【例 3.26】标准输入函数。

```
a=input("请输入字符串：")
b=int(input("请输入整数："))
c=float(input("请输入浮点数："))
print(a,b,c)
```

单步执行程序，在调试器中观察变量情况，如图 3-6 所示。其中变量 a 中存放字符串，b 中存放整数，c 中存放浮点数。程序的运行结果如下。

```
请输入字符串：hello
请输入整数：123
请输入浮点数：3.14
hello 123 3.14
>>>
```

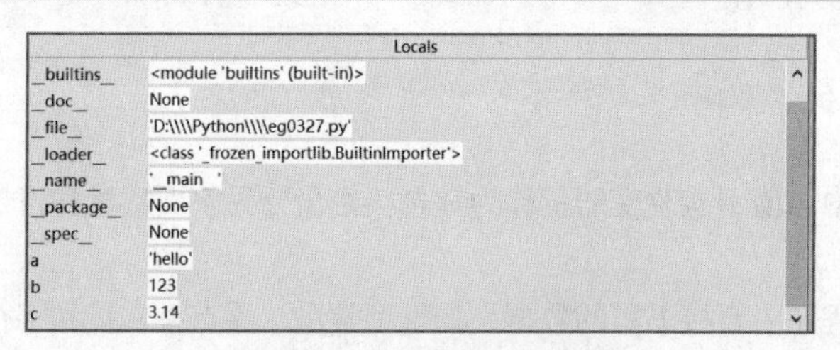

图 3-6 观察变量情况

3.4.2 标准输出函数

在 Python 语言中，标准输出函数 print( )用于向屏幕输出数据。其格式为：

```
print(value1,value2,… [,sep=' '] [,end='\n'])
```

说明如下。

（1）print( )中可以包括 1 个或多个输出项，输出项之间用逗号隔开，输出项可以是常量、变量或表达式。

（2）sep 表示输出项之间的分隔符，默认为一个空格“ ”。

（3）end 表示输出的结束符号，默认为换行符“\n”。

【例 3.27】标准输出函数。

```
a=123
b=456
print(a,b)
print(a,b,sep=',')   #分隔符为“,”
print("我喜欢的编程语言","Python")
print("我喜欢的编程语言","Python",sep=',',end='$') #结束符为“$”，不换行
print("Hello Python")
```

以上程序用标准输出函数输出各项值，程序的运行结果如下。

```
123 456
123,456
我喜欢的编程语言 Python
我喜欢的编程语言,Python$Hello Python
>>>
```

3.4.3 格式占位符

格式占位符输出方法，使用格式字符串规定输出格式，用“%”连接格式字符串与输出项，其格式为：

```
格式字符串%(value1,value2,…)
```

格式字符串中包括普通字符和格式占位符。

（1）普通字符原样输出。

（2）格式占位符规定输出项的格式，由“%”和格式字符组成。每一个占位符对应右边的一个输出项。Python 的格式占位符的含义如表 3-5 所示。

表 3-5 Python 的格式占位符的含义

格式占位符	说明
%%	输出%
%c	输出字符
%s	输出项转换为字符串输出
%d	整数，十进制格式输出
%o	整数，八进制格式输出
%x	整数，十六进制格式输出
%f	浮点数，小数点格式输出
%e	浮点数，科学记数法格式输出
%g	浮点数，根据数值大小选择%e 或%f 输出
%-0m.n	-表示左对齐，否则右对齐 0 表示指定的空位补 0 m 表示指定输出域宽，即输出项所占的列宽。如果数据的列宽比 m 大，则忽略 m n 表示精度，即输出的浮点数小数点后面的位数

例如：

```
print("输出值是 %s,%s,%s"%(1.2,  3.4,  "This is a string"))
```

语句的运行结果如下。

```
输出值是 1.2,3.4,This is a string
>>>
```

说明：占位符%s 可以将各种类型的数据转换为字符串输出。

【例 3.28】格式占位符输出。

```
print("12345678901234567890")        #参考位置
print("a=%d,b=%d"%(123,456))
print("%d,%o,%x"%(123,123,123))      #十进制、八进制、十六进制
print("%5d,%5d,"%(123,234))          #右对齐
print("%-5d,%-5d,"%(123,234))        #左对齐
print("%8.3f,"% (123.456789))        #占 8 列，3 位小数，右对齐
print("%-8.3f,"%(123.456789))        #占 8 列，3 位小数，左对齐
print("%08d,%08d,"%(12,23))          #占 8 列，空位补 0
print("%8s,%-8s,"%("abc","abc"))
```

以上程序使用格式占位符来格式化输出，程序的运行结果如下。

```
12345678901234567890
a=123,b=456
123,173,7b
  123,  234,
123  ,234  ,
 123.457,
123.457 ,
00000012,00000023,
     abc,abc,
>>>
```

3.4.4 内置函数 format( )

Python 的内置函数 format( )使用格式控制符将输出项格式化，其格式为：

```
format(输出项 [,格式字符串])
```

说明如下。

（1）如果省略格式字符串，那么就等价于将输出项转换为字符串类型输出。例如：

```
print(format(123.45678),format(123),format(3+4j))
```

程序的运行结果如下。

```
123.45678 123 (3+4j)
>>>
```

（2）根据输出项的类型，按照格式字符串中的格式控制符将输出项格式化。格式控制符如表 3-6 所示。

表 3-6 格式控制符

格式控制符	说明
'd'	十进制格式
'b'	二进制格式
'o'	八进制格式
'x'或'X'	十六进制格式，字母小写或大写
'f'或'F'	定点编号格式
'e'或'E'	科学记数法格式，使用字母 e 或 E
'g'或'G'	自动在格式控制符 e 和 f（或 E 和 F）中切换
'0m.n'	'0m.nf'占 *m* 个字符空间，保留 *n* 位小数，输出宽度不足 *m* 时补 0； '0md'占 *m* 个字符空间，输出宽度不足 *m* 时补 0
'c'	将值转换为相应的统一码（Unicode）
'%'	百分比格式

续表

格式控制符	说明
','或'_'	使用逗号或下画线作为千位分隔符
'<n'	左对齐结果（宽度为 n 的可用空间内）
'>n'	右对齐结果（宽度为 n 的可用空间内）
'^n'	居中对齐结果（宽度为 n 的可用空间内）
' '	在正数前使用空格
'+'	使用加号来指示结果是正还是负
'-'	负号仅用于负值

【例 3.29】format( )函数输出示例一，数字的格式输出。

```
print("123456789012345678901234567890")
print(format(123),format(123,'d'),format(123,'8d'),format(123,'08d'))
print(format(123,"b"),format(123,"o"))
print(format(123,"x"),format(123,"X"))
print(format(123.45678,'8.2f'),format(123.45678,'08.2f'))
print(format(123.45678,'e'),format(123.45678,'E'))
print(format(123.45678,'g'),format(123.45678,'G'))
```

以上程序使用内置函数 format( )的各种格式控制符进行格式输出，程序的运行结果如下。

```
123456789012345678901234567890
123 123      123 00000123
1111011 173
7b 7B
  123.46 00123.46
1.234568e+02 1.234568E+02
123.457 123.457
>>>
```

【例 3.30】format( )函数输出示例二，对齐与特殊格式。

```
print("123456789012345678901234567890")
print(format(97,'c'),format(0.58,'%'),)
print(format(123456.789,','),format(123456.789,'_'))
print(format(1234567890))
print(format(123,"<10"))  #左对齐
print(format(123,"^10"))  #居中
print(format(123,">10"))  #右对齐
print(format(123," "),format(-123," "))   #正数前加空格
print(format(123,"+"),format(-123,"+"))   #正数前加+
print(format(123,"-"),format(-123,"-"))   #正数前加-
```

以上程序使用内置函数 format( )的各种格式控制符进行格式输出，程序的运行结果如下。

```
123456789012345678901234567890
a 58.000000%
123,456.789 123_456.789
1234567890
123
   123
       123
 123 -123
+123 -123
123 -123
>>>
```

3.4.5 字符串 format( )

字符串 format( )用于格式化输出数据，格式化能力更强，更易用。建议读者更多地使用 format( )完成格式化输出，并减少使用格式占位符“%”。

字符串format()的占位符是“{}”，format()的参数中的输出项依次填充占位符“{}”。其格式为：

```
"{} {} …".format(value1,value2 [,…]),
```

输出项与占位符“{}”有以下3种映射方法。

1．位置映射方法

位置映射方法不指定映射顺序，按默认顺序一一映射。

【例3.31】位置映射方法。

```
print("{} {} {}".format("Hello","Python",3.9))
print("{} {} {}".format(123,-123,123.456789))
print("今天是{}学习{}的第 {}天。".format("小明","Python",100))
```

以上程序按照位置映射输出项，程序的运行结果如下。

```
Hello Python 3.9
123 -123 123.456789
今天是小明学习 Python 的第 100 天。
>>>
```

2．索引号映射方法

索引号映射方法在“{}”中写入索引号，使用索引号映射多个输出项。索引号必须从0开始递增1，如0,1,2,3，不可以跳跃，否则报错。

【例3.32】索引号访问方法。

```
print("{1} {0} {1} {2}".format("Hello","Python",3.9))
print("{1} {0} {2}".format(123,-123,123.456789))
print("今天是{1}学习{0}的第{2}天。".format("Python","小明",100))
```

以上程序按照索引号映射输出项，程序的运行结果如下。

```
Python Hello Python 3.9
-123 123 123.456789
今天是小明学习 Python 的第 100 天。
>>>
```

3．关键字映射方法

关键字映射方法在“{}”中写入关键字，使用关键字映射多个输出项。关键字参数要与参数的关键字对应。

【例3.33】关键字映射方法。

```
print("{name}同学，今年 {age}岁。".format(name="小明",age=6))
print("地址：{ip}:{port}".format(ip="192.168.1.1",port=8080))
```

以上程序通过关键字映射输出项，程序的运行结果如下。

```
小明同学，今年 6 岁。
地址：192.168.1.1:8080
>>> |
```

关键字映射方法中，还可以通过关键字映射字典的元素作为输出项，在字典参数前加上**。

【例3.34】关键字映射字典的元素作为输出项。

```
stu={'name':'小丽','age':10}    #字典
add={'ip':'192.168.1.2','port':8080}   #字典
print("{name}同学，今年 {age}岁。".format(**stu))
print("地址：{ip}:{port}".format(**add))
```

以上程序通过关键字映射字典的输出项，程序的运行结果如下。

```
小丽同学，今年 10 岁。
地址：192.168.1.2:8080
>>>
```

字典是 Python 的一种数据结构，将在第 7 章介绍。

字符串 format( )还可以在占位符“{}”中加入格式控制符，从而设定进制转换、精度、对齐等输出格式。其一般格式为：

```
{:格式控制符}
```

字符串 format( )的格式控制符与内置 format( )函数的格式控制符含义相同，如表 3-6 所示。

【例 3.35】格式控制符。

```
print("123456789012345678901234567890")
print("{:d} {:8d} {:08d}".format(123,123,123))
print("{:b} {:o} {:x} {:X}".format(123,123,123,123))
print("{0:8.2f} {0:08.2f}".format(123.45678))
print("{0:<10}".format(123)) #左对齐
print("{0:^10}".format(123)) #居中
print("{0:>10}".format(123)) #右对齐
```

以上程序中，字符串 format( )使用格式控制符控制输出格式，程序的运行结果如下。

```
123456789012345678901234567890
123      123 00000123
1111011 173 7b 7B
  123.46 00123.46
123
   123
       123
>>>
```

3.5 运算符和表达式

表达式描述对哪些数据进行什么样的运算，它由运算符和操作数组成。表示运算的符号称为运算符，表示运算的对象称为操作数，操作数可以是常量、变量或函数等。例如，2+3 就是一个算术表达式，“+”是运算符，2 和 3 是操作数。

Python 语言常用的运算符有算术运算符、赋值运算符、关系运算符、逻辑运算符、标识运算符和位运算符等。

▶学习提示

（1）学习运算符比较容易，但需要细致和耐心。

（2）要学会通过编写程序来验证运算结果，加深对运算符优先级、结合方向和结果类型的理解。

（3）有一些运算符也可以在后续需要的时候再学习。

3.5.1 算术运算符

基本的算术运算符如表 3-7 所示，使用算术运算符构成的表达式称为算术表达式。

表 3-7 基本的算术运算符

运算符	说明	举例（a=3,b=4）
+	加法	a+b，值为 7
-	减法	a-b，值为-1
*	乘法	a*b，值为 12

续表

运算符	说明	举例（a=3,b=4）
/	除法	a/b，值为 0.75
//	整除，返回商的整数部分	b//a，值为 1，a//b，值为 0
%	求余（模）	a%b，值为 3
**	幂，a**b 表示 a 的 b 次方	a**b，值为 81

【例 3.36】算术运算符。

```
a=3;b=4
print(a+b, a-b)    #值为 7、-1
print(a*b, a/b)    #值为 12、0.75
print(a%b,a**b)    #值为 3、81
print(b//a, a//b) #值为 1、0
```

程序的运行结果如下。

```
7 -1
12 0.75
3 81
1 0
>>>
```

说明如下。

（1）运算符*、/、//、%、**的优先级相同，运算符+、-的优先级相同，运算符*、/、//、%、**的优先级高于运算符+、-的优先级。

（2）如果希望某个运算先进行，我们可以使用圆括号“( )”将其括起来。如 34*(a+b)、5-(a+(r-6)%4)，圆括号中的运算先进行。

（3）将数学表达式 $\frac{(a+b)^2}{a(b+c)}$ 描述成 C 语言算术表达式为(a + b)**2/(a*(b + c))。在书写算术表达式时，注意不能省略乘号“*”。

【例 3.37】复杂表达式。

```
a=3
b=4
c=5
d=(a+b)**2/(a*(b+c))
print(d)
```

以上程序中，使用圆括号括起需要先进行的运算，程序的运行结果如下。

```
1.8148148148148149
>>>
```

3.5.2 赋值运算符

赋值运算符“=”连接的式子称为赋值表达式，功能是将右边表达式的值赋予左边的变量。赋值表达式的一般形式为：

```
变量=表达式
```

赋值表达式的左边必须是变量，否则将会报错。

例如：

```
a=3*2    #a 的值为 6
a=a+1    #a 的值为 7
5=3+5    #报错，左边必须是变量
a+2=6    #报错，左边必须是变量
```

在赋值运算符“=”之前加上其他双目运算符可以构成复合赋值运算符，Python 语言中的复合赋值运算符如表 3-8 所示。

复合赋值表达式的一般形式为：

```
变量  双目运算符 = 表达式
```

它相当于：

```
变量 = 变量 运算符 (表达式)
```

表 3-8　Python 语言中的复合赋值运算符

运算符	说明	举例（a=3,b=4）
+=	加法赋值	a+=b，相当于 a=a+b，a 值为 7
-=	减法赋值	a-=b，相当于 a=a-b，a 值为-1
*=	乘法赋值	a*=b，相当于 a=a*b，a 值为 12
/=	除法赋值	a/=b，相当于 a=a/b，a 值为 0.75
//=	整除赋值	b//=a，相当于 b=b//a，b 值为 1 a//=b，相当于 a=a//b，a 值为 0
%=	求余赋值	a%=b，相当于 a=a%b，a 值为 3
**=	指数赋值	a**=b，相当于 a=a**b，a 值为 81

【例 3.38】复合赋值运算符。

```
a=3;b=4
a+=b        #相当于 a=a+b
print(a)    #值为 7
a=3;b=4
a*=b+2      #相当于 a=a*(b+2)
print(a)    #值为 18
```

程序的运行结果如下。

```
7
18
>>>
```

▶学习提示

（1）复合赋值表达式的左边必须是变量。

（2）将复合赋值运算符右侧的表达式看作一个整体。

3.5.3　关系运算符

关系运算符用于比较两个操作数的关系，用关系运算符连接的表达式称为关系表达式，例如，表达式 a>b。如果关系成立，则表达式值为“真”，否则为“假”。在 Python 语言中，“真”用 True 表示，“假”用 False 表示。

Python 语言中的关系运算符及其含义如表 3-9 所示。

表 3-9　Python 语言中的关系运算符及其含义

运算符	说明	举例（a=3,b=4）
==	是否相等	a= =b，值为 False
!=	是否不相等	a!=b，值为 True
>	当左数>右数时值为 True	a>b，值为 False
<	当左数<右数时值为 True	a<b，值为 True
>=	当左数>=右数时值为 True	a>=b，值为 False
<=	当左数<=右数时值为 True	a<=b，值为 True

【例 3.39】关系运算符。

```
a=3;b=4
print(a==b,a!=b)
print(a>b,a<b)
print(a>=b,a<=b)
print(2<a<5,5<a<2)
```

程序的运行结果如下。

```
False True
False True
False True
True False
>>>
```

3.5.4 逻辑运算符

逻辑运算符用于对操作数进行逻辑运算，用逻辑运算符连接的关系表达式称为逻辑表达式。Python 语言中的逻辑运算符包括 and（与）、or（或）和 not（非）。逻辑运算符的含义如表 3-10 所示，逻辑运算符的真值表如表 3-11 所示。

表 3-10 逻辑运算符的含义

运算符	含义	说明	举例（a=10）
and	与（并且）	两个操作数都为真时，结果才为真	1<=a and a<15，值为 True
or	或（或者）	两个操作数都为假时，结果才为假	a<=1 or a>=20，值为 False
not	非（取反）	操作数为 True，结果为 False 操作数为 False，结果为 True	not (a<4)，值为 True

表 3-11 逻辑运算符的真值表

a	b	not a	a and b	a or b
True	True	False	True	True
True	False	False	False	True
False	True	True	False	True
False	False	True	False	False

【例 3.40】逻辑运算符。

```
x=True;y=False
print(x and y)
print(x or y)
print(not x,  not y)
a=3
print(1<=a and a>=10)
```

程序的运行结果如下。

```
False
True
False True
False
>>>
```

【例 3.41】已知判断年份 y 是否为闰年的条件为①能被 4 整除，但不能被 100 整除，或者②能被 400 整除，写出逻辑表达式。

分析如下。

（1）条件①描述为：y%4 == 0 and y%100 != 0。

（2）条件②描述为：y%400 == 0。

（3）条件①和②的关系为“或”，即只要满足①和②中任意一个，那么 y 就是闰年。因此，判断 y 为闰年的逻辑表达式可以描述为：

```
y=int(input("请输入年号："))
print(y%4==0 and y%100!=0 or y%400==0)
```

程序的运行结果如下。

```
========================
请输入年号：1900
False
>>>
========================
请输入年号：1996
True
>>>
```

为了避免因为优先级造成的误解，该逻辑表达式也可以描述为：

```
(y%4==0 and y%100 !=0) or (y%400==0)
```

▶**学习提示**

（1）注意理解和掌握判断一个整数能否被另一个整数整除的方法。

（2）在 Python 语言中，运算符的优先级有时候容易造成混乱。在实际编程时，为了避免由运算符优先级不清楚造成的混乱，我们可以给需要先执行的表达式加上圆括号。

3.5.5　标识运算符

标识运算符用于判断两个变量是否引用同一对象。如图 3-7 所示，a 和 b 引用的是同一个对象，其内存地址相同。

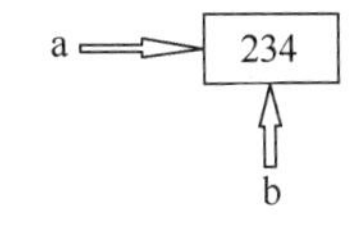

图 3-7　引用同一对象

标识运算符如下。

（1）is：判断两个变量是否引用同一个对象，其内存地址相同。

（2）is not：判断两个变量是否引用不同的对象，其内存地址不同。

【例 3.42】标识运算符。

```
a="Hello";b="hello"
print(id(a),id(b))  #地址不相同
print(a is b, a is not b)
b=a
print(id(a),id(b))  #地址相同
print(a is b, a is not b)
a=5;b=5
print(id(a),id(b))  #地址相同
print(a is b, a is not b)
```

以上程序中，a 和 b 引用的对象地址相同，则 is 运算为 True，否则为 False。程序的运行结果如下。

```
2953182849264 2953182849456
False True
2953182849264 2953182849264
True False
2953146231216 2953146231216
True False
>>>
```

▶学习提示

函数 id(对象)可取得对象的地址。

3.5.6 位运算符

数据在计算机中以二进制的形式存储。位运算直接对整数在内存中的二进制数逐位进行操作，位运算的操作数必须是整数。

位运算符包括&（按位与）、|（按位或）、∧（按位异或）、～（按位取反）、<<（左移）、>>（右移）。

1．按位与

按位与运算符把参加运算的两个操作数按二进制位进行与运算，如果对应的二进制位都为 1，则该位的结果为 1，否则为 0。即：

0&0=0　　0&1=0　　1&0=0　　1&1=1

例如，12&6 的运算是将 12（二进制数 00001100）与 6（二进制数 00000110）按位进行与运算，得到的结果为 4（二进制数 00000100），运算过程如下：

```
  12：00001100
&  6：00000110
--------------
      00000100
```

【例 3.43】正整数 12 和 6 按位与运算。

```
a=12       #00001100
b=6        #00000110
c=a&b      #00000100
print(c)  #4
print(bin(c))
```

程序的运行结果如下。

```
4
0b100
>>>
```

2．按位或

按位或运算符把参加运算的两个操作数按二进制位进行或运算，如果对应的二进制位都为 0，则该位的结果为 0，否则为 1。即：

0|0=0　　0|1=1　　1|0=1　　1|1=1

例如，12|6 的运算为将 12（二进制数 00001100）与 6（二进制数 00000110）按位进行或运算，得到的结果为 14（二进制数 00001110），运算过程如下：

```
  12：00001100
|  6：00000110
--------------
      00001110
```

【例 3.44】正整数 12 和 6 按位或运算。

```
a=12       #00001100
b=6        #00000110
c=a|b      #00001110
print(c)  #14
print(bin(c))
```

程序的运行结果如下。

```
14
0b1110
>>>
```

3．按位异或

按位异或运算符把参加运算的两个操作数按二进制位进行异或运算，如果对应的二进制位相同则该位的结果为 0，如果对应的二进制位不同则该位的结果为 1。即：

0∧0＝0　　0∧1=1　　1∧0＝1　　1∧1=0

例如，12∧6 的运算为将 12（二进制数 00001100）与 6（二进制数 00000110）按位进行异或运算，得到结果为 10（二进制数 00001010），运算过程如下：

```
   12：00001100
 ∧ 6：00000110
 ─────────────
       00001010
```

【例 3.45】正整数 12 和 6 按位异或运算。

```
a=12       #00001100
b=6        #00000110
c=a^b      #00001010
print(c)  #10
print(bin(c))
```

程序的运行结果如下。

```
10
0b1010
>>>
```

4．按位取反

按位取反运算符用来把二进制数按位取反，即每一位上的 0 变 1、1 变 0。例如，表达式～3 把十进制数 3（二进制数 00000011）按位取反，得到的结果是十进制数-4（二进制数 11111100），运算过程如下：

```
～  3：00000011
──────────────
       11111100
```

【例 3.46】正整数 3 按位取反运算。

```
a=3      #00000011
c=~a     #11111100
print(a,bin(a)) #3
print(c,bin(c)) #-4
```

程序的运行结果如下。

```
3 0b11
-4 -0b100
>>>
```

▶学习提示

在 Python 中，变量保存的整数是补码。补码为 11111100、反码为 11111011、原码为 10000100 的是十进制数-4。

5．左移

左移运算符将操作数全部左移指定位数，高位的移出丢弃，低位的补 0 或 1。其一般形式为：

```
变量名<<左移位数
```

左移时，如果左端移出的部分不包含二进制数 1，则每左移 1 位相当于移位对象乘以 2，左移 2 位相当于移位对象乘以 2^2=4。因此当左移后移出部分不包含 1 时，可以用这一特性代替乘法运算，以加快运算速度。

如果移出部分包含二进制数 1，则这一特性就不适用了。例如，m=64（二进制数 01000000）左移 1 位时，相当于乘以 2；左移 2 位时，移出部分包含二进制数 1，因此等于 0。左移运算结果如表 3-12 所示。

表 3-12　左移运算结果

m 的值	m 的二进制数	m<<1	m<<2
12	00001100	00011000	00110000
64	01000000	10000000	00000000

【例 3.47】将正整数 12 左移 2 位。

```
a=12       #00001100
c=a<<2     #00110000
print(a,bin(a)) #48
print(c,bin(c))
```

程序的运行结果如下。

```
12 0b1100
48 0b110000
>>>
```

6．右移

右移运算符将操作数全部右移指定位数，低位的移出丢弃，高位的补 0 或 1。其一般形式为：

```
变量名>>右移位数
```

右移时，如果右端移出的部分不包含二进制数 1，则每右移 1 位相当于移位对象除以 2，右移 2 位相当于移位对象除以 2^2=4。

当右移后移出部分不包含 1 时，可以用这一特性代替除法运算，以加快运算速度。如果移出部分包含二进制数 1 时，则这一特性就不适用了。例如，m=2（二进制数 00000010）右移 1 位时，相当于除以 2；右移 2 位时，移出部分包含二进制数 1，因此等于 0。右移运算结果如表 3-13 所示。

表 3-13　右移运算结果

m 的值	m 的二进制数	m>>1	m>>2
12	00001100	00000110	00000011
2	00000010	00000001	00000000

【例 3.48】将正整数 12 右移 2 位。

```
a=12      #00001100
c=a>>2    #00000011
print(a,bin(a)) #12
print(c,bin(c)) #3
```

程序的运行结果如下。

```
12 0b1100
3 0b11
>>>
```

3.5.7 运算符的优先级

在一个表达式中出现多种运算符时，按照运算符的优先级确定运算的顺序，优先级高的先进行。例如语句“a=3+4*5”，先做乘法，后做加法。Python 语言中运算符的优先级如表 3-14 所示。

事实上，读者可以使用圆括号来分组（运算符和操作数），以便明确指出运算的先后顺序，从而提高程序的可读性。

表 3-14　Python 语言中运算符的优先级

级别	运算符	描述	级别方向
1	**	幂	高 ↓ 低
2	~、+、-	按位取反、正号、负号	
3	*、/、//、%	乘法、除法、整数除法、取余	
4	+、-	加法、减法	
5	<<、>>	按位左移、按位右移	
6	&	按位与	
7	∧、|	按位异或、按位或	
8	<、<=、>、>=	关系运算符	
9	!=、==	关系运算符	
10	=、+=、-=、*=、/=、//=、%=	赋值运算符	
11	is、is not	标识运算符	
12	in、not in	成员测试	
13	not、and、or	逻辑运算符	

【例 3.49】运算符优先级。

```
a=3;  b=4
c=a+b*2        #运算顺序 *、+
d=a+b*a**2     #运算顺序 **、*、+
e=(3*(b+5))**2/(3*(a+b))  #用圆括号指定运算顺序
print(c,d,e)
```

程序的运行结果如下。

```
11 39 34.714285714285715
>>>
```

3.6 顺序结构的算法设计和程序编写

程序设计的过程一般包括以下步骤。

（1）分析问题：分析问题的原理、定义，找出其中的规律。

（2）设计算法：根据分析得到的规律，设计解决问题的算法。

（3）编写程序：编写程序，调试并运行。

顺序结构是结构化程序设计中最简单的控制结构，它一般包括输入数据、处理和输出数据 3 个步骤。其传统流程图如图 3-8（a）所示，其 N-S 流程图如图 3-8（b）所示。

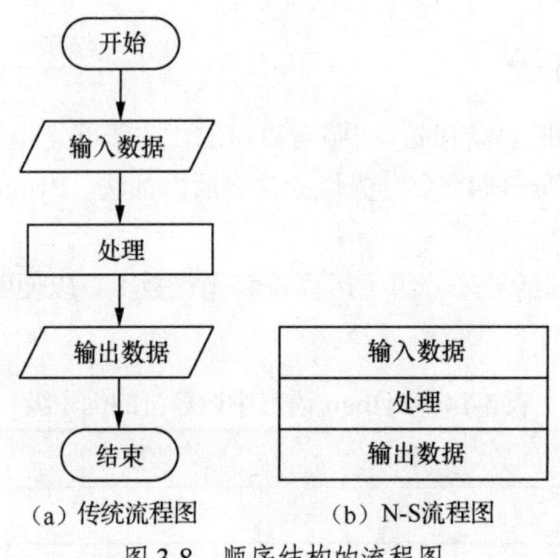

图 3-8　顺序结构的流程图

【例 3.50】编写程序，输入三角形的 3 条边长 a、b 和 c，求三角形的面积。

1．分析问题

根据数学知识，在已知三角形的 3 条边长时可以使用海伦公式来求三角形的面积，即

$$s=\frac{a+b+c}{2}$$

$$\text{area}=\sqrt{s(s-a)(s-b)(s-c)}$$

2．设计算法

根据前述分析，要计算三角形面积需要先输入三角形的 3 条边长，然后利用海伦公式计算面积。求三角形面积的算法的传统流程图如图 3-9（a）所示，其 N-S 流程图如图 3-9（b）所示。

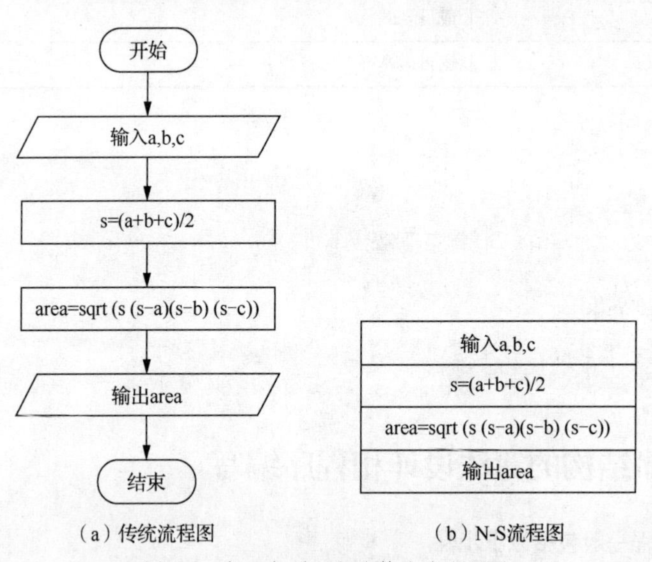

图 3-9　求三角形面积的算法的流程图

3．思考

几乎任何编程问题都必须按照分析问题、设计算法、编写程序的步骤来解决。在分析问题时，要充分利用现有的数学、物理、化学等知识。

例如，求三角形面积的问题，如果没有海伦公式，那么就要使用几何知识来分析，并得出算法。

设三角形 3 条边 a、b、c 的对角分别为 A、B、C，则余弦定理为

$$\cos C = \frac{a^2+b^2-c^2}{2ab}$$

$$\text{area} = \frac{ab\sin C}{2} = \frac{ab\sqrt{1-\cos^2 C}}{2}$$

如果继续进行数学推导，最终将得到与海伦公式相同的计算公式。根据上述分析设计的算法如图 3-10 所示。

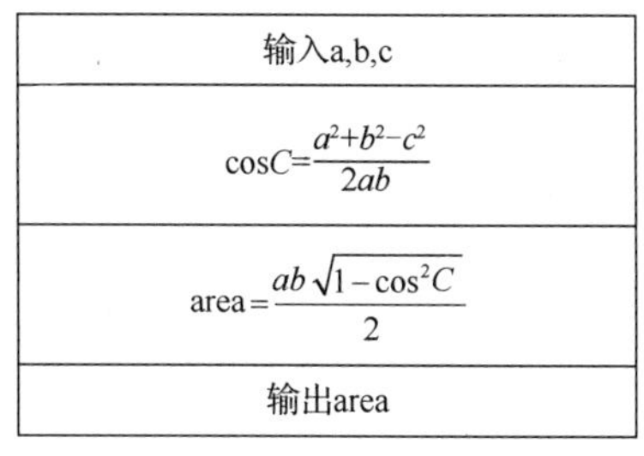

图 3-10　根据上述分析设计的算法

▶**学习提示**

算法要求输入的 3 条边长能够构成一个三角形，如果运行时输入的 3 条边长不能构成三角形，则此程序将出错。这种错误称为异常，本书第 11 章将会详细介绍。

为了将算法编写为程序，读者必须先掌握在 Python 语言中如何表示和保存数据、如何进行计算、如何输出结果，这是学习程序设计的基础。

4．编写程序

按照图 3-9 所示的算法，编写程序，输入三角形的 3 条边长 a、b 和 c，求三角形的面积。

（1）打开 Shell 窗口，选择“File→New File”命令，打开编辑器，编写源程序如图 3-11 所示。

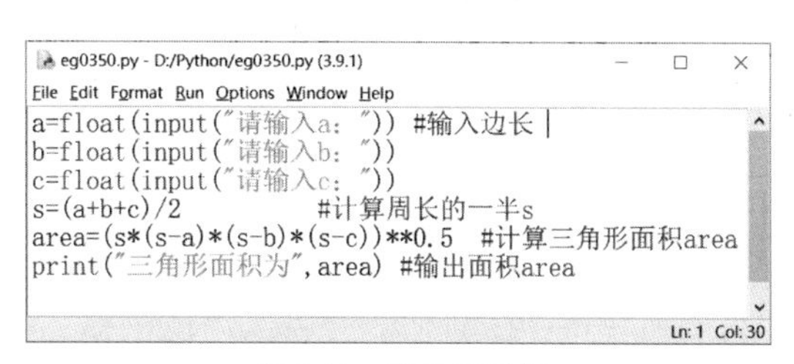

图 3-11　编写源程序

编写程序如下：

```
a=float(input("请输入 a: ")) #输入边长
b=float(input("请输入 b: "))
c=float(input("请输入 c: "))
s=(a+b+c)/2          #计算周长的一半 s
area=(s*(s-a)*(s-b)*(s-c))**0.5  #计算三角形面积 area
print("三角形面积为",area) #输出面积 area
```

（2）选择“Run→Run Module”命令，运行程序，运行结果如下。

```
请输入 a: 3
请输入 b: 4
```

```
请输入c: 5
三角形面积为6.0
>>>
```

▶学习提示

读者可以通过单步调试，观察程序的运行过程，步骤如下。

在 Shell 窗口中，选择“Debug→Debugger”命令，打开调试器，运行该程序；在调试器中单击“Over”按钮逐行运行程序，观察变量的变化过程。

后续的编程练习中，希望读者坚持使用以掌握单步调试方法，培养程序调试能力。

【例 3.51】求解鸡兔同笼问题。已知笼子中鸡和兔的头数总共为 h，脚数总共为 f，试问鸡和兔各有多少只？

（1）分析问题。设鸡和兔分别有 x 和 y 只，则可列出方程组 $\begin{cases} x+y=h \\ 2x+4y=f \end{cases}$。经过数学推导，方程组可以转化为公式 $\begin{cases} x=(4h-f)/2 \\ y=(f-2h)/24 \end{cases}$ 或 $\begin{cases} x=(4h-f)/2 \\ y=h-x \end{cases}$。

根据数学知识，已知任何一对 h 和 f 都能计算出相应的 x 和 y，x 和 y 值的取值范围是实数。在现实世界中，鸡和兔的只数只能为大于或等于 0 的整数。因此，如果所得 x、y 带小数部分或者小于 0，那么这一对 h 和 f 就不是正确的解。

（2）设计算法。根据上述分析，求解此问题的算法如图 3-12 所示。

输入h,f
x=(4h−f)/2
y=h−x
输出x,y

图 3-12 “鸡兔同笼问题”的算法

（3）编写程序。根据图 3-12 所示的算法，编写源程序如下：

```
h=int(input("请输入头数 h: "))
f=int(input("请输入脚数 f: "))
x=(4*h-f)/2
y=h-x
print("鸡有",x,"只，兔有",y,"只")
```

程序的运行结果如下，输入 10 和 30 的解正确，输入 30 和 10 的解错误。

```
请输入头数 h: 10
请输入脚数 f: 30
鸡有 5.0 只，兔有 5.0 只
>>>
请输入头数 h: 30
请输入脚数 f: 10
鸡有 55.0 只，兔有-25.0 只
>>>
```

【例 3.52】编写程序，输入一个三位整数，将其个位数、十位数和百位数反序后，得到一个新的整数并输出。例如，输入整数 234，输出整数 432。

（1）分析问题。要将整数的数位反序，首先必须求得其个位数、十位数和百位数，再计算得到反序后的数。

（2）设计算法。根据上述分析，求解此问题算法如图 3-13 所示。

输入三位整数m
a=m%10
b=m//10%10
c=m//100%10
n=a*100+b*10+c
输出n

图 3-13 三位整数反序的算法

（3）编写程序。根据图 3-13 所示的算法，编写源程序如下：

```
m=int(input("请输入整数m: "))
a=m%10          #求个位数
b=m//10%10      #求十位数
c=m//100%10     #求百位数
n=a*100+b*10+c  #反序
print("反序后的数为",n)
```

程序运行时输入 234，其运行结果如下：

```
请输入整数m：234
反序后的数为 432
>>>
```

▶**学习提示**

取得一个整数的各位数字的方法在实际编程中经常使用，读者应注意掌握。

习题

一、选择题

1. Python 语言的单行注释以（　　）开始。
   A. /*　　B. //　　C. #　　D. {
2. 以下选项中，（　　）不是 Python 语言的基本数据类型。
   A. 整型　　B. 浮点型　　C. 布尔型　　D. 数组
3. 以下选项中，（　　）能将十进制数 20 转换成十六进制数。
   A. bin(20)　　B. oct(20)　　C. hex(20)　　D. float(20)
4. 以下选项中，（　　）是错误的复数型数据。
   A. 1.5+0.5j　　B. 3.14+5　　C. 2+1.2E3j　　D. complex(2.6,1.3)
5. 以下选项中，（　　）是错误的字符串型数据。
   A. [hello world]　　B. 'hello world'　　C. "hello world"　　D. '''hello world'''
6. 以下选项中，转义字符（　　）表示换行。
   A. \t　　B. \n　　C. \r　　D. \b
7. 字符串操作"HelloWorld"[4]的结果是（　　）。
   A. 'l'　　B. 'o'　　C. 'W'　　D. 'd'
8. 字符串操作"HelloWorld"[-5]的结果是（　　）。
   A. 'l'　　B. 'o'　　C. 'W'　　D. 'd'
9. 字符串操作"Ab"*3 的结果是（　　）。
   A. "AAA"　　B. "bbb"　　C. "AbAbAb"　　D. "Ab"
10. 字符串操作"HelloWorld"[1:5]的结果是（　　）。
    A. "Hell"　　B. "ello"　　C. "Worl"　　D. "World"
11. "HelloWorld".upper( )的结果是（　　）。
    A. "HELLOWORLD"　　B. "HelloWorld"　　C. "helloworld"　　D. "hELLOwORLD"
12. "HelloWorld".replace('o','X')的结果是（　　）。
    A. "HelloWorld"　　B. "XXXXXXXXXX"　　C. "oooooooooo"　　D. "HellXWXrld"
13. 以下选项中，（　　）能将字符串转换为浮点数。
    A. int("123.45")　　B. float("123.45")　　C. str("123.45")　　D. oct("123.45")
14. 函数 int(123.89)的返回值是（　　）。
    A. 123　　B. 124　　C. 100　　D. 120
15. 函数 abs(−20)的返回值是（　　）。
    A. 0　　B. 1　　C. 20　　D. −20

16. 函数 round(3.1415,3)的返回值是（　　）。

A. 3　　B. 3.14　　C. 3.142　　D. 3.1415

17. 函数 pow(3,2)的返回值是（　　）。

A. 2　　B. 3　　C. 8　　D. 9

18. 已经赋值 a=3，函数 eval("2*a+1")的返回值是（　　）。

A. 2　　B. 3　　C. 1　　D. 7

19. 在程序执行时，（　　）的值可以发生改变。

A. 变量　　B. 常量　　C. 符号常量　　D. 地址

20. 以下关于变量的说法中错误的是（　　）。

A. 变量不需要事先声明，变量在被赋值的同时被创建

B. 变量可以被多次赋值，变量的数据类型是最后赋的值的数据类型

C. 可以同时为多个变量赋值

D. 变量可以直接使用，不需要事先赋值

21. 以下选项中，不属于常量的是（　　）。

A. 3.14　　B. 100　　C. "abc"　　D. PI=3.14

22. 以下选项中，（　　）是正确的 Python 语言标识符。

A. min、3abc、a4　　B. we、_3e、max　　C. w!、for、min　　D. #t、er2_r、inqw

23. 以下叙述中正确的是（　　）。

A. 在程序运行时，常量的取值可以改变　　B. 定义的标识符允许使用关键字

C. 定义的标识符必须用大写字母开头　　D. 定义的标识符应尽量做到见名知义

24. 已知语句 a=input("a:")，输入为 123，变量 a 的类型为（　　）。

A. 整型　　B. 浮点型　　C. 字符串型　　D. 布尔型

25. 运行语句 print(123, 456, sep=';', end='$')的输出结果是（　　）。

A. 123;456$　　B. 123 456　　C. 123;456　　D. 123,456

26. 已有赋值 a=123;b=456，运行语句 print("a=%d,b=%d"%(a,b))的输出结果是（　　）。

A. 1123,456　　B. a=123,b=456　　C. a=123b=456　　D. a=%d,b=%d

27. 运行语句 print("x%05dx%-05dx"%(123,123))的输出结果是（　　）。

A. x00123x12300x　　B. x123x123x　　C. x　123x123　x　　D. x00123x123　x

28. 运行语句 print("%8.3f"%(123.456789))的输出结果是（　　）。

A. 123　　B. 123.456　　C. 123.457　　D. 123.456789

29. 运行语句 print(format(123,'08d'))的输出结果是（　　）。

A. 12300000　　B. 12312312　　C. 123　　D. 00000123

30. 运行语句 print(format(12.3456,'8.2f'))的输出结果是（　　）。

A. 12.35000　　B. 12.3456　　C. 12.35　　D. 00012.35

31. 运行语句 print(format(12.3456,'08.2f'))的输出结果是（　　）。

A. 12.35000　　B. 12.3456　　C. 12.35　　D. 00012.35

32. 已知字符 “a” 的 ASCII 值为 97，运行语句 print(format(98,'c'),format(99,'c'))的输出结果是（　　）。

A. a b　　B. b c　　C. c c　　D. 98 99

33. 运行语句 print("{} {}".format('Hello','Tianjin','2022'))的输出结果是（　　）。

A. Hello Tianjin　　B. Tianjin 2022　　C. Hello 2022　　D. Tianjin Hello

34. 运行语句 print("{1} {0} {2}".format('Hello','Tianjin','2022'))的输出结果是（　　）。

A. Hello Tianjin 2022　　B. Tianjin Hello 2022　　C. Hello Tianjin　　D. Tianjin Hello

35. 运行语句 print("{x} {y} {z}".format(y="b",x="a",z="c"))的输出结果是（　　）。

A. a b c　　B. b a c　　C. y x z　　D. x　y　z

36. 运行语句 print("{:08d}".format(1234))的输出结果是（　　）。

A. 12340000　　B. 12341234　　C. 1234　　D. 00001234

37. 运行语句 print("{:8.1f}".format(1234.5678))的输出结果是（　　）。

A. 1234.600　　B. 1234.5678　　C. 　1234.6　　D. 001234.6

38. 运行语句 print("{:08.1f}".format(1234.5678))的输出结果是（　　）。

A. 1234.600　　B. 1234.5678　　C. 　1234.6　　D. 001234.6

39. 已知字符“a”的 ASCII 值为 97，运行语句 print("{:c} {:c}".format(97,98))的输出结果是（　　）。

A. a b　　B. b c　　C. c c　　D. 97 98

40. 已经赋值 a=2;b=3;c=9，则表达式 c%a+b 的值是（　　）。

A. 3　　B. 7　　C. 8　　D. 4

41. 以下 Python 语言表达式中，不可用来表示数学式(3xy)/(ab)的是（　　）。

A. 3*x*y/a/b　　B. x/a*y/b*3　　C. 3*x*y/a*b　　D. x/b*y/a*3

42. 以下程序运行的输出结果是（　　）。

```
x=5
s=x+x//2+x%2
print(s)
```

A. 8　　B. 5　　C. 4　　D. 1

43. 以下程序运行的输出结果是（　　）。

```
x=3.45
y=3
s=x+y/3+y**2
print(s)
```

A. 9　　B. 9.45　　C. 5.45　　D. 13.45

44. 执行语句“d=a=b=4”后，d 的值为（　　）。

A. 1　　B. 2　　C. 3　　D. 4

45. 若变量 x 和 y 已被正确赋值，以下选项中符合 Python 语言语法的表达式是（　　）。

A. x+=3　　B. x+34=y　　C. x+3=x+y　　D. x+y=3

46. 执行以下程序段后，k 的值是（　　）。

```
k=2;a=3;b=4
k*=a+b
```

A. 10　　B. 12　　C. 14　　D. 2

47. 已经赋值 x=3.5;y=6.3，则 int(x+y)的值是（　　）。

A. 6　　B. 8　　C. 9　　D. 10

48. 已经赋值 a=5;b=4;c=3，那么关系表达式 a<b<c 和 a>b>c 的值分别是（　　）。

A. False False　　B. True False　　C. False True　　D. True True

49. 表达式（　　）指当 a 的值为奇数时，值为 False；当 a 的值为偶数时，值为 True。

A. a%2==1　　B. a%2==0　　C. a%3==0　　D. a%3==1

50. 已经赋值 a=2;b=3;c=4，以下选项中，值为 False 的表达式是（　　）。

A. 1>a or b>1　　B. a<3 and c<4　　C. not(c>5)　　D. a<b and b<c

51. 以下程序运行的输出结果是（　　）。

```
a=10;b=0;c=0;
print(a!=0 and b==0 or c==1)
```

A. False　　B. True　　C. T　　D. F

52. 表达式 0x15&0x18 的值是（　　）。

A. 0x13　　B. 0x10　　C. 0x8　　D. 0xab

53. 若 x=5;y=4，则 x&y 的值是（　　）。

A. 1　　B. 3　　C. 4　　D. 5

54. 表达式 0x15|0x18 的值是（　　）。

A. 0x17　　B. 0x11　　C. 0x1d　　D. 0x10

55. 表达式 0x15∧0x18 的值是（　　）。

A. 0x1d　　B. 0x0d　　C. 0x07　　D. 0xe8

56. 在位运算中，操作数每左移一位，则结果相当于（　　）。

A. 操作数乘以 2　　B. 操作数除以 2　　C. 操作数除以 4　　D. 操作数乘以 4

57. 以下程序运行的输出结果是（　　）。

```
a=24
print(a<<1)
```

A. 1　　B. 12　　C. 24　　D. 48

58. 以下程序运行的输出结果是（　　）。

```
x=40
print(x>>2)
```

A. 40　　B. 20　　C. 10　　D. 1

59. 以下程序运行的输出结果是（　　）。

```
a=16
print(a>>1,a>>2,a)
```

A. 1 6 16　　B. 16 8 4　　C. 8 4 16　　D. 4 8 16

二、编程题

1. 设计算法并编写程序，输入梯形的上底长、下底长和高，计算并输出面积。

2. 设计算法并编写程序，输入一个矩形草坪的长和宽（单位：m）及修建草坪的速度（单位：m^2/s），计算修剪草坪所需的时间（单位：s）。

3. 设计算法并编写程序，输入圆柱的半径和高，求圆柱体积和圆柱表面积（提示：圆周率可以直接取 3.14）。

4. 设计算法并编写程序，输入平面坐标系中两个点的坐标(x_1, y_1)和(x_2, y_2)，计算两点的距离。

5. 某商场营业员的总工资由两部分组成：基本工资和营业额提成。设计算法并编写程序，输入基本工资（B）、本月的营业额（S）和营业额提成的比例（P），计算实发工资（$T=B+S\times P$）。

6. 设计算法并编写程序，输入五位数，求该数各个数位上的数字之和。例如，输入 12345，则和为 1+2+3+4+5=15。

7. 设计算法并编写程序，求二元一次方程组$\begin{cases} A_1x + B_1y = C_1 \\ A_2x + B_2y = C_2 \end{cases}$的解，要求输入系数 A_1、B_1、C_1、A_2、B_2和 C_2。

第4章 函数

在实际编程时，一个算法可能非常复杂，程序可能有成千上万行，编写时容易出错且调试困难。模块化程序设计方法能将复杂的算法逐步细化、分解成很多具有独立功能的模块。这些模块相互调用，实现代码重用后能够简化程序设计过程。在编程时，通过函数可实现模块化。每个函数实现一个小功能，这是非常重要的编程方法。

例如，包一个饺子一般分为以下4步。

```
print("1.将剂子按扁")
print("2.用擀面杖擀成饺子皮")
print("3.饺子皮上放饺子馅")
print("4.包成饺子")
```

如果要包100个饺子，则需要将以上4条语句写100遍，显然不易实现。我们可以将包一个饺子的过程编写为一个函数makejiaozi( )，具体如下。

```
def makejiaozi():
    print("1.将剂子按扁")
    print("2.用擀面杖擀成饺子皮")
    print("3.饺子皮上放饺子馅")
    print("4.包成饺子")
```

如果要包100个饺子，那么只要循环调用100次函数makejiaozi( )就可以了。函数就像是一台包饺子的机器，可以重复使用，每调用一次就能完成一项工作。

本章主要介绍函数的定义和调用、函数参数、变量的作用域、函数的嵌套和匿名函数等内容。读者学习了函数编程后，通过在后续内容中练习和使用，可以不断强化函数编程能力。

4.1 函数的定义和调用

4.1.1 函数定义

用户可以根据需求自己定义函数，并且像调用内置函数一样，调用自己定义的函数。定义函数的一般形式如下：

```
def <函数名> ( [形式参数] ):
    函数体
    return [表达式]
```

【例4.1】定义函数fun(p,n)，参数为单价和重量，其功能是计算樱桃的总金额。用键盘输入单价与重量，调用函数计算樱桃的总金额。

```
def fun(p,n):       #函数头部定义
    t=p*n           #注意缩进
    return (t)      #函数的返回值
```

```
def printstar(): #输出*行
    print("**************\n")
a=float(input("输入单价:"))
b=float(input("输入重量:"))
c=fun(a,b) #调用，有实参、返回值
print("总金额: ",c)
printstar() #调用，无参数、无返回值
```

程序的运行结果如下。

```
输入单价:22
输入重量:100
总金额:  2200.0
**************
>>>
```

说明如下。

（1）定义函数的关键字是 def；函数的命名与变量的命名相似，遵守标识符的命名规则。圆括号后的“:”是必需的，不能省略。

（2）形式参数（放在圆括号中）可以有多个，也可以没有，但必须保留圆括号。形式参数也称为形参。

（3）以缩进结构表示函数体，函数体中的语句缩进的宽度相同。

（4）return (表达式)语句表示结束函数，并返回表达式的值。

4.1.2 函数调用

函数被定义后就可以被调用。如果函数定义中有形参，调用时应该传递实际参数（实参）。自定义函数的调用方法与系统内置函数的调用方法类似。

1. 函数调用的一般格式

函数调用的一般格式为：

```
<函数名>([<实参表>])
```

说明如下。

（1）实参表中给出多个实参，可以是常量、变量或表达式，各参数之间用逗号隔开。

（2）实参表中的变量名与形参表中的变量名可以相同，也可以不相同。

2. 函数调用的方式

函数主要有以下几种调用方式。

（1）单独作为一条语句，如例 4.1 中的语句：

```
printstar()
```

（2）函数直接写在表达式中，例如：

```
c=fun(a,b)
```

▶学习提示

打开调试器，运行程序时，单击“Over”按钮可以单步调试程序，不会进入函数的内部。在运行到函数调用的行时，单击“Step”按钮，将进入函数的内部，可以继续逐行调试程序，如图 4-1 所示，查看函数内部的运行情况。

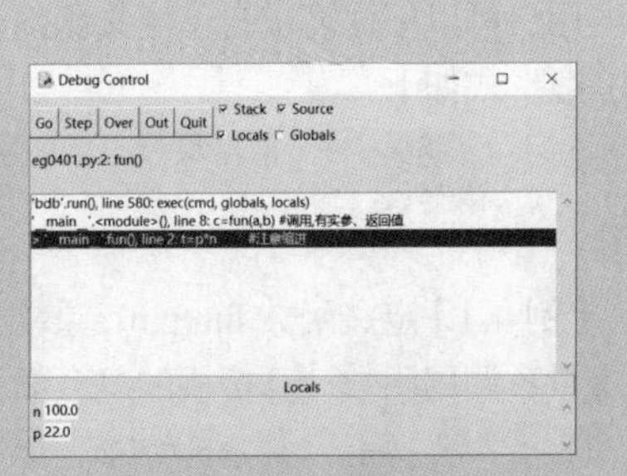

图 4-1 函数内部单步调试

【例 4.2】编写函数 triangle(a, b, c)，其功能是计算三角形面积。输入三角形的 3 条边长，调用 triangle(a,b,c)函数计算并输出三角形面积。

```
def triangle(a,b,c): #定义函数头部
    s=(a+b+c)/2
    area=(s*(s-a)*(s-b)*(s-c))**0.5
    return (area)  #返回值 area
a=float(input("输入边长 a: "))
b=float(input("输入边长 b: "))
c=float(input("输入边长 c: "))
area=triangle(a,b,c)
print("三角形的面积为",area)
```

程序中定义了函数 triangle(a,b,c)，在主程序中调用函数 triangle(a,b,c)，输入三角形的 3 条边长 a、b 和 c，计算三角形面积。程序的运行结果如下。

```
输入边长 a: 3
输入边长 b: 4
输入边长 c: 5
三角形的面积为 6.0
>>>
```

4.1.3　函数返回值

1．函数返回一个值

函数通过 return 语句带回返回值。如果没有返回值或无 return 语句，则返回空值 None。

【例 4.3】函数返回一个值。

```
def fun1(x,y):
    s=x+y
    return s #return 有值
def fun2(x,y):
    s=x-y
    return #return 无值，返回 None
def fun3(x,y):
    s=x*y  #无 return 语句，返回 None
s1=fun1(3,4)
s2=fun2(3,4)
s3=fun3(3,4)
print(s1,s2,s3)
```

程序的运行结果如下。

```
7 None None
>>>
```

以上程序中函数 fun1(x,y)带回返回值；函数 fun2(x,y)的 return 语句无返回值，因此返回 None；函数 fun3(x,y)没有 return 语句，因此返回 None。

2．函数返回多个值

Python 的函数允许有多个返回值，返回值之间以逗号隔开，以元组形式返回。

【例 4.4】函数返回多个值。

```
def fun(a,b):
    s1=a+b
    s2=a-b
    s3=a*b
    s4=a/b
    return s1,s2,s3,s4    #返回多个值
s=fun(6,3)
print(s) #输出元组
```

程序的运行结果如下。

```
(9,3,18,2.0)
>>>
```

元组是一种序列数据结构，将在第 7 章系统介绍。以上程序中，return 语句以元组形式返回多个值。

3. return 语句

return 语句可以结束函数，并返回函数值。函数中可以有多条 return 语句，第 1 次运行的 return 语句结束函数，并返回函数值，其他 return 语句不会再运行。

【例 4.5】函数包括多条 return 语句。

```
def fun(a,b):
    s1=a+b
    return s1  #最先运行的 return 语句
    s2=a-b
    return s2
    s3=a*b
    return s3
    s4=a/b
    return s4
s=fun(10,20)
print(s)
```

程序的运行结果如下。

```
30
>>>
```

程序中有 4 条 return 语句，执行第 1 条 return 语句后，函数结束，后边的 return 语句不再执行。

4.2 函数参数

实参指的是函数调用时，传递给被调用函数的参数。实参可以是常量、变量或表达式，用逗号隔开，实参中的变量名与形参中的变量名可以相同或不相同。实参的一般形式为：

```
<函数名>([实参])
```

4.2.1 位置参数

函数调用时传入的实参按照位置与函数的形参匹配，称为位置参数。此时实参与形参应该一一对应，否则会报错。

【例 4.6】位置参数。

```
def fun(a,b):
    print(a+b)
x=5;y=10
fun(x,y)        #正确
fun(2*x,2*y)    #正确
fun(10,20)      #正确
fun(10)         #报错
```

程序中函数的实参按照位置与形参匹配，语句 fun(10)只给出 1 个实参，而 fun(a,b)函数要求 2 个参数，所以报错。程序的运行结果如下。

```
15
30
```

```
30
Traceback(most recent call last):
  File"D:\Python\eg0406.py",line 7,in <module>
    fun(10)  #报错
TypeError:fun() missing 1 required positional argument:'b'
>>>
```

4.2.2　参数的传递

Python 语言的函数参数传递方式是单向传递，将实参的值传递给形参，形参另外申请一段内存空间。此时实参和形参占用不同的内存空间，因此改变形参的值，不影响实参变量的值。

【例 4.7】参数的值传递。

```
def fun(x,y):
    x=10;y=20   #改变形参的值
    print(x,y)
a=3;b=4
fun(a,b)
print(a,b) #a、b不变
```

程序的运行结果如下。

```
10 20
3 4
>>>
```

在 fun(x,y)函数中，虽然形参 x 和 y 的值改变了，但是返回主程序后，实参 a 和 b 的值没有改变。参数的传递过程如图 4-2 所示，将实参 a 和 b 的值传给对应的形参 x 和 y，此时形参和实参分别占用不同的内存，因此形参的改变不会影响实参。

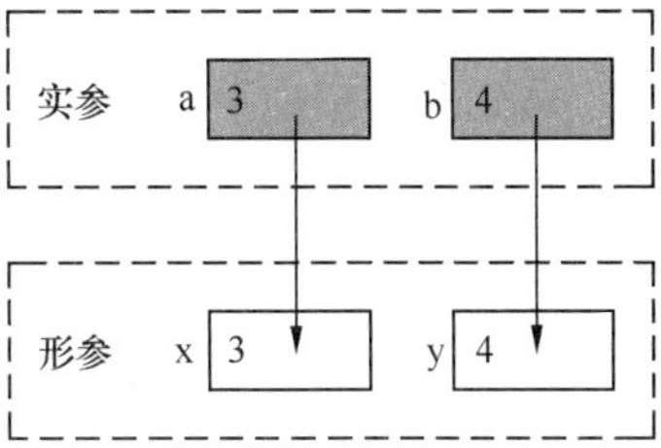

图 4-2　参数的传递过程

4.2.3　默认参数

默认参数就是指定了默认值的形参，如果调用函数时没有传入该形参的值，则该形参使用默认值。默认参数的一般形式为：

```
参数名=默认值
```

在定义函数时，默认参数必须定义在形参表的最后，否则会报错。

【例 4.8】默认参数。

```
def fun(a,b=20,c=30):
    print(a,b,c)
fun(3,4,5)     #输出 3,4,5
fun(3,4)       #输出 3,4,30
fun(3)         #输出 3,20,30
```

程序的运行结果如下。

```
3 4 5
3 4 30
3 20 30
>>>
```

以上程序中，函数 fun(a,b=20,c=30)的形参 b 和 c 是默认参数；语句 fun(3,4)调用时，形参 c 的值为默认值 30；语句 fun(3)调用时，形参 b 的值为默认值 20，形参 c 的值为默认值 30。

4.2.4　关键字参数

关键字参数在函数调用时把参数名称作为关键字和值绑定在一起传入，Python 会根据实参的关键字将实参与形参匹配。使用关键字参数允许实参与形参顺序不一致。在函数调用时，关键字参数的一般形式为：

```
形参名=实参值
```

【例 4.9】关键字参数。

```
def fun(xm,num,age):
    print("学号：",num)
    print("姓名：",xm)
    print("年龄：",age)
fun("李四","10011101",18) #位置参数
fun(num="10011102",xm="张三",age=16) #关键字参数
```

程序的运行结果如下。

```
学号：10011101
姓名：李四
年龄：18
学号：10011102
姓名：张三
年龄：16
>>>
```

以上程序中，语句 fun("李四","10011101",18)调用函数时，实参按照位置与形参匹配；fun(num="10011102",xm="张三",age=16)调用函数时，使用关键字进行参数匹配，此时实参的顺序可以与形参的顺序不一致。

4.2.5 可变参数

在程序设计中，当无法确定函数的参数个数时，可以使用可变参数。形参为可变参数时，函数能够接收任意多个参数。可变参数有如下两种形式。

（1）形参名称前加上一个*，例如*args。在此种情况下调用函数时，会将传入的参数组成一个元组，并进行相应处理。

【例 4.10】可变参数*args。

```
def fun(*args):
    print(args)     #输出元组
    print(args[0]) #输出第一个实参
    print(args[1])
    print(args[2])
    print(args[3])
fun(10,20,30,40)
```

程序的运行结果如下。

```
(10,20,30,40)
10
20
30
40
>>>
```

▶注意

元组是 Python 中的一种数据结构，将在第 7 章介绍。

以上程序中，语句 fun(10,20,30,40)调用函数传入的 4 个参数组成一个元组，将该元组赋予形参 args。将 args 当作一个元组来处理。

（2）形参名称前加上两个*，例如**kwargs。在此种情况下调用函数时需要传入关键字参数，使

kwargs 获得一个字典，并进行相应处理。

【例 4.11】可变参数**kwargs。

```
def fun(**kwargs):
    print(kwargs)
    print(kwargs["xm"])
    print(kwargs["number"])
    print(kwargs["age"])
fun(xm="张三",number="10011101",age=18)
```

程序的运行结果如下。

```
{'xm':'张三','number':'10011101','age':18}
张三
10011101
18
>>>
```

以上程序中，语句 fun(xm="张三",number="10011101",age=18)调用函数，将 3 个关键字参数组成一个字典传递给形参 kwargs，并进行相应处理。

▶注意

字典是 Python 中的一种数据结构，将在第 7 章介绍。

4.3 变量的作用域

变量能够被访问的位置称为变量的作用域。根据变量定义的位置不同，变量的作用域也不同，变量可以分为局部变量和全局变量。

1. 局部变量

定义在函数、类的语句块内部的变量称为局部变量，它只能在语句块的范围内被访问，而不能在语句块以外的地方被访问。局部变量主要包括自定义的局部变量、形参等。

【例 4.12】局部变量。

```
def fun1(a,b):     #a、b、c 为局部变量
    c=a+b
    print(c)
def fun2(a,b):     #a、b、c 为局部变量
    c=a*b
    print(a,b,c)
def fun3():
    print(a,b,c)   #a、b、c 引用错误
fun1(20,30)
fun2(3,4)
fun3()
print(a,b,c)       #a、b、c 引用错误
```

程序的运行结果如下。

```
50
3 4 12
Traceback(most recent call last):
  File"D:\Python\eg0412.py",line 11,in <module>
    fun3()
  File"D:\Python\eg0412.py",line 8,in fun3
    print(a,b,c)    #a、b、c 引用错误
NameError:name 'a' is not defined
>>>
```

说明如下。

（1）函数 fun1()和 fun2()的局部变量 a、b、c 不能被函数 fun3()使用，也不能被主程序使用。

（2）局部变量可以与其他函数内部的变量、形参同名，互不干扰。如函数 fun2()中的 a、b、c 和函数 fun1()中的局部变量同名。

2．全局变量

在一个程序中，函数之外定义的变量称为全局变量。全局变量可以被程序的所有函数访问，它的作用范围是从定义的位置开始直到程序结束。

在函数或类中引用全局变量之前，需要先用 global 语句进行声明。其一般形式为：

```
global 变量名1,变量名2,…
```

【例 4.13】全局变量。

```
x=10;y=20            #定义全局变量x、y
def fun():
    global x,y       #声明x、y为全局变量
    print(x,y,x+y)   #引用全局变量x
    x=3;y=4
print(x,y)           #引用全局变量x、y
fun()
print(x,y)
```

程序的运行结果如下。

```
10 20
10 20 30
3 4
>>>
```

说明如下。

（1）全局变量 x 和 y 的作用域从定义的位置开始直到源程序结束。

（2）语句“global x,y”声明 x 和 y 为全局变量。

（3）全局变量可以被源文件中所有函数引用和改变，全局变量的当前值是最后一次赋的值。

【例 4.14】编写函数，计算和、差、乘积和商。

```
s=0;t=0;m=0;n=0      #定义全局变量
def fun(a,b):
    global s,t,m,n   #声明全局变量
    s=a+b
    t=a-b
    m=a*b
    n=a/b
a=int(input("a:"))
b=int(input("b:"))
fun(a,b)
print(s,t,m,n)
```

程序的运行结果如下。

```
a:100
b:20
120 80 2000 5.0
>>>
```

如果需要，我们也可以在函数内部使用 global 定义全局变量。

【例 4.15】在函数内部使用 global 定义全局变量。

```
def fun():
    global x  #定义x为全局变量
    x=10
    print(x)  #引用全局变量x
```

```
def fun2():
    global x  #引用全局变量 x
    x=20
    print(x)
fun()
fun2()
print(x)       #引用全局变量 x
```

程序的运行结果如下。

```
10
20
20
>>>
```

以上程序中，函数 fun( )中的“global x”语句定义全局变量 x，在函数 fun2( )和主程序中都可以引用这个全局变量。

▶学习提示

在编写程序时，应该尽量避免使用全局变量。因为如果函数过于依赖全局变量，函数的通用性就会降低。所有函数都可以改变全局变量的值，使得难以判断每个瞬间变量的值。另外，全局变量过多也会降低程序的可读性。

4.4 函数的嵌套

4.4.1 嵌套函数

Python 允许在一个函数的内部定义另一个函数。其中外部的函数称为外函数；定义在函数里面的函数称为嵌套函数，也称为内函数。定义嵌套函数的方法与定义外函数的方法一样，但是嵌套函数只能在外函数的内部被访问，在外函数的外部不能被访问。

【例 4.16】嵌套函数。

```
def f1(x):
    y=2*x+3
    def g(x,y): #嵌套函数
        z=x*y
        return z
    print(g(x,y))
    print(y)
f1(3)
print(g(3,4)) #报错，不能访问内部函数
```

程序的运行结果如下。

```
27
9
Traceback(most recent call last):
  File"D:\Python\eg0416.py",line 9,in <module>
    print(g(3,4))  #报错，不能访问内部函数
NameError:name 'g' is not defined
>>>
```

以上程序中，在 f1(x)函数中嵌套定义了内部函数 g(x,y)，在 f1(x)函数的内部可以访问 g(x,y)函数，而在 f1(x)函数的外部则不能访问 g(x,y)函数。

4.4.2 函数的嵌套调用

在 Python 语言中，函数可以被嵌套调用，即函数 k( )调用函数 g( )，函数 g( )还可以调用函数 f( )，如图 4-3 所示。

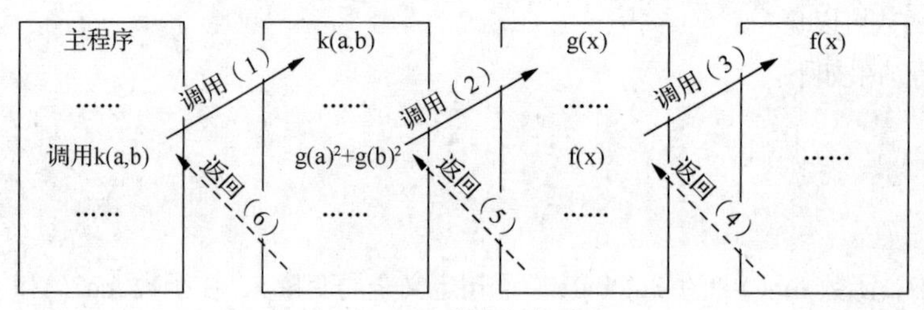

图 4-3 函数的嵌套调用

【例 4.17】编写程序，输入 a 和 b，计算 k(a,b)。

$$f(x)=2x+3$$
$$g(x)=f(x)^2+2f(x)+1$$
$$k(a,b)=g(a)^2+g(b)^2$$

```
def f(x):
    y=2*x+3
    return y
def g(x):
    y=f(x)**2+2*f(x)+1
    return y
def k(a,b):
    y=g(a)**2+g(b)**2
    return y
a=float(input("请输入 a:"))
b=float(input("请输入 b:"))
c=k(a,b)
print("函数结果是",c)
```

以上程序中，k( )函数调用 g( )函数，g( )嵌套调用 f( )函数。程序的运行结果如下。

```
请输入 a:3
请输入 b:4
函数结果是 30736.0
>>>
```

4.5 匿名函数

匿名函数通过单条语句生成一个函数，它的结果是一个返回值。匿名函数使用关键字 lambda 定义，其一般形式为：

```
lambda [参数 1, 参数 2, 参数 3, …]:表达式
```

例如：

```
fun=lambda x:x**2+2*x+1
print(fun(3))
```

该程序使用定义函数的方式编写的代码如下：

```
def fun(x)
    return x**2+2*x+1
print(fun(3))
```

说明如下。

（1）匿名函数的代码量更少、更简洁。

（2）匿名函数只能有一个表达式，不能包含其他语句。

（3）匿名函数不需要 return 语句，函数值就是表达式的结果。

（4）匿名函数可以包括 0 个或多个参数。例如：

```
f=lambda :16**0.5
print(f())
```

以上程序中的匿名函数没有参数，其运行结果如下。

```
>>> f=lambda :16**0.5
>>> print(f())
4.0
>>>
```

（5）匿名函数被赋予一个变量，我们可以通过变量调用函数。变量还可以被重新赋予其他匿名函数。

【例 4.18】匿名函数。

```
f1=lambda x,y: x+y
f2=lambda x,y: x-y
print(f1(3,4),f2(3,4))
f1=lambda x,y: x*y
f2=lambda x,y: x/y
print(f1(3,4),f2(3,4))
```

以上程序中，f1 和 f2 变量两次被赋予不同的匿名函数。程序的运行结果如下。

```
7 -1
12 0.75
>>>
```

（6）匿名函数可以作为函数参数进行传递。

【例 4.19】匿名函数作为函数参数。

```
def f(a,b,fun):
    return fun(a,b)
print(f(20,10,lambda x,y:x+y ))
print(f(20,10,lambda x,y:x-y ))
print(f(20,10,lambda x,y:x*y ))
print(f(20,10,lambda x,y:x/y ))
```

以上程序中，在 4 次调用 f(a,b,fun)的过程中，每次传递给形参 fun 的实参是不同的匿名函数。程序的运行结果如下。

```
30
10
200
2.0
>>>
```

习题

一、选择题

1. 以下关于 Python 语言函数的说法中，错误的是（　　）。

   A. 函数必须先定义后调用　　B. 定义函数可以没有形式参数

   C. 在函数中以缩进表示函数体　　D. 函数中必须有 return 语句

2. 以下关于 Python 语言函数返回值的说法中，错误的是（　　）。

A. 函数通过 return 语句带回返回值　　B. 函数中可以没有 return 语句

C. 函数允许有多个返回值　　D. 函数中 return 语句必须带有返回值

3. 以下关于 Python 语言函数的说法中，错误的是（　　）。

A. 函数在定义完后才可以被调用

B. 定义函数时如果有形参，在调用时就要传入实参

C. 实参中的变量名与形参中的变量名必须相同

D. 实参可以是常量、变量或表达式

4. 以下关于 Python 语言的说法中，错误的是（　　）。

A. 函数定义默认参数后，在被调用时可以不传递实参

B. 函数调用时，关键字参数中实参与形参顺序需要保持一致

C. 函数定义可变参数，能够接收任意多个实参

D. 如果调用时没有传入默认参数的值，则使用默认值

5. 以下程序运行时的输出结果为（　　）。

```
def fun(a,b):
    return a*b
c=fun(3,4)
print(c)
```

A. 3　　B. 4　　C. 12　　D. 16

6. 以下程序运行时的输出结果为（　　）。

```
def fun(a,b):
    return a+b
    return a-b
c=fun(3.5,4.4)
print(c)
```

A. 7.9　　B. 3.5　　C. 4.4　　D. −0.9

7. 以下程序运行时的输出结果为（　　）。

```
def fun(x):
    x=3
    print(x)
a=4
fun(a)
print(a) #a、b不变
```

A. 3 4　　B. 4 3　　C. 4.4　　D. 3 3

8. 以下程序运行时的输出结果为（　　）。

```
def fun(a,b):
    c=a+b
    return
c=fun(3.5,4.4)
print(c)
```

A. 7.9　　B. 3.5　　C. 4.4　　D. None

9. 以下程序运行时的输出结果为（　　）。

```
def fun(a,b=10):
    print(a+b)
fun(20)
```

A. 10　　B. 20　　C. 30　　D. 40

10. 以下程序运行时的输出结果为（　　）。

```
def fun(a=20,b=10):
    print(a-b)
```

```
fun(30,15)
fun(30)
fun()
```

A. 15 20 10　　B. 10 15 20　　C. 10 20 15　　D. 20 10 15

11. 以下程序运行时的输出结果为（　　）。

```
def fun(a,b):
    c=a+b
    return c
print(fun(b=4,a=3))
```

A. 1　　B. 3　　C. 4　　D. 7

12. 以下程序运行时的输出结果为（　　）。

```
def fun(a,b):
    print(a,b)
fun(b="10",a="20")
```

A. 10　　B. 20　　C. 20　10　　D. 10　20

13. 以下程序运行时的输出结果为（　　）。

```
def fun(*args):
    print(args[1],args[2])
fun(5,10,15,20)
```

A. 5 10　　B. 10 15　　C. 15 20　　D. 5 15

14. 以下叙述中错误的是（　　）。

A. 局部变量只能在语句块的范围内被访问

B. 定义在函数外部的变量称为全局变量

C. 局部变量可以被其他函数使用

D. 全局变量的作用范围是从定义的位置开始直到程序结束

15. 以下程序的运行结果是（　　）。

```
x=3
def fun():
    global x
    print(x)
    x=4
fun()
print(x)
```

A. 3 4　　B. 3 3　　C. 4 4　　D. 4 3

16. 以下程序的运行结果是（　　）。

```
def fun():
    global x
    x=5
def fun2():
    global x
    x=6
fun()
print(x)
fun2()
print(x)
```

A. 5 5　　B. 6 6　　C. 5 6　　D. 6 5

17. 以下程序的运行结果是（　　）。

```
def fun1(x):
    return x*x;
def fun2(x, y):
```

```
    a=fun1(x+y);
    return(a);
c=fun2(2,3);
print(c)
```

A. 4　　B. 9　　C. 18　　D. 25

18. 以下程序的运行结果是（　　）。

```
def fun1(x):
    return x*x;
def fun2(x, y):
    a=fun1(x);
    b=fun1(y);
    return(a+b);
c=fun2(2,3);
print(c)
```

A. 4　　B. 9　　C. 13　　D. 18

19. 以下程序的运行结果是（　　）。

```
calc=lambda x,y: x+y
calc=lambda x,y: x-y
print(calc(4,3),calc(3,4))
```

A. 1-1　　B. 7 7　　C. 7-1　　D. 1-7

20. 以下程序的运行结果是（　　）。

```
f1=lambda x,y: x+y
f2=lambda x,y: x-y
print(f1(4,3)*f2(4,3))
```

A. 2　　B. 3　　C. 4　　D. 7

二、编程题

1. 编写函数 fun( )，输出社会主义核心价值观的内容。在程序中调用 fun( )函数 100 次。

2. 编写函数 trapezoid(a, b, h)，参数是梯形的上底长、下底长和高，功能是计算梯形的面积。在程序中输入梯形的上底长、下底长和高，调用 trapezoid( )函数计算并输出梯形面积。

3. 编写函数 v(r, h)，其功能是计算圆柱的体积；编写函数 s(r, h)，其功能是计算圆柱的表面积。程序中输入圆柱的半径和高，调用函数 v(r, h)，计算并输出圆柱体积；调用函数 s(r, h)，计算并输出圆柱表面积（提示：圆周率可以直接取 3.14）。

4. 编写函数 rectangle(a, b, x)，参数是矩形草坪的长和宽（单位：m）以及修剪草坪的速度（单位：m^2/s），功能是计算修剪草坪所需的时间（单位：s）。程序中输入矩形草坪的长、宽和修剪草坪的速度，调用函数 rectangle( )计算并输出修剪草坪所需的时间（单位：s）。

5. 编写函数 inv(m)，其参数 m 是 5 位整数，其功能是求 m 的反序数。例如，输入 12345，则输出为 54321。程序中输入 5 位整数，调用 inv( )函数，计算并输出反序后的整数。

6. 编写函数 f(x)和 g(x,y)，在程序中输入 a、b、c 和 d，计算 $\frac{g(a,b)-g(c,d)}{g(a,b)+g(c,d)}$。

f(x)=x**2+2x+1

g(x,y)=(f(x)+f(y))*(f(x)−f(y))

第5章 选择结构程序设计

在结构化程序设计中，顺序结构按照语句的先后顺序执行程序，只能解决一些简单问题。选择结构根据条件的真假决定程序控制流程，它是实现复杂程序的基础。本章主要介绍选择结构的算法设计，以及使用Python语言编写选择结构程序的方法。

5.1 选择结构算法设计

本节通过几个问题的算法设计，介绍选择结构的算法设计和描述方法。

【例5.1】输入x，求函数$f(x)=\begin{cases} x & x<1 \\ 2x-1 & 1\leqslant x \end{cases}$的值。

分析：首先判定是否满足$x<1$，如果为真则结果为x；否则判定是否满足$1\leqslant x$，如果为真则结果为$2x-1$；不管执行哪个分支，最后都需要输出结果y。“分段函数”算法的传统流程图如图5-1（a）所示，其N-S流程图如图5-1（b）所示。

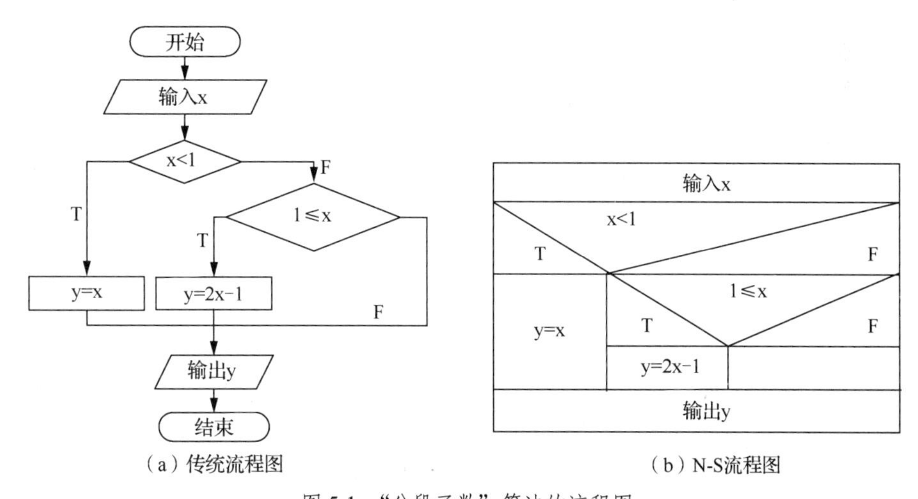

图5-1 “分段函数”算法的流程图

如果$x<1$为真，则执行第一个分支；如果$x<1$为假，那么第二个条件$1\leqslant x$必然为真，就不需要再做判断了。优化后算法的传统流程图如图5-2（a）所示，其N-S流程图如图5-2（b）所示。

进一步，如果求3个分支的函数$f(x)=\begin{cases} x & x<1 \\ 2x-1 & 1\leqslant x<10 \\ x^2+2x+2 & x\geqslant 10 \end{cases}$的值。

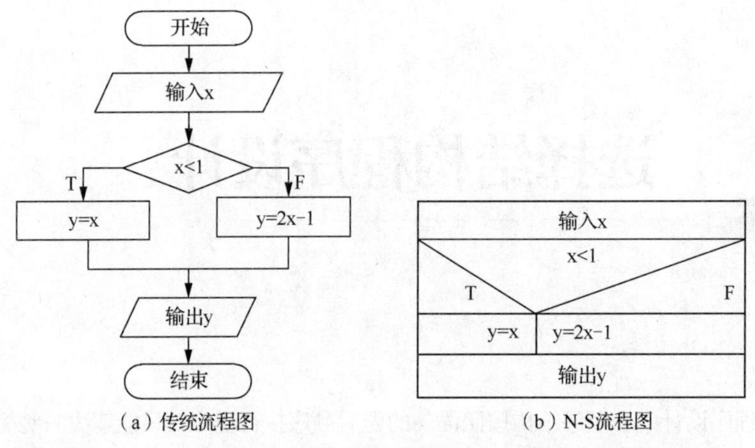

（a）传统流程图　　（b）N-S流程图

图 5-2 “分段函数”优化算法的流程图

分析：首先判定是否满足 $x<1$，如果为真则结果为 x；然后判定是否满足 $x<10$，如果为真则结果为 $2x-1$，否则判定结果为 x^2+2x+2。“3 分支分段函数”优化算法的传统流程图如图 5-3（a）所示，其 N-S 流程图如图 5-3（b）所示。

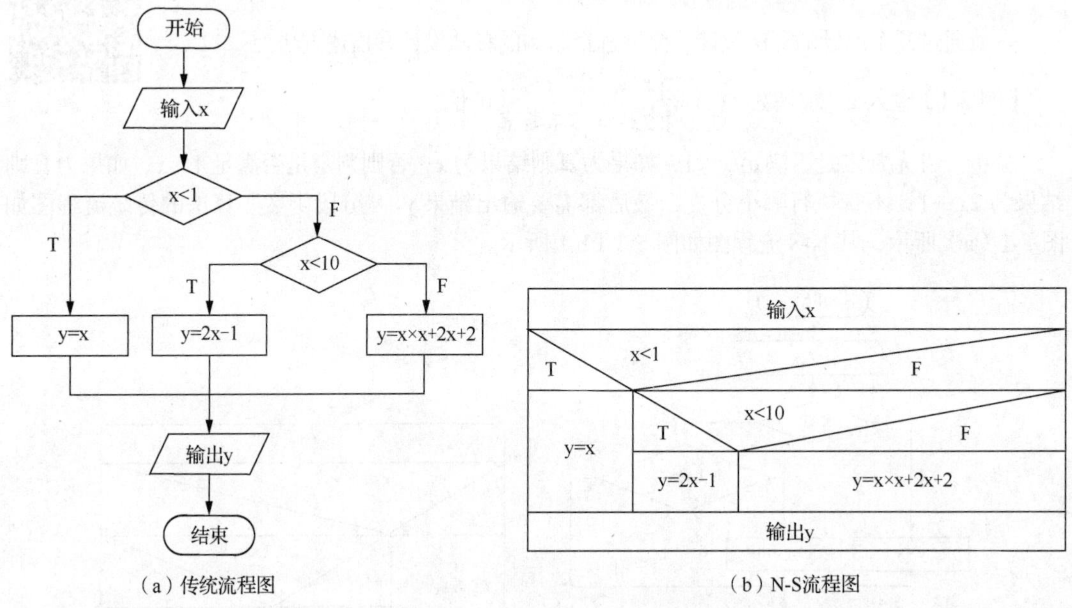

（a）传统流程图　　（b）N-S流程图

图 5-3 “3 分支分段函数”优化算法的流程图

▶学习提示

（1）请读者思考 4 个分支、5 个分支或者更多分支的函数的算法设计。

（2）算法依然包括输入、处理和输出 3 个部分，其中处理部分包括选择结构。

（3）算法设计应该力求做到：①易于阅读和理解；②减少运算次数；③减少程序书写量。

（4）由于传统流程图占用篇幅较大且绘制困难，因此在后文中将主要用 N-S 流程图来描述算法，读者也应重点掌握 N-S 流程图的画法。

【例 5.2】输入 a、b 值，输出其中较大的数。

解决该问题的主要步骤如下。

（1）输入变量 a 和 b。

（2）如果 a>b 为真，则转入（3），否则转入（4）。

（3）y=a，转入（5）。

（4）y=b，转入（5）。

（5）输出 y。

（6）结束。

“求二变量最大值”算法的传统流程图如图 5-4（a）所示，其 N-S 流程图如图 5-4（b）所示。此算法的真和假两个分支都有语句。

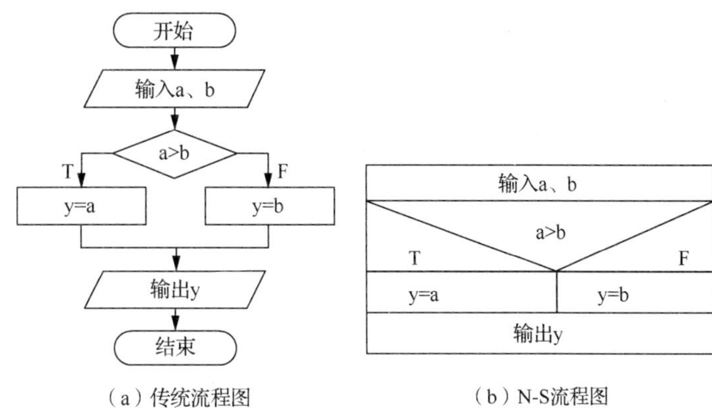

（a）传统流程图　　（b）N-S流程图

图 5-4 “求二变量最大值”算法的流程图

【例 5.3】输入 a、b，如果 a＞b，那么交换 a 和 b，使得 a≤b。

解决该问题的主要步骤如下。

（1）输入 a 和 b。

（2）如果条件 a>b 为真，则交换 a 和 b；否则转入步骤（3）。

（3）输出 a、b。

（4）结束。

“二变量排序”算法的传统流程图如图 5-5（a）所示，其 N-S 流程图如图 5-5（b）所示。此算法在条件为真的分支上有语句，而在条件为假的分支上则什么都不执行。

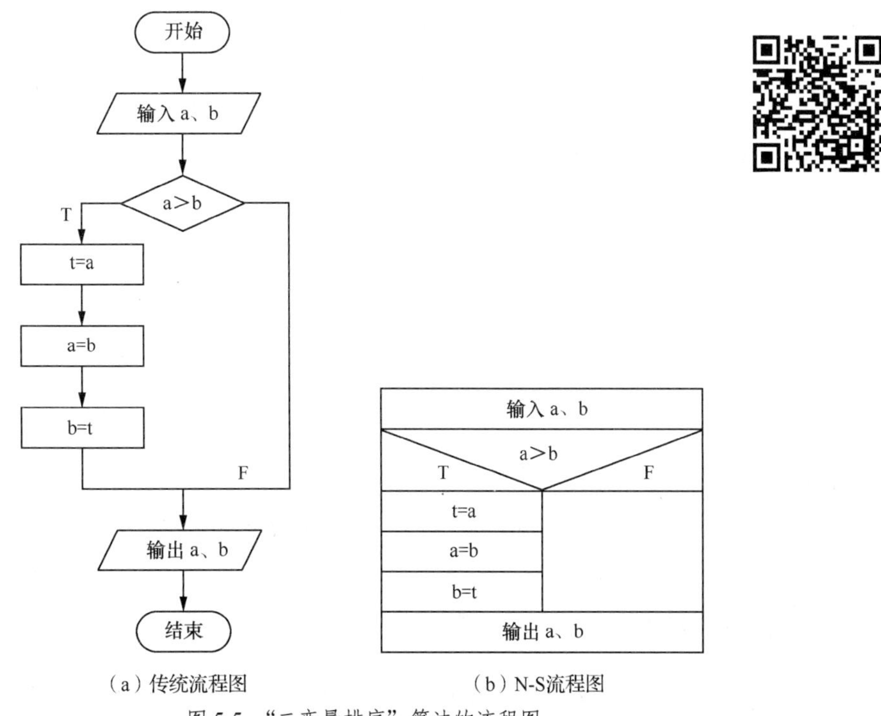

（a）传统流程图　　（b）N-S流程图

图 5-5 “二变量排序”算法的流程图

▶**学习提示**

（1）算法依然包括输入、处理和输出 3 个部分，其中处理部分包括选择结构。

（2）使用中间变量 t 交换两个变量 a 和 b 数值的方法常用在一些经典算法中，交换过程如图 5-6 所示，应注意理解和掌握。

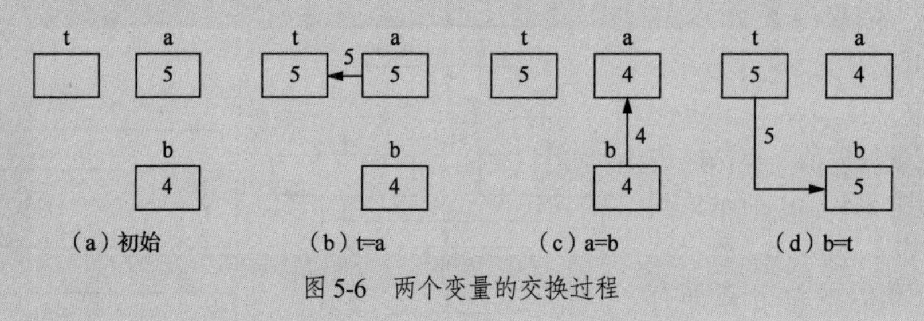

图 5-6　两个变量的交换过程

【例 5.4】输入变量 a、b 和 c，将它们按照从小到大的顺序排列后输出。

解决该问题的主要步骤如下。

（1）如果 a>b，则 a 和 b 交换。

（2）如果 a>c，则 a 和 c 交换，此时可以保证 a 最小。

（3）如果 b>c，则 b 和 c 交换，此时可以保证 b≤c。

（4）排序完毕。

“三变量排序”算法的 N-S 流程图如图 5-7 所示。可以看到，经过 3 次比较和交换，完成排序过程。

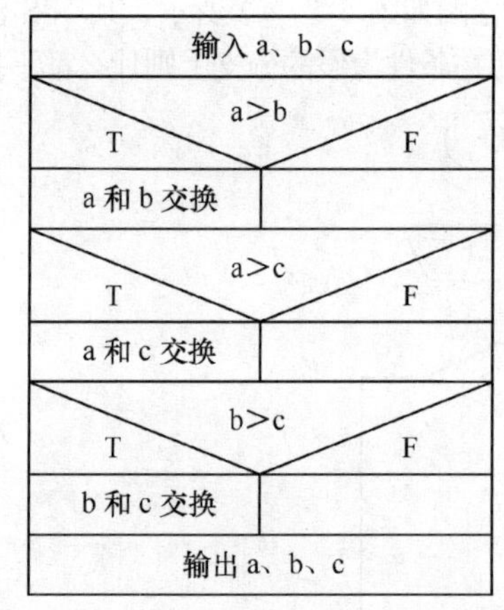

图 5-7　“三变量排序”算法的 N-S 流程图

▶学习提示

请思考 4 个、5 个……100 个变量排序问题的算法应该怎样设计。

5.2 if 语句

if 语句用于描述选择结构程序，它根据判定条件的真假决定执行的语句。if 语句的一般形式为：

```
if 条件表达式1:
    语句块1
[elif 条件表达式2:
```

```
    语句块2
    …
elif 条件表达式n:
    语句块n
]
[else:
    执行语句块n+1]
```

说明如下。

（1）if语句对应的流程图如图5-8所示，先判断第一个表达式，如果为真则执行语句块1；否则判断下一个表达式，如果为真则执行对应语句块；如果前面的条件都为假，则执行else子句的语句块。

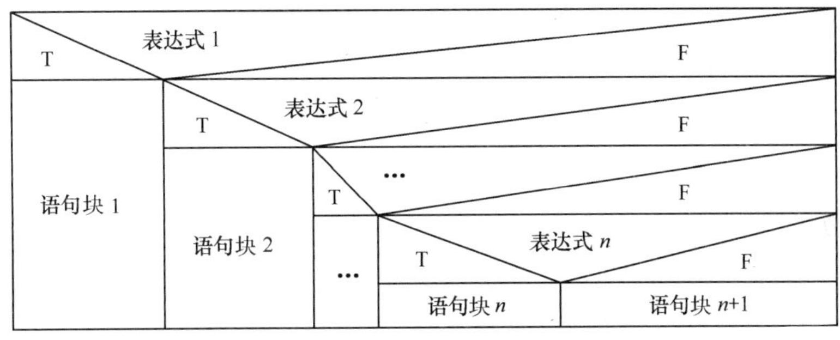

图5-8　if语句对应的流程图

（2）if、elif和else对齐，不可以缺少冒号，各分支的语句块向右缩进。

【例5.5】按图5-2（b）所示的算法流程图，编写程序，输入x，求函数

$$f(x)=\begin{cases}x & x<1\\ 2x-1 & 1\leqslant x\end{cases}$$ 的值。

```
x=float(input("请输入x:"))
if x<1:
    y=x  #缩进
else:
    y=2*x-1   #缩进
print("y=",y)
```

两次运行程序，分别输入符合两个分支条件的值，其结果如下。

```
请输入x:-5          请输入x:5
y=-5.0              y=9.0
>>>                 >>>
```

【例5.6】按图5-3（b）所示的算法流程图，求函数

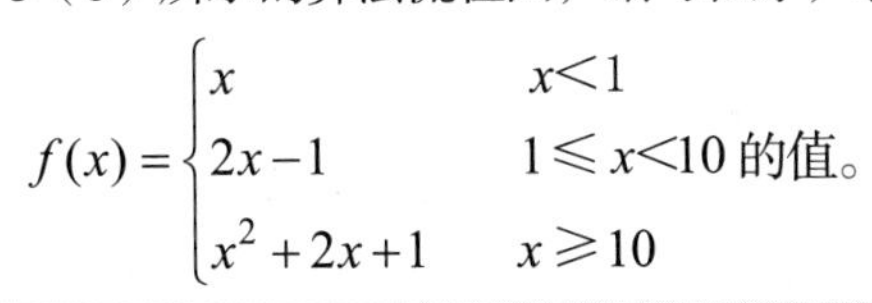

$$f(x)=\begin{cases}x & x<1\\ 2x-1 & 1\leqslant x<10\\ x^2+2x+1 & x\geqslant 10\end{cases}$$ 的值。

```
x=float(input("请输入x:"))
if x<1:
    y=x
elif x<10:
    y=2*x-1
else:
    y=x**2+2*x+1
print("y=",y)
```

3 次运行程序，分别输入符合 3 个分支条件的值，其结果如下。

```
请输入 x:-5          请输入 x:5          请输入 x:50
y=-5.0               y=9.0               y=2601.0
>>>                  >>>                 >>>
```

▶**学习提示**

注意选择结构程序的调试过程（应熟练掌握，经常使用）。打开调试器，运行程序，单击“Over”按钮单步追踪程序执行过程。注意，一个分支正确，不表示其他分支都正确。我们需要分别针对分支的各个条件输入数值，追踪程序的运行过程，观察变量或表达式的变化。

（3）elif 和 else 子句可以省略，如果只有 if 分支则成为单分支 if 语句。

【例 5.7】编写如下程序，分析其执行过程。

```
x=float(input("请输入 x:"))
y=2*x-1
if x<1:     #单分支 if 语句
    y=x
print("y=",y)
```

两次运行程序的结果如下。

```
请输入 x:-5          请输入 x:5
y=-5.0               y=9.0
>>>                  >>>
```

if 语句省略了所有的 elif 和 else 子句，只有一个分支。预先赋值 $y=2x-1$，当 $x<1$ 为真时，$y=x$；与例 5.5 中的程序运行结果相同。

（4）各分支的语句块中可以包括多条语句，并缩进对齐。

【例 5.8】编写如下程序，分析其执行过程。

```
x=float(input("请输入 x:"))
if x<1:
    y=x
    print("y=",y)        #4
    print("真分支")      #5
else:
    y=2*x-1              #7
        print("y=",y)    #8
        print("假分支")  #9
```

程序中第 8 行、第 9 行与第 7 行不对齐，运行程序时会在第 8 行提示缩进错误，如图 5-9 所示。

将第 7～9 行左对齐后，程序能正常运行，运行结果如下。

```
请输入 x:-5          请输入 x:5
y=-5.0               y=9.0
真分支               假分支
>>>                  >>>
```

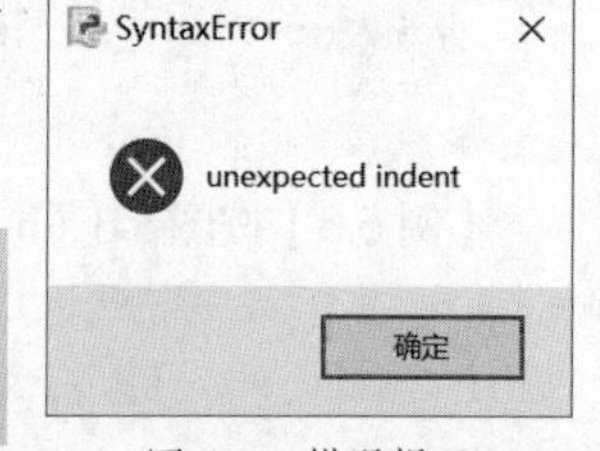

图 5-9　错误提示

（5）语句也可以紧跟在 if、elif 或 else 子句的后边，也就是书写在同一行上，此时不影响程序的执行。

【例 5.9】编写如下程序，分析其执行过程。

```
x=float(input("请输入 x:"))

if x<1:    y=x;  print("y=",y)
else:    y=2*x-1;  print("y=",y)
```

两次运行程序的结果如下。

```
请输入x:-5          请输入x:5
y=-5.0              y=9.0
>>>                 >>>
```

▶**学习提示**

为了提高程序的可读性，方便单步调试程序，建议if、elif或else子句和语句书写在不同行。

【例5.10】编写程序解决例5.2中的问题，输入a、b值，输出其中较大的数。

编写程序如下：

```
def max(a,b):
    if a>b:
        y=a
    else:
        y=b
    return y
a=int(input("请输入a:"))
b=int(input("请输入b:"))
z=max(a,b)
print("最大值为",z)
```

求最大值的算法可在max(a,b)函数中实现，该函数中可以书写复杂的选择结构。程序运行结果如下。

```
请输入a:3
请输入b:4
最大值为 4
>>>
```

【例5.11】编写程序，输入三位整数，判断它是否为“水仙花数”。水仙花数是指各位数字的三次方和等于该数本身的整数。例如，$153=1^3+5^3+3^3$，因此153为水仙花数。

分析如下。

要判断整数m是否为水仙花数，必须先求出其个位数、十位数和百位数，然后判断各位数的三次方和是否等于m，如果相等则m为水仙花数。“水仙花数”算法的N-S流程图如图5-10所示。

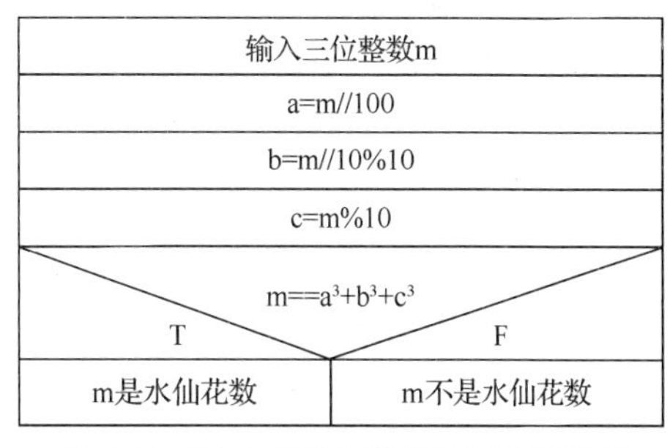

图5-10 “水仙花数”算法的N-S流程图

编写程序如下：

```
def fun(m):
  a=m//100    #求百位数
  b=m//10%10  #求十位数
  c=m%10;     #求个位数
  if m==a**3+b**3+c**3):
     return True
  else:
     return False
m=int(input("请输入三位整数: "))
if fun(m)==True:
   print(m,"是水仙花数")
else:
   print(m,"不是水仙花数")
```

程序的运行结果如下。

```
请输入三位整数: 153          请输入三位整数: 154
153是水仙花数                154不是水仙花数
>>>                          >>>
```

【例 5.12】按照图 5-7 所示的算法流程图，编写程序。

```
a=float(input("请输入a: "))
b=float(input("请输入b: "))
c=float(input("请输入c: "))
if a>b:  #如果a>b，那么交换a和b
   t=a;a=b;b=t
if a>c:
   t=a;a=c;c=t
if b>c:
   t=b;b=c;c=t
print(a,b,c)
```

程序的运行结果如下。

```
请输入a: 5          请输入a: 34
请输入b: 4          请输入b: 12
请输入c: 3          请输入c: 24
3.0 4.0 5.0         12.0 24.0 34.0
>>>                 >>>
```

【例 5.13】输入学生课程成绩 mark，按照方法

$$\begin{cases}\text{优秀} & 90 \leqslant mark \leqslant 100 \\ \text{良} & 80 \leqslant mark < 90 \\ \text{中} & 70 \leqslant mark < 80 \\ \text{及格} & 60 \leqslant mark < 70 \\ \text{不及格} & 0 \leqslant mark < 60 \end{cases}$$

给出评分等级。

分析如下。

此问题将成绩 mark 分为 5 种情况，“成绩分级”算法的 N-S 流程图如图 5-11 所示。

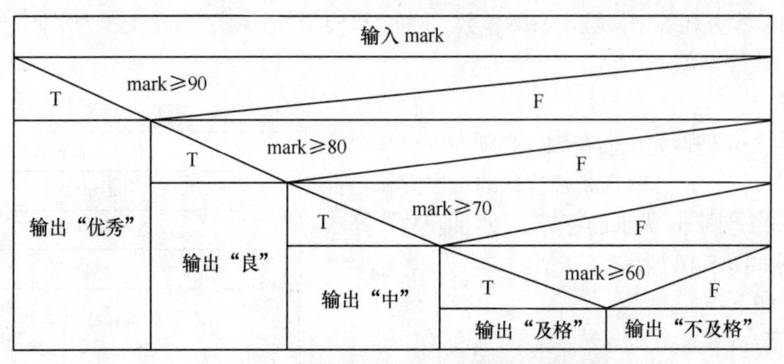

图 5-11 “成绩分级”算法的 N-S 流程图

编写程序如下：

```
def f(mark):
   if  mark>=90:
      print("优秀")
   elif  mark>=80:
      print("良")
   elif mark>=70:

      print("中")
   elif mark>=60:
      print("及格")
   else:
      print("不及格")
mark=float(input("请输入成绩: "))
f(mark)  #调用函数
```

程序为多分支选择结构，其中包括多个 elif 子句。程序的运行结果如下。

```
请输入成绩：95  请输入成绩：84  请输入成绩：65  请输入成绩：55
优秀            良              及格            不及格
>>>             >>>             >>>             >>>
```

5.3 pass 语句

pass 语句相当于一个空语句，不会执行任何操作，一般用于描述空语句块，保证程序格式完整、语义正确。

【例 5.14】 输入用户名，如果正确则继续后续工作，否则报错。

分析如下。

“判断用户名”算法的 N-S 流程图如图 5-12 所示。

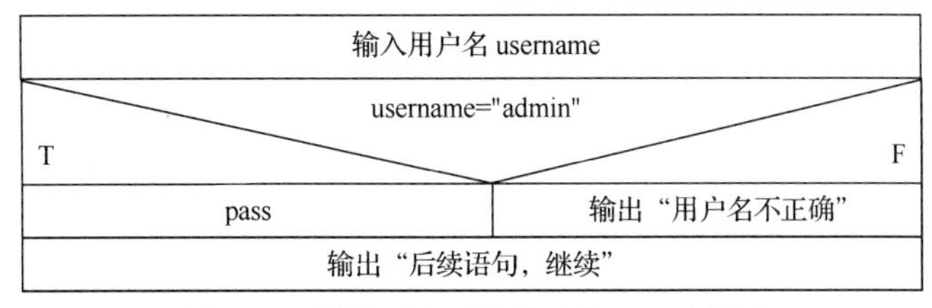

图 5-12　“判断用户名”算法的 N-S 流程图

编写程序如下：

```
username=input("请输入用户名：")
if username=="admin":
    pass  #空语句
else:
    print("用户名不正确")
print("后续语句，继续")
```

其中 if 分支只有 pass 语句，以保证程序格式完整、语义正确。程序的运行结果如下。

```
请输入用户名：admin              请输入用户名：aaaaa
后续语句，继续                   用户名不正确
>>>                              后续语句，继续
                                 >>>
```

5.4 条件运算

Python 语言中的条件运算能将二分支的 4 条语句简化为一个表达式，其一般格式为：

```
表达式2 if 表达式1 else 表达式3
```

条件表达式的 N-S 流程图如图 5-13 所示。表达式 1 为条件表达式，当表达式 1 的值为真时，整个条件表达式的值为表达式 2，否则值为表达式 3。

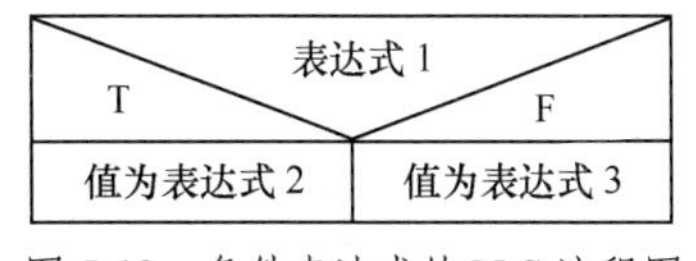

图 5-13　条件表达式的 N-S 流程图

例如：

```
a=3;b=4
print(a if a>b else b)
```

程序的运行结果如下。

```
4
>>>
```

【例 5.15】输入 a 和 b，求最大值。

```
a=int(input("a:"))
b=int(input("b:"))
max=a if a>b else b   #相当于 max=(a if a>b else b)
print(max)
```

程序的运行结果如下。

```
a:3
b:4
4
>>>
```

条件运算的优先级高于赋值运算的优先级，因此语句“max=a if a>b else b”相当于“max=(a if a>b else b)”。该语句如果用 if 语句编写，则形式如下：

```
if a>b:
   max=a
else:
   max=b
```

条件运算表达式比 if 语句更简洁，能简化程序的编写。

5.5 选择结构的嵌套

在 if 语句结构中，每个分支语句块中包含一个或多个 if 语句结构的形式称为选择结构的嵌套。选择结构嵌套的一般形式为：

```
1   if 表达式 1:
2       if 表达式 2 ┐
3           语句 1   │ 内嵌 if 语句
4       else:        │
5           语句 2   ┘
6   elif 表达式 n:
7       …
8   else:
9       …
```

选择结构的嵌套的 N-S 流程图如图 5-14 所示。

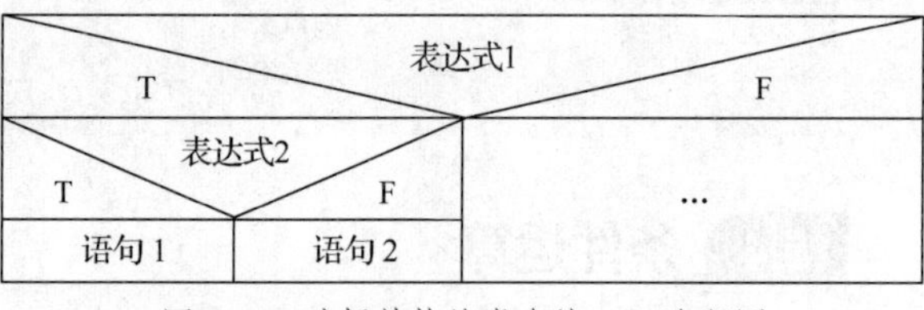

图 5-14　选择结构的嵌套的 N-S 流程图

说明如下。

（1）if、elif、else 的各个分支都允许嵌套选择结构。

（2）嵌套的选择结构的各个分支还可以嵌套选择结构，即可以嵌套多层。

【例 5.16】停车场规定如下。

（1）如果车辆是货运车辆，那么载重小于或等于 2t 的收费 10 元，大于 2t 的谢绝入内。

（2）如果车辆是客运车辆，乘员数不大于 7 人，则收费 5 元；如果乘员数大于 7 人，则收费 10 元。

编写程序输入车辆类型、载重（单位：t）和乘员数，根据停车场的规定，判断该车是否可以进入，若可进入，收费多少元?

分析和算法设计如下。

根据停车场的规定，必须先输入车型，然后根据车型决定下一步输入和处理。停车场问题算法的 N-S 流程图如图 5-15 所示。

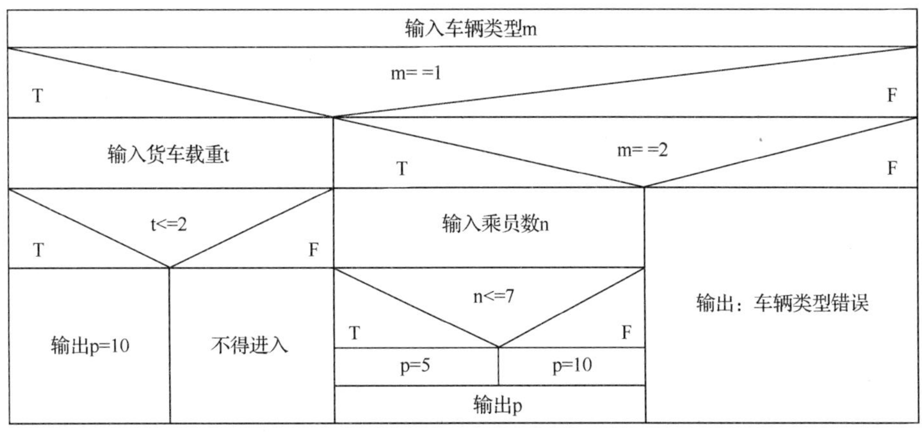

图 5-15　停车场问题算法的 N-S 流程图

编写程序如下：

```
m=input("请输入车型(1-货车，2-客车)：")
if (m=="1"):
    t=int(input("请输入载重量(吨)："))
    if (t<=2):
        print("停车费为10元")
    else:
        print("该车不得进入！")
elif (m=="2"):
    n=int(input("请输入乘员数："))
    if (n<=7):
        p=5
    else:
        p=10
    print("该车停车费(元)",p)
else:
    print("输出车型错误！")
```

程序运行的结果如下。

```
请输入车型(1-货车，2-客车)：1
请输入载重量(吨)：2
停车费为10元
>>>
```

```
请输入车型(1-货车，2-客车)：2
请输入乘员数：5
该车停车费(元)5
>>>
```

5.6 递归函数

递归函数指的是在函数内部调用函数本身。例如：

```
def f():
    …
    f()    #递归调用函数f()
    …
```

以上程序中，函数 f( )中的语句 f( )调用函数 f( )本身，这就是递归调用。

递归是求解问题的一种重要方法，它通过函数的递归调用将一个大规模的复杂问题转换为一个与原问题相同，但是规模较小的问题来求解。递归往往只需要使用选择结构就能解决一些复杂问题，并且有一些问题只能用递归方法解决，如知名的汉诺塔（Towers of Hanoi）问题。

【例 5.17】用递归算法求 $n!$。

分析如下。

观察可知：$n!=n\times(n-1)!$，$(n-1)!=(n-1)\times(n-2)!$，…，$3!=3\times2!$，$2!=2\times1!$，$1!=1$。

递归过程可以总结为以下两个阶段。

（1）回推阶段：$n!\to(n-1)!\to(n-2)!\to(n-3)!\to\cdots\to3!\to2!\to1!$。要求 $n!$，从左向右依次回推，直到求 $1!=1$。

（2）递推阶段：$n!\leftarrow(n-1)!\leftarrow(n-2)!\leftarrow(n-3)!\leftarrow\cdots\leftarrow3!\leftarrow2!\leftarrow1!$。求得 $1!$，再从右向左，依此递推，直到求出 $n!$。

总结出求 $n!$ 的递归公式为 $\text{fact}(n)=\begin{cases}1 & n=0,1\\ n\times\text{fact}(n-1) & n>1\end{cases}$

其中 $n=0$ 或 $n=1$ 是递归的结束条件，当 $n>1$ 时，继续递归调用。如果递归没有结束条件，那么将一直递归下去，直到系统资源耗尽。

编写程序如下：

```
def fact(n):      #递归函数
    if n==0 or n==1:
        return 1
    else:
        return n*fact(n-1) #递归调用

n=int(input("输入整数n: "))
t=fact(n)
print(n,"!=",t)
```

程序的运行结果如下。

```
输入整数n: 10
10!=3628800
>>>
```

打开调试器，运行程序，单步调试程序，遇到 fact(n)函数调用时单击“Step”按钮，进入函数内部继续调试，如图 5-16（a）所示。一层层递归调用直到 n 为 1，再逐次返回，如图 5-16（b）所示。

▶学习提示

递归算法设计中，要注意观察问题并找出规律，设计递归公式。根据递归公式设定递归函数的参数并编写函数。

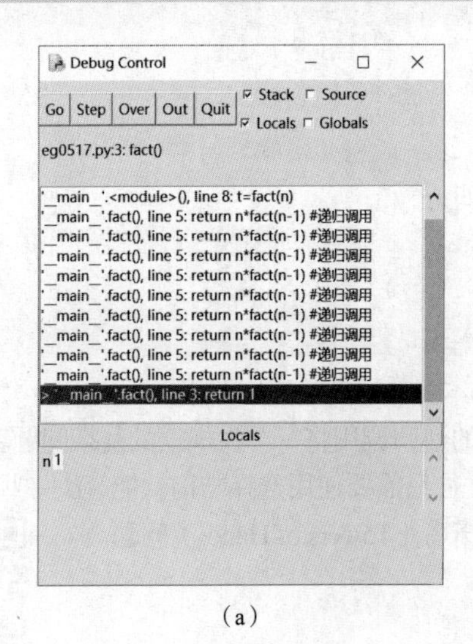

（a）

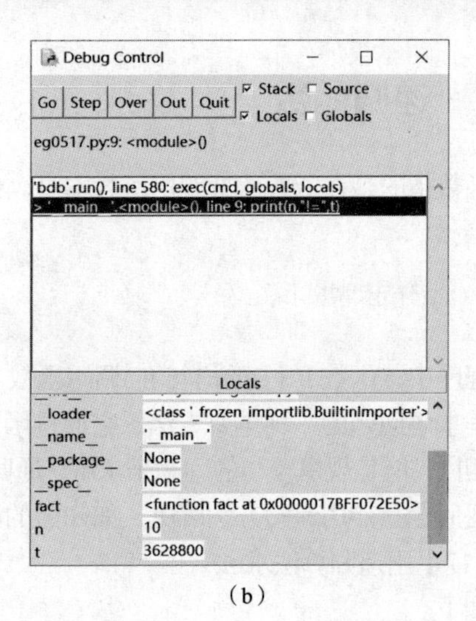

（b）

图 5-16　递归调用过程

【例 5.18】汉诺塔问题。有 3 根柱子 A、B 和 C，开始时 A 柱上有 64 个盘子，从上到下，盘子依次大一点，如图 5-17 所示。现需要把所有盘子移到 C 柱上，要求：盘子必须放在 A、B 或 C 柱上，且一次只能移动一个盘子，大盘子不能放在小盘子上边。

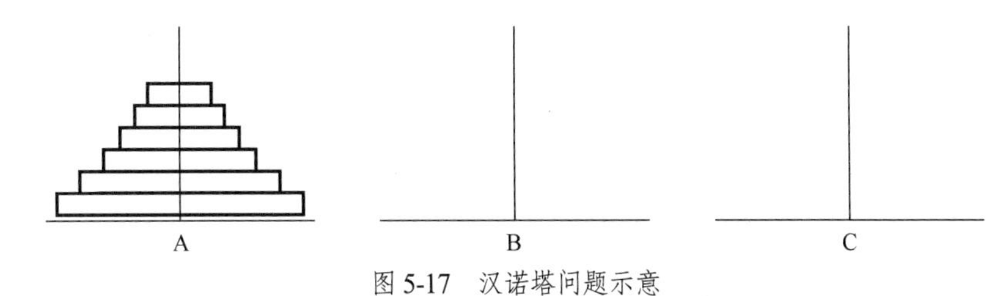

图 5-17　汉诺塔问题示意

分析如下。

将 n 个盘子从 A 移动到 C 的问题，递归过程归纳如下。

（1）如果 $n=1$，则直接从 A 移动到 C。

（2）如果 $n>1$，那么先将上边的 $n-1$ 个盘子借助 C 移动到 B 上；再将最下面的盘子移动到 C 上；最后借助 A，将 $n-1$ 个盘子从 B 移动到 C 上。

编写程序如下：

```
total=0  #移动次数计数
def PlateMove(a,c):   #盘子从A移动到C
    global total
    total=total+1       #总次数加1
    print(total,a,"->",c)        #输出移动过程：A移动到C
#递归函数，将n个盘子借助B，从A移动到C
def Hanoi(n, a, b, c):
    if n == 1:
        PlateMove(a, c)      #一个盘子时，直接从A移动到C
    else:
        Hanoi(n - 1, a, c, b)  #将n-1个盘子借助C从A移动到B
        PlateMove(a, c)      #将最后一个盘子从A移动到C
        Hanoi(n - 1, b, a, c)  #将n-1个盘子借助A从B移动到C
n=int(input("请输入盘子数n:"))
Hanoi(n, 'A', 'B', 'C');   #调用函数，将n个盘子借助B从A移动到C
```

程序的运行结果如下。

```
请输入盘子数n:2      请输入盘子数n:3
1 A -> B             1 A -> C
2 A -> C             2 A -> B
3 B -> C             3 C -> B
>>>                  4 A -> C
                     5 B -> A
                     6 B -> C
                     7 A -> C
                     >>>
```

习题

一、选择题

1. 以下选项中，（　　）能实现变量 x 和 y 交换。

　A. t=x;x=y;y=t　　B. x=y;y=t;t=x　　C. y=t;x=y;t=x　　D. t=y;x=y;y=t

2. 以下关于 if 语句的说法中，错误的是（　　）。

A. if 语句可以没有 elif 分支　　B. if 语句各个分支语句块缩进对齐

C. if 语句可以没有 else 分支　　D. if 语句中 if、elif 和 else 不需要对齐

3. 两次运行以下程序，分别从键盘上输入 3 和 2，则输出结果分别是（　　）。

```
x=int(input("请输入x"))
if x>2:
   print(x)
else:
   print(-x)
```

A. 3　−2　　B. 3　2　　C. −3　2　　D. −3　−2

4. 运行以下程序，从键盘上输入 3 和 2，则输出结果是（　　）。

```
x=int(input("请输入x: "))
y=int(input("请输入y: "))
if x>y: print(x+y)
else:  print(x-y)
```

A. 1　　B. 2　　C. 3　　D. 5

5. 运行以下程序，分别从键盘上输入 5 和 4，则输出结果是（　　）。

```
def fun(x,y):
   if x>y:
      z=x*y
   else:
      z=x//y
   return z
x=int(input("请输入x: "))
y=int(input("请输入y: "))
print(fun(x,y))
```

A. 4　　B. 5　　C. 20　　D. 1

6. 使用函数 fun( )判断参数 year 是否为闰年，以下选项（　　）可将空白处补充完整。

```
def fun(_____①_____):
   if year%4==0 and year%100!=0 or year%400==0:
      _____②_____
   else:
       return False
y=int(input("y:"))
if  _____③_____:
   print(y,"是闰年")
else:
   print(y,"不是闰年")
```

A. ①year　②return True　③fun(y)==True

B. ①y　②return 0　③fun(y)==1

C. ①year　②return 1　③fun(y)==False

D. ①y　②return year　③fun(y)==0

7. 在以下程序中输入整数 a 和 b，当 a<b 时将其反序。以下选项（　　）可将空白处补充完整。

```
a=int(input("请输入a: "))
b=int(input("请输入b: "))
if(a<b):
   t=a;_____________
print(a,b)
```

A. t=a;b=a　　B. a=t;b=a　　C. a=b;b=a　　D. a=b;b=t

8. 执行以下程序时，若从键盘输入 25，则输出的结果是（　　）。

```
a=int(input("请输入a: "))
if (a>20): print(a)
if (a>10): print(-a)
if (a>5): print(0)
```

A. 25　　B. 25 -25 0　　C. 25 25 0　　D. -25 25 0

9. 执行以下程序时，若从键盘输入 25，则输出的结果是（　　）。

```
a=int(input("请输入a: "))
if (a>100): print(a)
elif (a>10): print(-a)
elif (a>5): print(0)
```

A. 25　　B. -25　　C. 0　　D. -25 25 0

10. 执行以下程序时，若从键盘输入 25，则输出的结果是（　　）。

```
a=int(input("请输入a: "))
if (a<5): print(a)
elif (a<10): print(-a)
else: print(0)
```

A. 25　　B. -25　　C. 0　　D. -25 25 0

11. 执行以下程序时，若从键盘输入 5，则输出的结果是（　　）。

```
x=int(input("请输入x: "))
y=x
if x<10:
   pass
else:
   y=2*x
z=2*x
print(y,z)
```

A. 5 5　　B. 5 10　　C. 10 5　　D. 10 10

12. 执行以下程序段后，输出结果是（　　）。

```
k=0;a=1;b=2;

k=a if a<b else b
print(k)
```

A. 0　　B. 1　　C. 2　　D. 3

13. 执行以下程序段后，输出结果是（　　）。

```
k=0;a=1;b=2;c=3
k=a if a>b else (b if b>c else c)
print(k)
```

A. 0　　B. 1　　C. 2　　D. 3

14. 执行以下程序时，若从键盘输入 30，则输出的结果是（　　）。

```
x=int(input("请输入x: "))
y=x
if x<10:
    y=2*x
elif x<20:
    y=3*x
print(y)
```

A. 30　　B. 60　　C. 90　　D. 0

15. 执行以下程序时，若从键盘输入 30，则输出的结果是（　　）。

```
x=int(input("请输入x: "))
if x<10:
```

```
    y=2*x
elif x<=30:
    y=3*x
else:
    y=4*x
print(y)
```

A. 30　　B. 60　　C. 90　　D. 120

16. 以下关于选择结构的说法中，正确的是（　　）。

A. 选择结构允许多层嵌套　　B. 选择结构只允许在 if 分支嵌套

C. 选择结构只允许在 else 分支嵌套　　D. 选择结构不允许嵌套

17. 执行以下程序时，若从键盘输入 50，则输出的结果是（　　）。

```
x=int(input("请输入x: "))
y=x
if x<100:
    if x>10:
        y=2*x
else:
    y=3*x
print(y)
```

A. 50　　B. 100　　C. 150　　D. 200

18. 执行以下程序时，若从键盘输入 300，则输出的结果是（　　）。

```
x=int(input("请输入x: "))
y=x
if x<100:
    if x<10:
        y=2*x
    else:
        y=3*x
else:
    y=4*x
print(y)
```

A. 300　　B. 600　　C. 900　　D. 1200

19. 执行以下程序时，若从键盘输入 300，则输出的结果是（　　）。

```
x=int(input("请输入x: "))
if x<100:
    y=x
else:
    if x<10:
        y=2*x
    else:
        y=3*x
print(y)
```

A. 300　　B. 600　　C. 900　　D. 1200

20. 以下关于递归的说法中，正确的是（　　）。

A. 递归就是在函数内部调用函数本身　　B. 递归就是函数之间相互调用

C. 递归可以解决所有问题　　D. Python 语言不支持递归

二、编程题

1. 设计算法并编写程序，输入 x，求函数 $f(x)=\begin{cases}2x-1 & x<0\\ 2x+10 & 0\leqslant x<10\\ 2x+100 & 10\leqslant x<100\\ x^2 & x\geqslant 100\end{cases}$ 的值。

2. 设计算法并编写程序，输入噪声强度值，根据表 5-1 输出人体对噪声的感觉。

表 5-1　噪声强度

强度/dB	感觉
≤50	安静
51～70	吵闹（有损神经）
71～90	很吵（神经细胞受到破坏）
91～100	吵闹加剧（听力受损）
101～120	难以忍受（待一分钟即暂时致聋）
>120	会导致极度聋或全聋

3. 设计算法并编写程序，输入成绩等级 A、B、C、D 或 E，输出该成绩等级对应的分数段。各成绩等级对应的分数段如下。

$$\begin{cases} 90 \leqslant \text{mark} \leqslant 100 & \text{A} \\ 80 \leqslant \text{mark} < 90 & \text{B} \\ 70 \leqslant \text{mark} < 80 & \text{C} \\ 60 \leqslant \text{mark} < 70 & \text{D} \\ \text{mark} < 60 & \text{E} \end{cases}$$

4. 法律规定酒后驾驶的判断标准以及处罚措施如下。

（1）驾驶员血液中的酒精含量小于 20mg/100mL 的不属于饮酒驾车。无处罚。

（2）驾驶员血液中的酒精含量大于或等于 20mg/100mL 且小于 80mg/100mL 的属于饮酒驾车。处罚：记 12 分，暂扣 6 个月驾驶证，并处 1000 元以上、2000 元以下罚款。

（3）驾驶员血液中的酒精含量大于或等于 80mg/100mL 的属于醉酒驾车。处罚：吊销驾驶证，依法追究刑事责任，5 年内不得重新取得驾驶证，并处罚金。

设计算法并编写程序，输入驾驶员姓名、血液中的酒精含量，输出酒驾类型及处罚措施。

5. 运输公司按照以下方法计算运费。路程（s）越远则每千米运费越低，方法如下。

$$\begin{cases} s < 250 & \text{无折扣} \\ 250 \leqslant s < 500 & 2\%\text{折扣} \\ 500 \leqslant s < 1000 & 5\%\text{折扣} \\ 1000 \leqslant s < 2000 & 8\%\text{折扣} \\ 2000 \leqslant s < 3000 & 10\%\text{折扣} \\ 3000 \leqslant s & 15\%\text{折扣} \end{cases}$$

设每吨货物每千米的基本运费为 p，货物重为 w（单位：t），距离为 s（单位：km），折扣为 d，总运费计算公式为：$f=p \times w \times s \times (1-d)$。

设计算法并编写程序，要求输入 p、w 和 s，计算 f。

6. 某地电费采用阶梯电价的方式进行计算，规则如下。

第一档，每月不超过 220kW·h（含 220kW·h）的电量，电价为 0.49 元/ kW·h，第一档电费 = 第一档标准以内的电量×第一档电价。

第二档，每月 220～400kW·h（含 400 kW·h）的电量，电价为 0.54 元/ kW·h，第二档电费 = 超出第一档标准并且在第二档标准以内的电量×第二档电价。

第三档，每月超过 400kW·h 的电量，电价为 0.79 元/ kW·h，第三档电费 = 超出第二档标准的电量×第三档电价。

总电费=第一档电费+第二档电费+第三档电费

设计算法并编写程序，输入一个家庭一个月的用电量，计算总电费。

7. 设计算法并编写程序，输入整数，判定该数能否同时被 6、9 和 14 整除。（用函数实现）

8. 设计算法并编写程序，判断两位整数是否为守形数。守形数是指该数本身等于自身平方的低位数。例如，25 是守形数，因为 25^2=625，而 625 的低两位是 25。（用函数实现）

9. 设计算法并编写程序，输入一个人的身高（m）和体重（kg），编写函数，按照以下公式计算身体质量指数（Body Mass Index，BMI）值，根据表 5-2 判断身体质量。

$$\text{BMI}=\frac{\text{体重}}{\text{身高}^2}$$

表 5-2　身体质量与 BMI 对照

身体质量	BMI 值
偏瘦	<18.5
正常	18.5～24（不含）
偏胖	24～28（不含）
肥胖	≥28

10. 某服装店经营套装，也出售单件，针对单笔交易的促销政策如下：

（1）一次购买不少于 50 套，每套 80 元；

（2）一次购买不足 50 套，每套 90 元；

（3）只买上衣，每件 60 元；

（4）只买裤子，每条 45 元。

设计算法并编写程序，输入一笔交易中的上衣和裤子数，计算收款总额。（用函数实现）

11. 设计算法并编写程序，输入 a 和 b 的值，按公式计算 y 值。（用函数实现）

$$y=\begin{cases}\cos a+\cos b & a>0,b>0\\ \sin a+\sin b & a>0,b\leqslant 0\\ \cos a+\sin b & a\leqslant 0,b>0\\ \sin a+\cos b & a\leqslant 0,b\leqslant 0\end{cases}$$

12. 斐波那契（Fibonacci）数列：1、1、2、3、5、8、13、21、…。用递归的方法编写函数 Fibonacci(n)，其功能是求出 Fibonacci 数列的第 n 项。在程序中输入 n，调用函数 Fibonacci(n)，计算 Fibonacci 数列的第 n 项。

13. 用递归的方法编写函数，使用辗转相除法求两个整数的最大公约数。基本原理：两个整数的最大公约数等于其中较小的数和两数相除余数的最大公约数。例如，252%105 得 42，105%42 得 21，42%21 得 0，因此 21 是 252 和 105 的最大公约数。其递归公式为：

$$f(a,b)=\begin{cases}a & b=0\\ f(b,a\%b) & b\neq 0\end{cases}$$

14. 用递归的方法编写函数 $p(n,x)$，其功能是计算 n 阶勒让德公式的值。在程序中输入 n 和 x，调用函数 $p(n,x)$，求 n 阶勒让德公式的值。其递归公式为：

$$p_n(x)=\begin{cases}1 & n=0\\ x & n=1\\ [(2n-1)\times x-p_{n-1}(x)-(n-1)\times p_{n-2}(x)]/\ n & n>1\end{cases}$$

第6章 循环结构程序设计

循环结构是结构化程序设计的 3 种基本结构之一，它是学习程序设计的重点。本章主要介绍循环结构的算法设计，以及使用 Python 语言编写循环结构程序的方法。

6.1 当型循环

【例 6.1】求 s=100!，即求 100 的阶乘。

分析如下。

（1）将求 10!的算法描述为一条语句“s = 1 × 2 × 3 × 3 × 4 × 5 × 6 × 7 × 8 × 9 × 10”是可行的。

（2）将求 s=100!的算法描述为一条语句“s = 1 × 2 × 3 × 3 × 4 × 5 × … × 100”是错误的，因为“…”不能被任何一种编程语言理解和描述。此时可以使用循环结构的算法来解决问题，如下所示。

① s=1，i=1。

② 如果 i<=100，那么转入③，否则转入⑥。

③ s=s*i。

④ i=i+1。

⑤ 转到②。

⑥ 输出 s。

“阶乘”算法的传统流程图如图 6-1（a）所示，其 N-S 流程图如图 6-1（b）所示。

如果要求输入整数 n，并求 n!，那么只要将循环的条件 i<=100 改为 i<=n 即可，算法如图 6-1（c）所示。

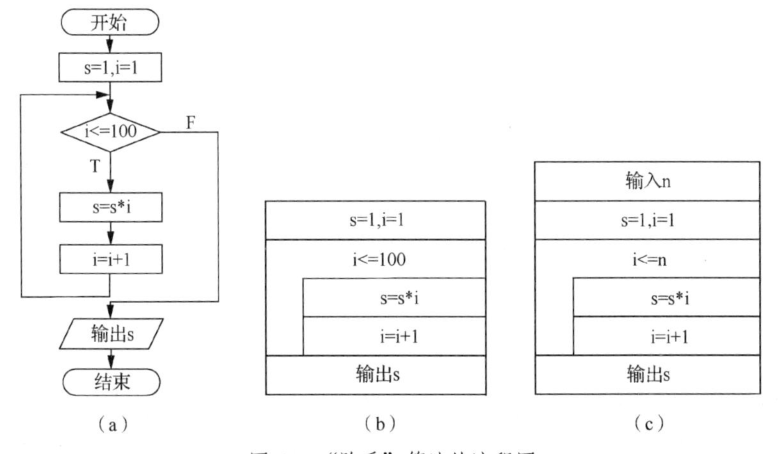

（a）（b）（c）

图 6-1 “阶乘”算法的流程图

1．当型循环结构

当型循环结构一般包括以下过程：

（1）赋初值；

（2）判断循环条件，如果为真，则转入（3），否则转入（4）；

（3）执行循环操作的语句序列，转入（2）；

（4）结束循环，继续循环体后边的语句。

当型循环的流程图如图 6-2 所示。

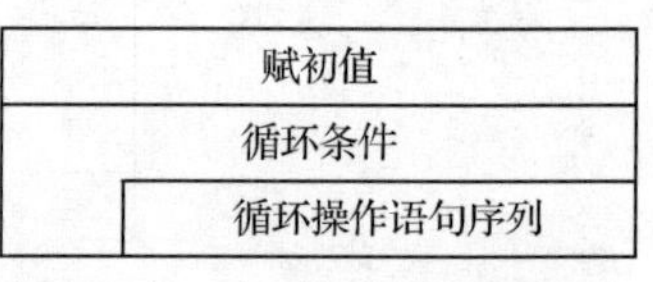

图 6-2　当型循环的流程图

2．循环结构算法设计过程

循环结构算法设计的基本过程如下。

（1）观察问题，找出循环的规律。

（2）在算法设计中，可以将复杂的问题分解为多个小问题，分别解决，最后综合在一起。我们可以采用以下两种策略。

① 由内到外，即先将每次循环过程中执行的语句序列设计好，然后在外边套上循环结构。

② 由外到内，即先设计好循环结构，然后设计循环体内的语句序列。

3．while 语句

while 语句用于描述当型循环结构，它的格式如下：

```
while 表达式p:
    <循环体语句块>
```

while 循环的流程图如图 6-3 所示。

初始化

表达式p

循环体语句块

图 6-3　while 循环的流程图

说明如下。

（1）初始化变量后，先判断表达式 p，如果为真，则进入循环，执行循环体内的语句。

（2）当表达式 p 为假时，则结束循环，继续执行循环后边的语句。

（3）循环体内如果有多条语句，需要缩进对齐。

（4）在循环体中应有逐渐使表达式 p 为假的语句，从而结束循环；否则，表达式 p 永远为真，循环永不结束，即死循环。

（5）循环体内的语句块可以是顺序结构、选择结构，也可以是循环结构。

【例 6.2】按照图 6-1（c）所示的算法，编写程序，输入整数 *n*，计算 *n*!。

```
n=int(input("请输入n: "))
i=1
s=1
while i<=n:
    s=s*i
    i=i+1
print(n,"!=",s)
```

程序的运行结果如下。

```
请输入n: 10
10!=3628800
>>>
```

▶学习提示

循环结构程序的调试过程（应熟练掌握，经常使用）：打开调试器，单击“Over”按钮，单步追踪执行程序，观察循环结构程序的控制过程，并在本地窗口观察变量的变化情况。

4．死循环

在编程中，一个靠自身控制无法终止的程序称为死循环。两种死循环算法如图 6-4（a）和图 6-4（b）所示。

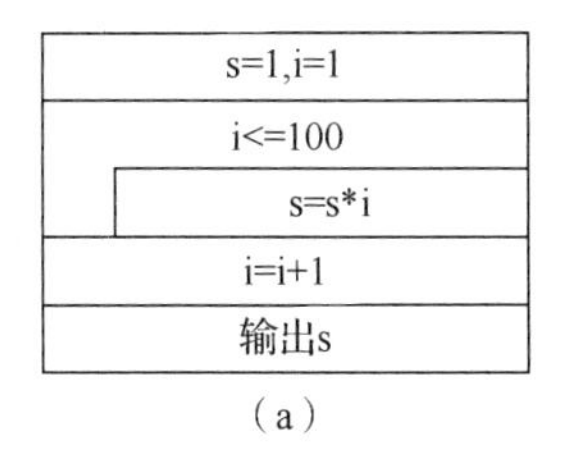

（a）

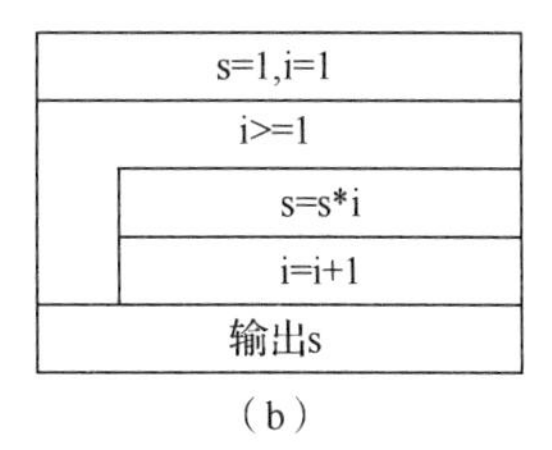

（b）

图 6-4　死循环算法

分析如下。

（1）在图 6-4（a）所示的算法中，语句 i=i+1 在循环体外，因此在循环体内 i 的值永远为 1，循环条件永远为真，循环无法结束，造成死循环。

（2）在图 6-4（b）所示的算法中，条件 i>=1 永远为真，循环体内 i 的值逐渐增大，直到 i 超出范围溢出，造成死循环。

【例 6.3】死循环。

```
n=int(input("请输入 n: "))
i=1
s=1
while i<=n:
    s=s*i
i=i+1     #没有缩进，不在循环内
print(n,"!=",s)
```

以上程序在运行时，进入死循环。此时，按<Ctrl+C>组合键，中断程序运行，提示如下。

```
请输入 n: 10
Traceback(most recent call last):
  File"D:\Python\eg0603.py",line 5,in <module>
    s=s*i
KeyboardInterrupt
>>>
```

单步调试程序的时候，观察变量的值，循环体反复执行，但是变量 i 的值不变化，从而找出死循环的问题。

> **▶学习提示**
>
> 循环结构的算法设计中，应该特别注意循环变量的变化趋势，确保算法中循环的条件最终可以为假，从而避免死循环。

5．当型循环举例

【例 6.4】设计算法并编写程序，输入 x 和 n，计算 $x+x^2+x^3+\cdots+x^n$（n 为整数）。

分析如下。

（1）计算 n 项的和，可以先设计循环结构，使得循环执行 n 次，如图 6-5（a）所示。

（2）分析观察可知，此问题中后一项和前一项的关系为 t=t*x，设计根据前一项求得后一项的算法如图 6-5（b）所示，其中 t 表示每个项的值。

（3）完整的算法如图 6-5（c）所示。

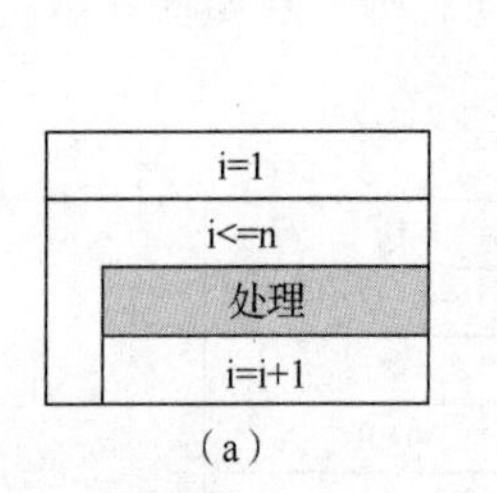

（a）

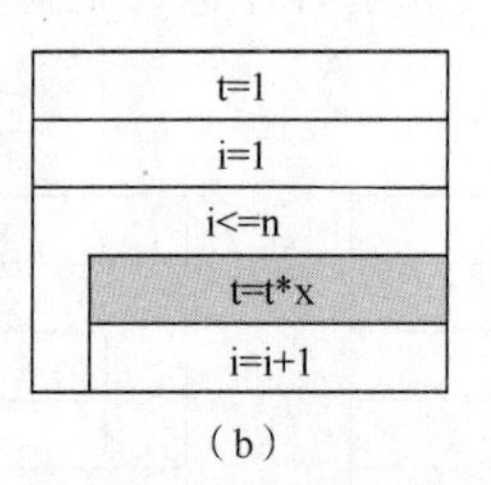

（b）

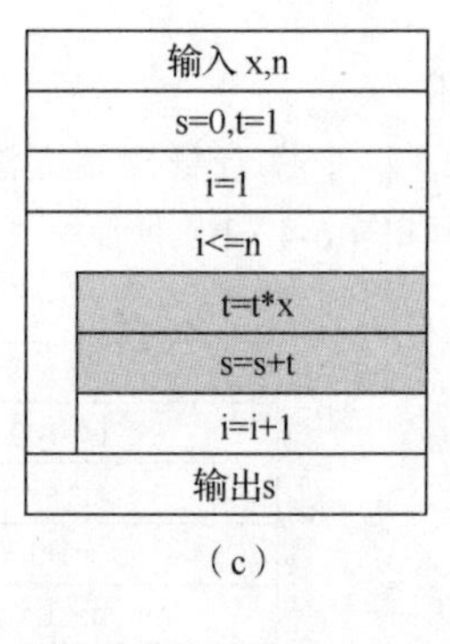

（c）

图 6-5 “求和”算法

编写程序如下：

```
def f(x,n):
    t=1
    s=0
    i=1
    while i<=n:
        t=t*x
        s=s+t
        i=i+1
    return s
x=int(input("请输入x: "))
n=int(input("请输入n: "))
s=f(x,n)
print("s=",s)
```

程序的运行结果如下。

```
请输入x: 4
请输入n: 5
s= 1364
>>>
```

【例 6.5】输出 1～200 中所有能被 4 整除的整数。

分析如下。

（1）需要实现变量 i 从 1 到 200 每次递增 1 的循环，如图 6-6（a）所示。

（2）在循环中，使用选择结构判断当前 i 值能否被 4 整除，如果为真则输出 i，如图 6-6（b）所示。循环每执行一次，如果 i 符合条件则变量 n 的值加 1，因此变量 n 用来统计循环的执行次数。完整的算法如图 6-6（c）所示。

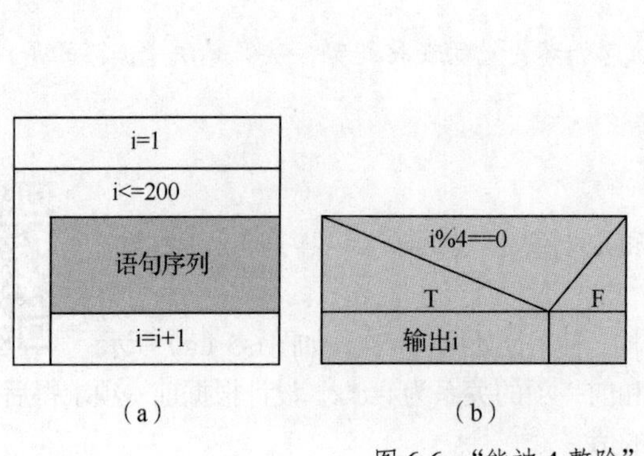

（a）　　（b）

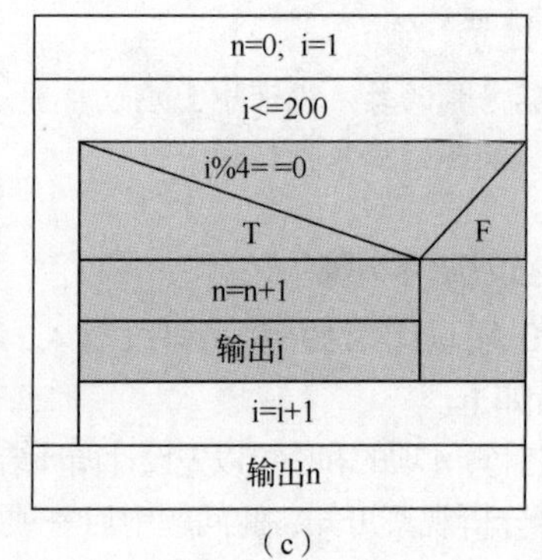

（c）

图 6-6 “能被 4 整除”算法

编写程序如下：

```
n=0; i=1
while i<=200:
    if i%4==0:
        n=n+1
        print(i,end=',')
    i=i+1
print("总共",n ,"个符合条件！ ")
```

程序的运行结果如下。

```
4,8,12,16,20,24,28,32,36,40,44,48,52,56,60,64,68,72,76,80,84,88,92,
96,100,104,108,112,116,120,124,128,132,136,140,144,148,152,156,160,
164,168,172,176,180,184,188,192,196,200,总共 50 个符合条件！
>>>
```

在图 6-6（c）所示的算法中，每次发现符合条件的情况都执行 n=n+1，n 记录满足条件的个数。

▶学习提示

这种在循环中计数的方法经常被用在各种程序和算法中，读者应该注意掌握。

有的问题在循环中并不知道变量变化的最终值，此时可以通过设定循环结束条件来控制结束循环。

【例 6.6】计算表达式的和：$s=\frac{1}{1^2}+\frac{1}{2^2}+\frac{1}{3^2}+\frac{1}{4^2}+\cdots$，直到最后一项小于 0.00001。

分析如下。

（1）经观察，若每一项记为 $t=\frac{1}{i^2}$，则后一项 i 是前一项 i 加 1，即 i=i+1。

（2）此问题并未指定求和的项数，但要求在 t 小于 0.00001 时停止，因此循环的条件为 t≥0.00001。

设计的算法如图 6-7 所示。

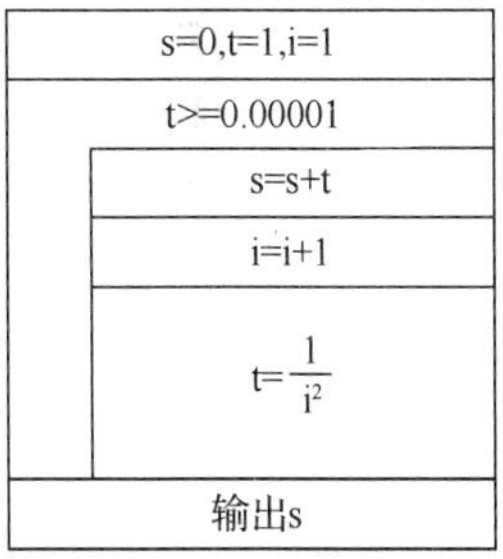

s=0,t=1,i=1	
t>=0.00001	
	s=s+t
	i=i+1
	$t=\frac{1}{i^2}$
输出s	

图 6-7 “求和”算法

编写程序如下：

```
s=0
t=1
i=1
while t>=0.00001:
    s=s+t
    i=i+1
    t=1.0/i**2
print("s=",s)
```

程序的运行结果如下。

```
s= 1.6417745118147271
>>>
```

6.2 for 循环

Python 语言中的 for 循环指遍历任何一个可迭代对象，例如字符串、列表、元组、字典、集合等，从可迭代对象中逐个取出元素放入循环变量，执行语句块，直到所有元素都被取出为止。

for 循环的一般形式为：

```
for 循环变量 in 可迭代对象:
    循环语句块
```

【例 6.7】逐个输出字符串字符。

```
s="Hello China!"
for c in s:
    print(c, end=",")
```

以上程序从字符串 s 中逐个取出字符放在变量 c 中，并输出。程序的运行结果如下。

```
H,e,l,l,o, ,C,h,i,n,a,!,
>>>
```

range( )函数返回可迭代对象，包括一个整数序列。其语法格式为：

```
range([start,] stop [,step])
```

说明如下。

（1）start：序列计数从 start 开始，是可选参数，默认从 0 开始。

（2）stop：序列计数到达 stop 结束，但不包括 stop，是必选参数。

（3）step：表示步长，是可选参数，默认值为 1。

（4）for 循环配合 range( )函数，也经常被用于控制循环的次数。

【例 6.8】range( )函数。

```
for n in range(10):          #0,1,2,3,4,5,6,7,8,9
    print(n,end=",")
print("")
for n in range(2,10):        #2,3,4,5,6,7,8,9
    print(n,end=",")
print("")
for n in range(1,10,2):   #1,3,5,7,9,
    print(n,end=",")
print("")
for n in range(10,1,-2):  #10,8,6,4,2,
    print(n,end=",")
print("")
for n in range(5,-5,-1):  #5,4,3,2,1,0,-1,-2,-3,-4
    print(n,end=",")
```

以上程序中 range( )函数使用不同参数生成多个整数序列，运行结果如下。

```
0,1,2,3,4,5,6,7,8,9,
2,3,4,5,6,7,8,9,
1,3,5,7,9,
10,8,6,4,2,
5,4,3,2,1,0,-1,-2,-3,-4,
>>>
```

【例 6.9】按照图 6-8（a）所示的算法，使用 for 语句编写程序，计算 *n*!。

算法也可以设计为如图 6-8（b）所示，其中 for i = 1 to n step 1，表示循环中 i 的取值为 1、2、3、…、n，step=1 表示步长为 1。

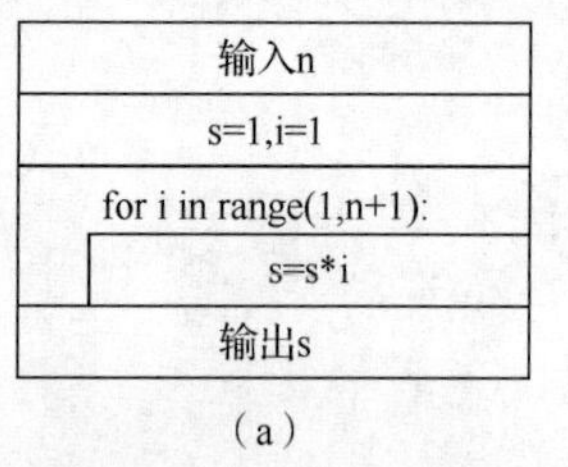

（a）

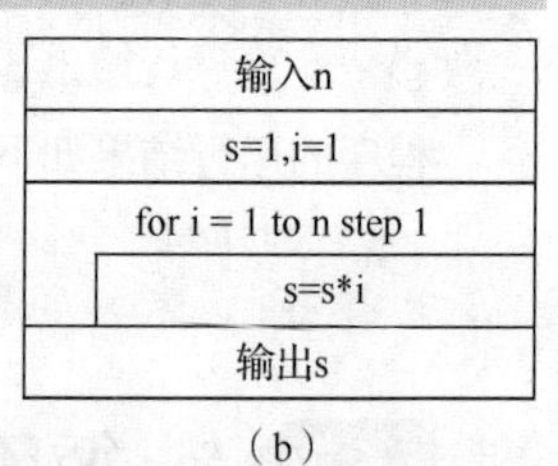

（b）

图 6-8　求 *n*!算法

编写程序如下：

```
def fact(n):
    s=1
    for i in range(1,n+1):
        s=s*i
    return s
n=int(input("请输入 n: "))
s=fact(n)
print("s=",s)
```

程序的运行结果如下。

```
请输入n：20
s= 2432902008176640000
>>>
```

【例 6.10】输出 Fibonacci 数列"1、1、2、3、5、8、13、21…"的前 40 项。

分析如下。

（1）观察数列的规律，可知后一项是前两项之和。设 a 和 b 分别为前两项，c 为后一项，则 c=a+b。再对 a、b 赋值，即令 a=b，b=c，从而可以进行下一次计算，算法如图 6-9（a）所示。将该算法加入循环中，如图 6-9（b）所示。

（2）经观察，语句序列 a=a+b、b=a+b 可以根据前两项求出后两项。算法如图 6-9（c）所示，循环次数减少了。

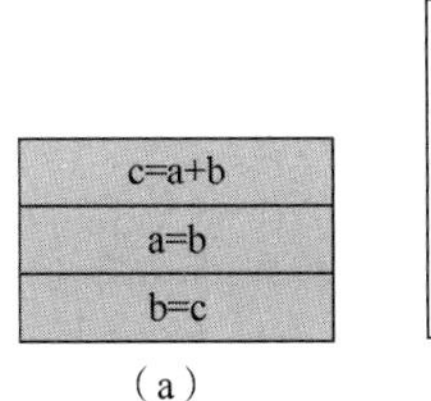

（a）

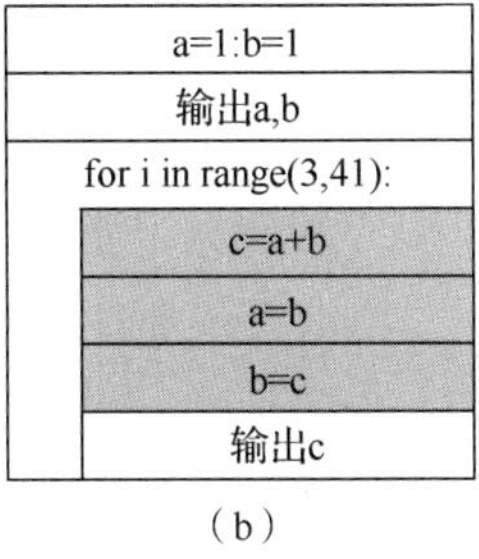

（b）

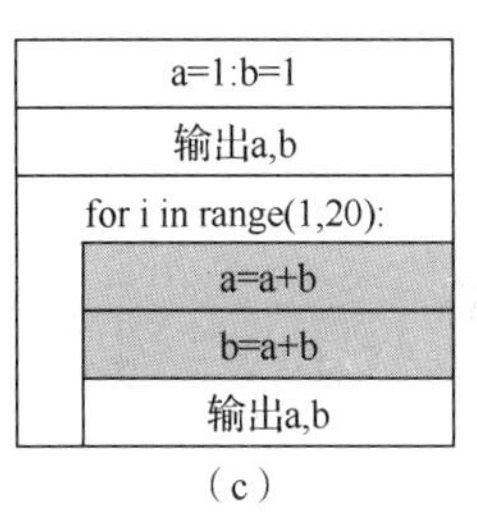

（c）

图 6-9 "Fibonacci 数列"算法

编写程序如下：

```
a=1;b=1
print("{:>10}".format(a),end="")
print("{:>10}".format(b),end="")
for i in range(3,41):   #循环 38 次
    c=a+b
    a=b
    b=c
    if i%5==0:
        print("{:>10}".format(c),end="\n")
    else:
        print("{:>10}".format(c),end="")
```

如图 6-9 所示，40 个数的输出格式不美观。在程序中加入一个选择结构，当 i 能被 5 整除时换行输出，使得每行输出 5 个数，格式比较整齐。程序的运行结果如下。

```
         1         1         2         3         5
         8        13        21        34        55
        89       144       233       377       610
       987      1597      2584      4181      6765
     10946     17711     28657     46368     75025
    121393    196418    317811    514229    832040
   1346269   2178309   3524578   5702887   9227465
  14930352  24157817  39088169  63245986 102334155
>>>
```

6.3 break 语句和 continue 语句

break 语句用于跳出当前层的 while 和 for 循环结构，继续执行循环体后边的语句。continue 语句能够结束本次循环，即跳过循环体中剩余的语句，继续进行下一次循环。

例如，break 语句执行过程如图 6-10 所示，continue 语句执行过程如图 6-11 所示。

（1）break 语句：

```
while 表达式 1:
{   …
    if 表达式 2:
        break;
    …
}
```

（2）continue 语句：

```
while 表达式 1:
{   …
    if 表达式 2:
        continue;
    …
}
```

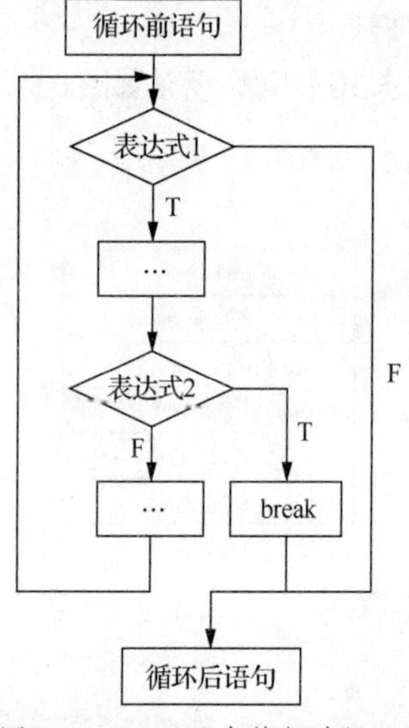

图 6-10　break 语句执行过程

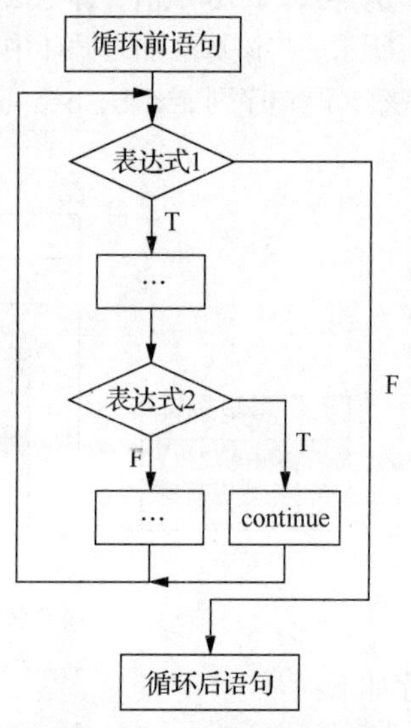

图 6-11　continue 语句执行过程

【例 6.11】编写程序来计算半径为 1～100 的圆面积，当面积大于 100 时，结束循环。

设计算法如图 6-12 所示，编写程序如下：

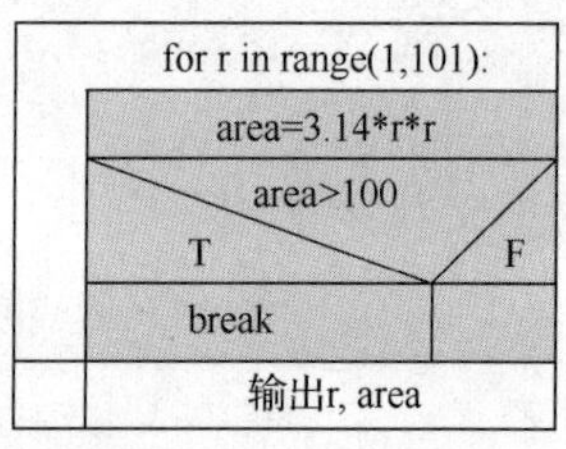

图 6-12　例 6.11 算法

```
for r in range(1,101):
    area=3.14*r*r
    if area>100:
        break  #直接跳出循环
    print("r=",r,"area=",area)
```

程序的运行结果如下。

```
r= 1 area= 3.14
r= 2 area= 12.56
r= 3 area= 28.259999999999998
r= 4 area= 50.24
r= 5 area= 78.5
>>>
```

【例 6.12】编写程序，输出从 1～100 中所有能被 3 整除的整数。

设计算法如图 6-13 所示，编写程序如下：

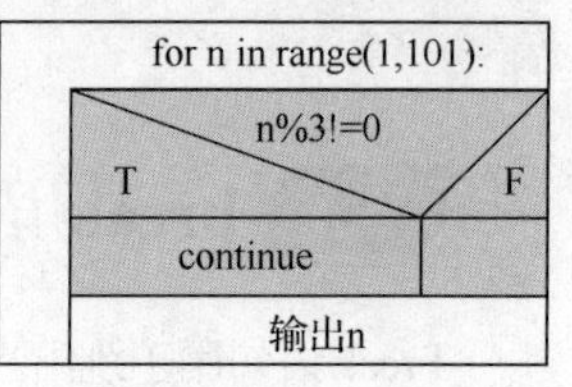

图 6-13　例 6.12 算法

```
for n in range(1,101):
    if n%3!=0:
        continue  #直接进行下一次循环
    print(n,end=" ")
```

程序的运行结果如下。

```
3 6 9 12 15 18 21 24 27 30 33 36 39 42
45 48 51 54 57 60 63 66 69 72 75 78 81
84 87 90 93 96 99
>>>
```

6.4 循环的 else 子句

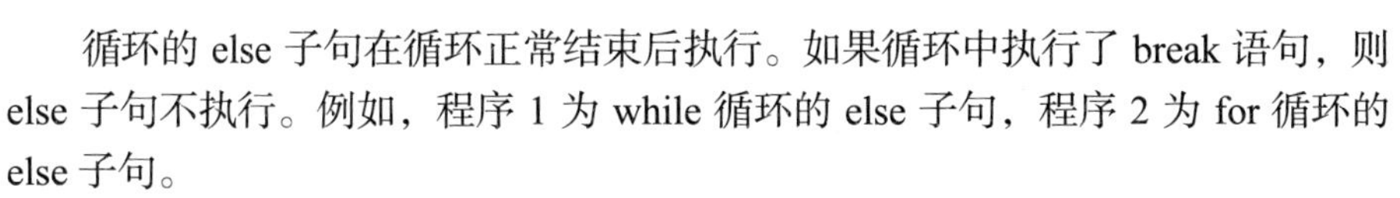

循环的 else 子句在循环正常结束后执行。如果循环中执行了 break 语句，则 else 子句不执行。例如，程序 1 为 while 循环的 else 子句，程序 2 为 for 循环的 else 子句。

```
#程序1
while 表达式1:
    循环体语句
else:
    语句块
```

```
#程序2
for 循环变量 in 可迭代对象:
    循环体语句
else:
    语句块
```

【例 6.13】while 循环的 else 子句。

```
n=1
while n<=9:
    print(n,end=" ")
    n=n+1
else:
    print("\n循环结束了")
    print("再见")
```

以上程序中，当循环正常结束时，else 子句中的语句块运行。程序运行结果如下。

```
1 2 3 4 5 6 7 8 9
循环结束了
再见
>>>
```

【例 6.14】for 循环的 else 子句。

```
for n in range(1,10):
    print(n,end=" ")
    if n>5:
        break
else:
    print("\n循环结束了")
    print("再见")
```

以上程序中，当 n 为 6 时执行 break 语句，提前跳出循环，此时 else 子句中的语句块不执行。程序运行结果如下。

```
1 2 3 4 5 6
>>>
```

6.5 循环的嵌套

在一个循环体中又包含循环结构称为循环的嵌套，内嵌的循环中还可以再嵌套循环，如此形成多层循环嵌套结构。

在 Python 语言中，while 和 for 循环可以相互嵌套。例如，在 while 和 for 循环中，可以嵌套 while 和 for 循环，如图 6-14 所示。

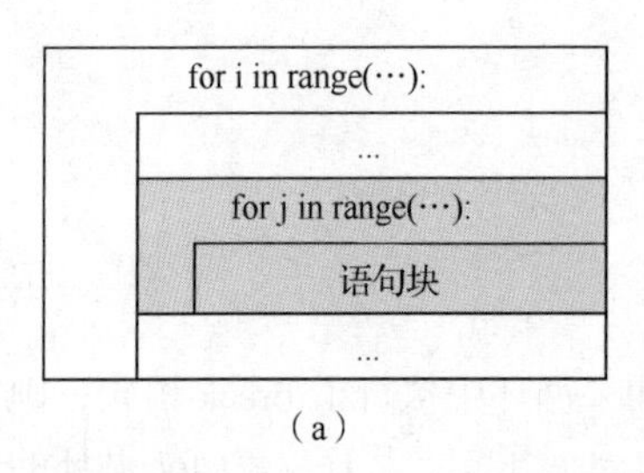

(a)

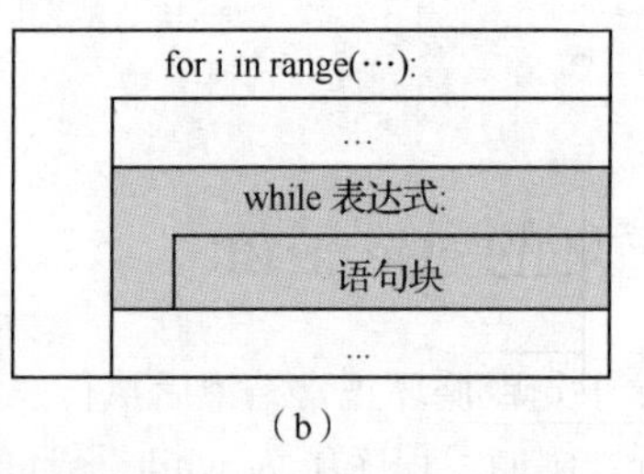

(b)

图 6-14 循环嵌套

【例 6.15】编写程序，输出九九乘法表。九九乘法表为“一一得一，一二得二，一三得三……九九八十一”。

分析如下。

九九乘法表中每一项记为“y × x =x*y”；外层 for 循环中 x 的值为 1、2、…、9，总共 9 行；内层 for 循环中的 y 从 1 循环到 x，每行只输出 x 项乘法，每行乘法输出后需要换行，从而实现输出九九乘法表。“九九乘法表”算法如图 6-15 所示。

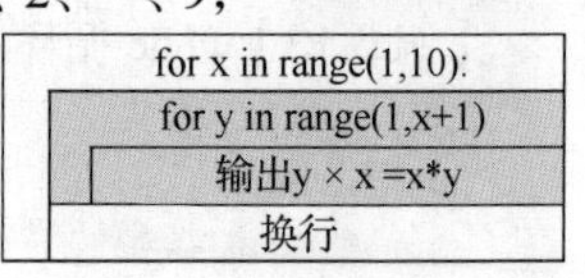

图 6-15 “九九乘法表”算法

编写程序如下：

```
for x in range(1,10):
   for y in range(1,x+1):
      print("{}×{}={:<2}".format(y,x,x*y),end=" ")
   print()  #换行
```

程序运行结果如下。

```
1×1=1
1×2=2   2×2=4
1×3=3   2×3=6   3×3=9
1×4=4   2×4=8   3×4=12  4×4=16
1×5=5   2×5=10  3×5=15  4×5=20  5×5=25
1×6=6   2×6=12  3×6=18  4×6=24  5×6=30  6×6=36
1×7=7   2×7=14  3×7=21  4×7=28  5×7=35  6×7=42  7×7=49
1×8=8   2×8=16  3×8=24  4×8=32  5×8=40  6×8=48  7×8=56  8×8=64
1×9=9   2×9=18  3×9=27  4×9=36  5×9=45  6×9=54  7×9=63  8×9=72  9×9=81
>>>
```

【例 6.16】素数是只能被 1 和它自己整除的整数。输入一个整数 *m*，判断 *m* 是否为素数。

分析如下。

（1）根据定义，如果从 2 到 *m*-1 中的所有整数都不能整除 *m*，即可确定 *m* 是素数。可用变量 flag 标记 *m* 是否为素数，将 flag 的初值设置为 1。当发现第一个能整除 *m* 的 *i* 时，可以确定 *m* 不是素数，此时使 flag = 0 并退出循环。在循环结束时，如果 flag 为 1，那么 *m* 是素数，否则 *m* 不是素数。“素数”算法如图 6-16（a）所示。当 *m* 是素数时，循环次数为 *m*-2，当 *m* 很大时，循环次数很大。

（2）经证明，如果从 2 到 $\sqrt{m}$ 中的整数都不能整除 *m*，那么 $\sqrt{m}+1$ 到 *m*-1 中的整数也都不能整除 *m*。因此循环只要进行 2～$\sqrt{m}$ 一次即可。优化后的“素数”算法如图 6-16（b）所示，其算法运行次数最多为 $\sqrt{m}-1$ 次，效率显著提高。

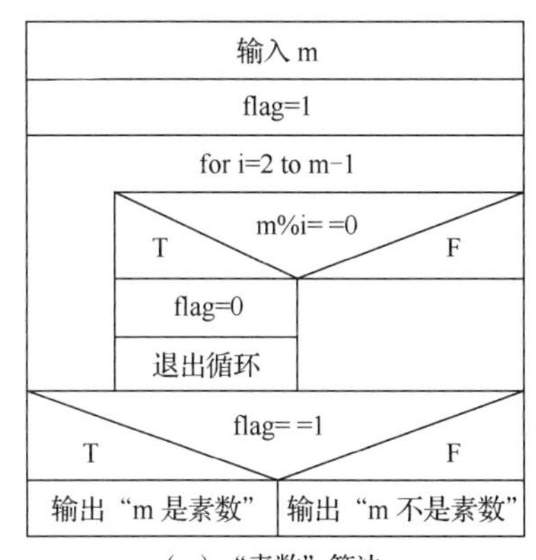

（a）“素数”算法

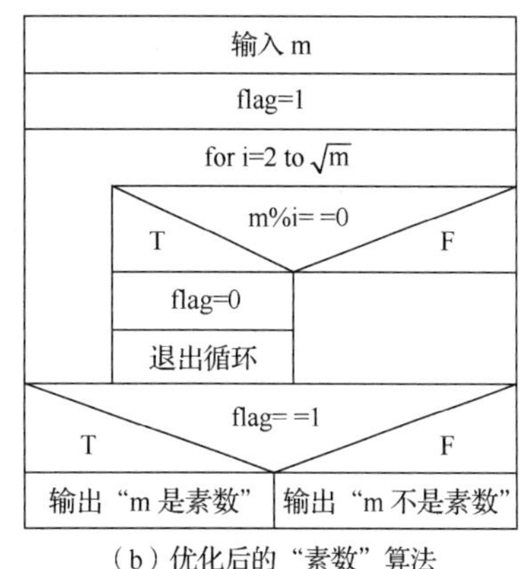

（b）优化后的“素数”算法

图 6-16 “素数”算法分析

按照图 6-16（a）所示的算法，编写程序如下：

```
m=int(input("请输入整数m:"))
flag=1      #假设m是素数
for i in range(2,m):
    if m%i==0:
        flag=0 #确定m不是素数
        break  #跳出循环
if flag==1:
    print("整数 %d 是素数! "%m)
else:
    print("整数 %d 不是素数! "%m)
```

程序的运行结果如下。

```
请输入整数m:13              请输入整数m:1234567
整数 13 是素数!             整数 1234567 不是素数!
>>>                         >>>
```

说明如下。

当输入的 m 为一个很大的数（如 1 234 567 891）时，循环需要很长时间才能完成。按照图 6-16（b）所示的算法，将程序的第 3 行改为：

```
for i in range(2,int(m**0.5)+1):   #3
```

则程序的循环次数显著减少，运行时间明显缩短。

```
请输入整数m:1234567891
整数 1234567891 是素数!
>>>
```

【例 6.17】找出 1～1 000 中的所有素数。

分析如下。

（1）在图 6-16（a）和图 6-16（b）所示的算法中，能够判断整数 m 是否为素数。

（2）让 m 作为循环变量从 1 循环到 1 000，如图 6-17（a）所示。

（3）在图 6-17（b）所示的算法中嵌套了图 6-16（b）所示的算法，可以找出从 1～1 000 中的所有素数。

在外层的 for 循环内部嵌套 for 循环结构，编写程序如下：

```
for m in range(1,1001):
        flag=1      #假设m是素数
        for i in range(2,int(m**0.5)+1):
          if m%i==0:
```

```
            flag=0 #确定 m 不是素数
            break  #跳出循环
    if flag==1:
        print(m, end=" ")
```

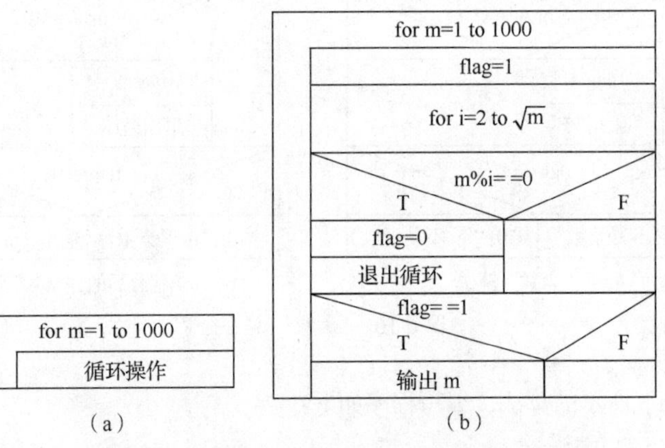

图 6-17 “找出 1～1 000 中的所有素数”算法

程序的运行结果如下。

```
1 2 3 5 7 11 13 17 19 23 29 31 37 41 43 47 53 59 61 67 71 73 79 83
89 97 101 103 107 109 113 127 131 137 139 149 151 157 163 167 173
179 181 191 193 197 199 211 223 227 229 233 239 241 251 257 263 269
271 277 281 283 293 307 311 313 317 331 337 347 349 353 359 367 373
379 383 389 397 401 409 419 421 431 433 439 443 449 457 461 463 467
479 487 491 499 503 509 521 523 541 547 557 563 569 571 577 587 593
599 601 607 613 617 619 631 641 643 647 653 659 661 673 677 683 691
701 709 719 727 733 739 743 751 757 761 769 773 787 797 809 811 821
823 827 829 839 853 857 859 863 877 881 883 887 907 911 919 929 937
941 947 953 967 971 977 983 991 997
>>>
```

此外，也可以编写函数 prime(m)判断 m 是否为素数，如果是则返回 1，否则返回 0，算法如图 6-18 所示。在主程序中循环调用函数，没有循环嵌套，程序更加简洁、可读性强。程序如下：

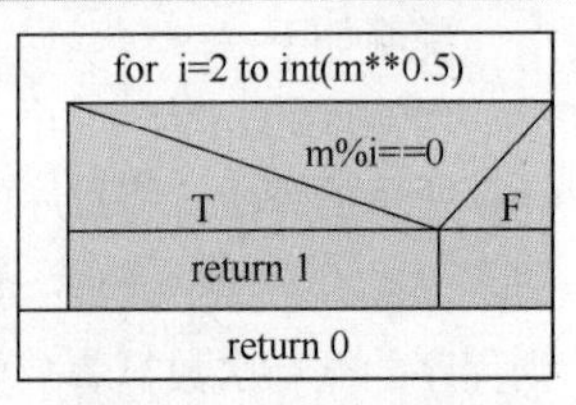

图 6-18 素数函数算法

```
def prime(m):
    for i in range(2,int(m**0.5)+1):
        if m%i==0:
            return 0  #不是素数
    return 1  #是素数
for m in range(1,1001):
    if prime(m)==1:
        print(m, end=" ")
```

6.6 循环结构编程举例

本节通过几个编程实例，介绍几类问题的算法设计和编程方法。

【例 6.18】循环输入 10 个成绩，求其中的最高分。

分析如下。

设变量 max 用于保存最大值。首先让 max=第 1 个成绩，以后循环输入 x，用 max 与每个 x 比较，如果 max＜x，则使得 max=x，这样 max 中保存的永远是最高分。“最大值”算法如图 6-19 所示。

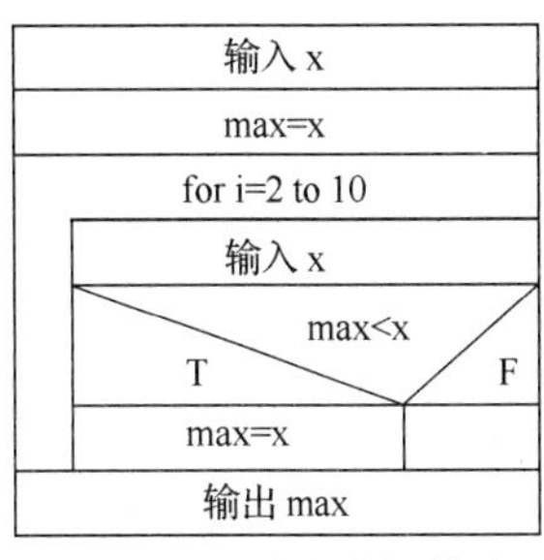

图 6-19 “最大值”算法

编写程序如下：

```
print("请输入10个成绩：")
x=int(input("x:"))
max=x
for i in range(2,11):
    x=int(input("x:"))
    if max<x:
        max=x
print("最高分为 ",max)
```

程序的运行结果如下。

```
请输入10个成绩:
x:77
x:86
x:45
x:55
x:67
x:89
x:65
x:90
x:68
x:88
最高分为 90
>>>
```

【例 6.19】循环输入某学生的各科成绩，直到输入−99 时结束，求总成绩。

分析如下。

使用直到型循环，每输入一个数检查是否为−99，如果是则结束循环，否则求和。求和算法如图 6-20 所示。

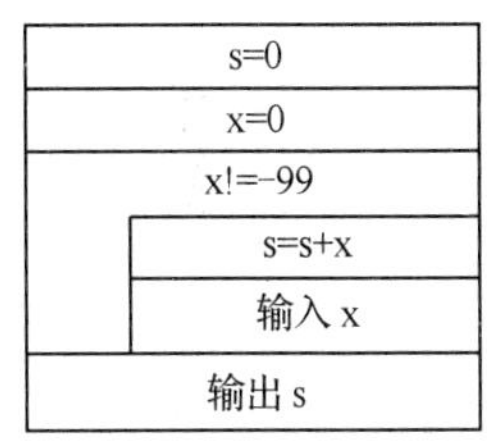

图 6-20 求和算法

编写程序如下：

```
print("请输入成绩（以-99结束）")
s=0
x=0
while x!=-99:
    s=s+x
    x=int(input("x:"))
print("成绩之和为 ",s)
```

程序的运行结果如下。

```
请输入成绩（以-99结束）
x:87
x:67
x:81
x:65
x:78
x:90
x:-99
成绩之和为 468
>>>
```

【例 6.20】求两个整数 m 和 n 的最大公约数与最小公倍数。

分析如下。

（1）最大公约数的定义是能够同时整除 m 和 n 的最大整数。因此算法从 m 和 n 中任意一个开始依次向下，找到第一个能够同时整除 m 和 n 的数，如图 6-21（a）所示。

（2）最小公倍数的定义是能够同时被 m 和 n 整除的最小整数。因此算法从 m 和 n 中任意一个开始依次向上，找到第一个能够同时被 m 和 n 整除的整数，如图 6-21（b）所示。

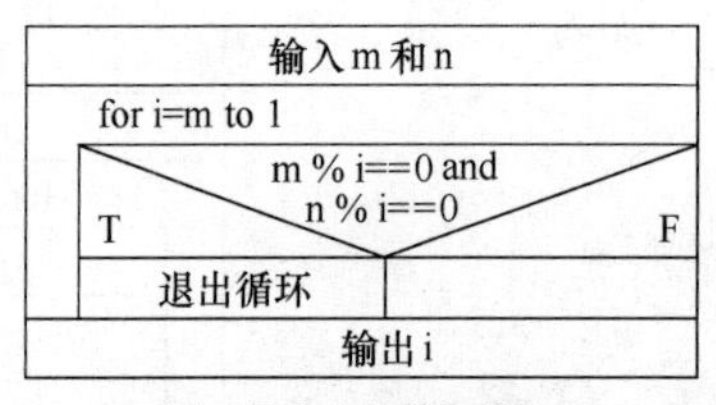

(a)“最大公约数”算法

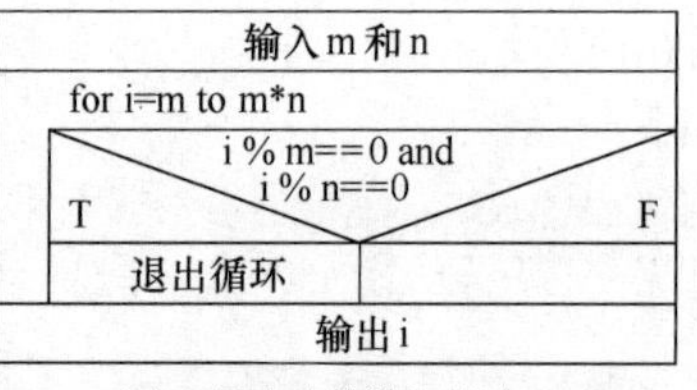

(b)“最小公倍数”算法

图 6-21 “最大公约数和最小公倍数”算法

编写程序如下：

```
m=int(input("m:"))
n=int(input("n:"))
#求最大公约数
for i in range(m,0,-1):  #i 从 m 到 1 循环
    if m % i == 0 and n % i == 0:
        break
print("{},{}的最大公约数为 {}".format(m,n,i))
#求最小公倍数
for i in range(m,m*n+1):  #i 从 m 到 m*n 循环
    if i % m == 0 and i % n == 0:
        break
print("{},{}的最小公倍数为 {}".format(m,n,i))
```

程序的运行结果如下。

```
m:30
n:16
30,16 的最大公约数为 2
30,16 的最小公倍数为 240
>>>
```

图 6-21 所示的算法是根据定义设计的，其不足之处是当 m 和 n 较大时，循环次数较多，运算时间较长。在公元前 4 世纪，古希腊数学家欧几里得给出了求最大公约数的辗转相除法，其基本思想如下。

（1）整数 a 和 b 分别赋予 m 和 n。

（2）m 除以 n 得余数 r。

（3）若 r!=0，则使得 m=n，n=r，转入（2）；当 r= =0，转入（4）。

（4）此时 n 是最大公约数。

（5）a 和 b 的最小公倍数是 a*b//n。

“辗转相除法”过程如图 6-22 所示，其算法如图 6-23 所示。采用此算法，循环的次数较少，能迅速求出最大公约数。

m	n	r
30	16	14
16	14	2
14	2	0

最大公约数为2

最小公倍数为30×16÷2=240

图 6-22 “辗转相除法”过程

输入a和b

m=a;n=b

r=m % n

r!=0

m=n

n=r

r=m % n

输出n为最大公约数

输出a*b//n为最小公倍数

图 6-23 “辗转相除法”算法

编写程序如下：

```
def fun(m,n):  #求最大公约数
    r = m%n
    while r!=0:
        m = n
        n = r
        r = m % n
    return n;
a=int(input("a:"))
b=int(input("b:"))
s = fun(a,b)       #最大公约数
t = a * b // s     #最小公倍数
print("{},{}的最大公约数为 {}".format(a,b,s))
print("{},{}的最小公倍数为 {}".format(a,b,t))
```

【例 6.21】“百钱买百鸡”问题。假定公鸡每只 2 元，母鸡每只 3 元，小鸡每只 0.5 元。现有 100 元，要求买 100 只鸡，编程求出公鸡只数 x、母鸡只数 y 和小鸡只数 z。

分析如下。

穷举法又称枚举法，它的基本思路就是一一列举所有可能性，逐个进行排查。穷举法的核心是找出所有可能的答案，并针对每种可能逐个进行判断，最终找出问题的答案。

方法一如下。

采用穷举法，x、y 和 z 的值在 0 到 100 之间，循环的次数为 $101 \times 101 \times 101$。因为公鸡每只 2 元，母鸡每只 3 元，所以 $0 \leqslant x \leqslant 50$，而 $0 \leqslant y \leqslant 33, 0 \leqslant z \leqslant 100$，此时循环的次数为 $51 \times 34 \times 101$，算法如图 6-24（a）所示。

编写程序如下：

```
print("  公鸡  母鸡  小鸡")
for x in range(0,51):
    for y in range(0,34):
        for z in range(0,100):
            if x+y+z==100 and 2*x+3*y+0.5*z==100:
                    print("{:6}{:6}{:6}".format(x,y,z))
```

程序运行的结果如下。

```
  公鸡      母鸡      小鸡
    0        20        80
    5        17        78
   10        14        76
    15       11        74
    20        8        72
    25        5        70
    30        2        68
>>>
```

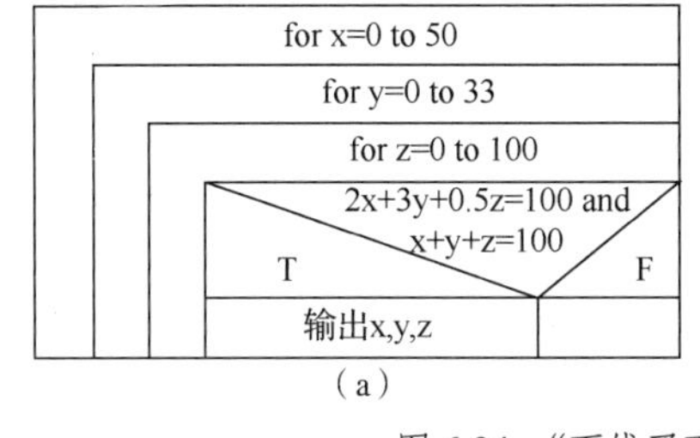

（a）

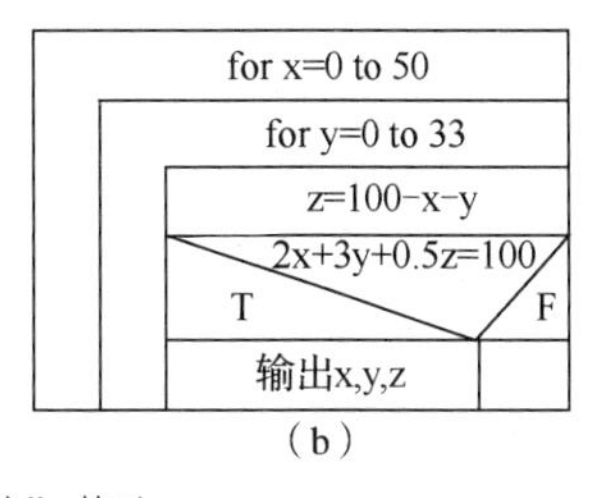

（b）

图 6-24 “百钱买百鸡”算法

方法二如下。

因为 $x+y+z=100$，所以 $z=100-x-y$。如图 6-24（b）所示，可以将方法一改为二重循环的算法，

此时循环的次数为 51 × 34。编写程序如下：

```
print("  公鸡  母鸡  小鸡")
for x in range(0,51):
    for y in range(0,34):
        z=100-x-y
        if 2*x+3*y+0.5*z==100:
            print("{:6}{:6}{:6}".format(x,y,z))
```

方法三如下。

问题可以转化为方程组$\begin{cases}x+y+z=100\\2x+3y+0.5z=100\end{cases}$，经推导可以进一步转化为$\begin{cases}y=20-3x/5\\z=80-2x/5\end{cases}$。对每个 x 求对应的 y 和 z。由于 y 或 z 可能带小数部分，此时，小数部分将被截去，即 $x+y+z<100$；y 和 z 也可能是负数。因此如果 $x+y+z=100$ 且 $y\geqslant0$，$z\geqslant0$，则是正确答案，此时设计一重循环的算法，即“百钱买百鸡”优化算法如图 6-25 所示。

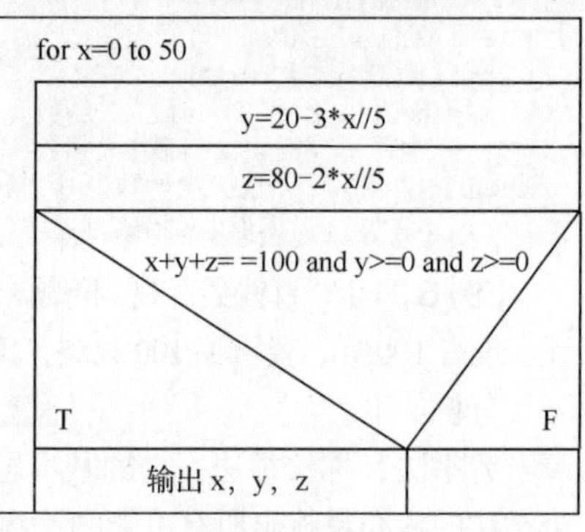

图 6-25 “百钱买百鸡”优化算法

编写程序如下：

```
print("  公鸡  母鸡  小鸡")
for x in range(0,51):
    y = 20 - 3 * x // 5;   #y 取整数
    z = 80 - 2 * x // 5;   #z 取整数
    if x + y + z == 100 and y>=0 and z>=0:
        print("{:6}{:6}{:6}".format(x,y,z))
```

▶学习提示

比较上述 3 种算法的循环次数，并使用计数变量 n，在循环中插入语句“n=n+1”统计循环次数，分析 3 种算法的效率。

习题

一、选择题

1. 以下说法中错误的是（　　）。
   A. 当型循环先判断循环条件是否为真，为真才执行循环体
   B. 当型循环中，确保循环的条件最终可以为假，从而避免死循环
   C. 当型循环先执行循环体，后判断条件
   D. 当型循环中循环体可以有多条语句
2. 以下说法中错误的是（　　）。
   A. while 循环的循环语句缩进对齐
   B. while 循环的条件为假时结束循环
   C. while 循环的条件如果永远为真，则形成死循环
   D. while 循环不能嵌套
3. 以下程序中，语句 print("x")执行的次数是（　　）。

```
x=1
while x<10:
```

```
    print("x")
    x=x+2
```

A. 1　　B. 5　　C. 6　　D. 10

4. 以下程序中，语句 print("x")执行的次数是（　　）。

```
x=0;y=8
while x<y:
    x=x+1
    y=y-1
    print("x")
```

A. 4　　B. 6　　C. 8　　D. 9

5. 以下程序的运行结果是（　　）。

```
x=1
while x<7:
    print(x)
    x=x+3
```

A. 147　　B. 13　　C. 14　　D. 47

6. 以下程序可计算 $\sum_{i=1}^{n}(2i-1)$，以下选项（　　）可将程序补充完整。

```
def f(n):
    s=0
    i=1
    while ______①______:
        s=s+2*i-1
        ______②______
    return s
n=int(input("请输入 n:"))
print(f(n))
```

A. ①i<n　②i=i+2　　B. ①i<=n　②i=i+1

C. ①i>=n　②i=i+1　　D. ①i>n　②i=i+2

7. 以下程序在运行时输入 1234，则输出结果是（　　）。

```
b=int(input("b:"))
while  b!=0:
    a=b%10
    b=b//10
    print(a,end=" ")
```

A. 4321　　B. 1234　　C. 10　　D. 234

8. 以下程序可计算 6+7+8+9+10，以下选项（　　）可将程序补充完整。

```
i=10;s=0
while ______①______:
    s=s+i
    ______②______
print(s)
```

A. ①i>5　②i=i+1　　B. ①i>6　②i=i+1　　C. ①i>5　②i=i−1　　D. ①i>6　②i=i−1

9. 以下程序的运行结果是（　　）。

```
i=1;s=0
while i<10:
    if i%3==1:
        s=s+i
    i=i+1
print(s)
```

A. 3　　B. 4　　C. 7　　D. 12

10. 以下 for 语句中，print("x")执行的次数为（　　）。

```
for i in range(1,7):
   print("x")
```

A. 1　　B. 4　　C. 6　　D. 10

11. 以下 for 语句中，print("x")执行的次数为（　　）。

```
for i in range(10,1,-1):
   print("x")
```

A. 0　　B. 1　　C. 9　　D. 10

12. 以下程序可以计算 1～20 中的奇数的和，以下选项（　　）可将程序补充完整。

```
a=0
for i in ____________:
   a=a+i
print(a)
```

A. range(1,21,1)　　B. range(1,21,3)　　C. range(1,21)　　D. range(1,21,2)

13. 以下程序的运行结果是（　　）。

```
for i in range(1,6):
   if i%2==0:
      print("*",end="")
   else:
      print("#",end="")
```

A. #####　　B. *****　　C. #*#*#　　D. *#*#*

14. 以下说法中错误的是（　　）。

A. 循环结构中执行 break 语句能跳出本层循环

B. 循环结构中执行 continue 语句能直接进行下一次循环

C. 在循环体内使用 break 和 continue 语句的作用相同

D. 当循环正常结束时执行 else 后的语句块

15. 以下程序中，语句 print("x")执行的次数是（　　）。

```
for i in range(1,11):
   if i%4==0:
      break
   print("x")
```

A. 1　　B. 3　　C. 4　　D. 10

16. 以下程序中，语句 print("x")执行的次数是（　　）。

```
for i in range(1,11):
   if i%4==0:
      continue
   print("x")
```

A. 6　　B. 8　　C. 12　　D. 10

17. 以下程序的运行结果是（　　）。

```
sum=0
for i in range(1,11):
   if i%5==0:
      break
   sum+=i
print(sum)
```

A. 1　　B. 5　　C. 10　　D. 45

18. 以下程序的运行结果是（　　）。

```
sum=0
for i in range(1,4):
    sum+=i
else:
    sum=sum+10
print(sum)
```

A. 3　　B. 5　　C. 16　　D. 25

19. 以下程序的运行结果是（　　）。

```
sum=0
i=1
while i<=5:
    sum+=i
    i=i+2
else:
    sum=sum+10
print(sum)
```

A. 5　　B. 10　　C. 16　　D. 19

20. 以下程序的运行结果是（　　）。

```
sum=0
for  i in range(1,4):
    for j in range(1,i+1):
        sum+=i*j
print(sum)
```

A. 3　　B. 5　　C. 16　　D. 25

21. 以下程序中，语句 print("x")执行的次数是（　　）。

```
for i in range(2,0,-1):
    for j in range(1,3):
        print("x")
```

A. 1　　B. 2　　C. 4　　D. 8

22. 以下程序中，语句 print("x")执行的次数是（　　）。

```
for x in range(1,11):
    for y in range(1,11):
        for z in range(10,4,-1):
            print("x")
```

A. 10　　B. 600　　C. 1000　　D. 6000

23. 以下程序的运行结果是（　　）。

```
def fun(i):
    a=1
    a+=i
    print(a);
for i in range(1,5):
      fun(i)
```

A. 1 1 1 1　　B. 1 2 3 4　　C. 2 3 4 5　　D. 2 4 6 8

24. 以下程序运行时，输入 10、11 和 12，输出结果是（　　）。

```
sum=0
for i in range(1,4):
    x=int(input("x:"))
    if x%2==0:
        sum=sum+x
print(sum)
```

A. 12　　B. 22　　C. 23　　D. 33

25. 以下程序运行时，输入 10、11、12 和-99，输出结果是（　　）。

```
s=0
x=0
while x!=-99:
    if x%2==1:
        s=s+x
    x=int(input("x:"))
print(s)
```

A. 11　　　B. 12　　　C. −44　　　D. 33

二、编程题

1. 设计算法并编写程序，计算 $\sum_{x=1}^{20}(2x^2+3x+1)$。

2. 设计算法并编写程序，计算圆周率 $\pi=2\times\frac{2^2}{1\times3}\times\frac{4^2}{3\times5}\times\frac{6^2}{5\times7}\times\cdots\times\frac{(2n)^2}{(2n-1)\times(2n+1)}$，$n\leqslant1\,000$。

3. 设计算法并编写存款利息计算程序。输入 1 年定期存款的总额 t、利率 r 以及年数 n，计算 n 年后可以获得的本息。（用函数实现）

4. 设计算法并编写程序，求出公元 1～10 000 年中的所有闰年。（用函数实现）

5. 设计算法并编写程序，计算 $\frac{1}{1^2+1}+\frac{1}{2^2+1}+\frac{1}{3^2+1}+\frac{1}{4^2+1}+\cdots+\frac{1}{n^2+1}$，直到最后一项小于 10^{-6}。

6. 某人在银行存入 10 万元（3 年定期），假如 3 年定期的年利率为 3.8%。设计算法并编写程序，计算多少年后其本息超过 20 万元。

7. 水仙花数是指一个三位整数，该数三个数位的三次方和等于该数本身。例如，$153=1^3+5^3+3^3$。设计算法并编写程序，求所有的水仙花数。（用函数实现）

8. 设计算法并编写程序，输入 a 和 n，求 $s=a+aa+aaa+aaaa+\cdots+aa\cdots a$（$n$ 个 a）。例如 $a=2$，$n=5$，则 $s=2+22+222+2222+22222$。提示：设 t 为其中一项，则后一项为 $t=10t+a$。（用函数实现）

9. 我国《算经十书》之一《孙子算经》中有这样一个问题：今有物不知其数，三三数之剩二，五五数之剩三，七七数之剩二，问物几何？设计算法并编写程序，求解该问题。（提示：使用 break 语句）

10. 多人围成一圈，从 1 开始报数，每逢遇到 3 的倍数或者末尾含 3 的数，如 3、6、9、12、13 等，就不能报出。设计算法并编写程序，输出 1～100 中所有需要报出的数。（提示：使用 continue 语句）

11. 设计算法并编写程序，计算 1 000 以内的所有完数。完数是指一个数恰好等于除它本身外的因数之和，例如，$6=1+2+3$。提示：可先设计求 m 所有因子的算法；再求因子之和，并判断 m 是否为完数；最后求 1 000 以内的所有完数。（用函数实现）

12. 设计算法并编写程序，循环输入 20 个 0～100 分的成绩，分别统计它们中 90 分及 90 分以上、80～89 分、70～79 分、60～69 分、小于 60 分的分数的个数。

13. 设计算法并编写程序，循环输入学生成绩，直到输入-99 时结束循环，计算学生的平均成绩。

14. 设计算法并编写程序，输入整数 m 和 n，计算 m 和 n 的公约数之和。（用函数实现）

15. 设计算法并编写程序，求解“搬砖”问题：36 人搬 36 块砖，成年男性一次搬 4 块，成年女性一次搬 3 块，两小儿一次抬 1 块，要求一次搬完，问需男、女和小儿各多少人？

16. 设计算法并编写程序，输出 1 000 以内所有的勾股数。勾股数是满足 $x^2+y^2=z^2$ 的自然数。例如，最小的勾股数是 3、4、5（为了避免 3、4、5 和 4、3、5 这样的勾股数的重复，必须保持 $x<y<z$）。

第7章 Python 数据结构

本书到目前为止只涉及处理少量数据的问题；而在实际编程中，经常需要处理大批量数据，如 30 000 个学生成绩的排序、求和、求平均等。数据结构是相互之间存在一种或多种特定关系的数据元素的集合，精心选择合适的数据结构能为程序带来更高的存储和运行效率。本章介绍 Python 的列表、元组、序列、字典和集合等数据结构，以及成员运算和综合案例。

7.1 列表

列表（list）是有序且可更改的数据集合，其中可以包括任意多个数据，每一个数据称为元素；所有元素按照顺序排列在方括号内，元素之间用逗号隔开；一个列表中的元素可以是不同的数据类型。例如：

```
['Python', 95.4, 'BASIC', 90, 'C', 88.5]
```

列表是 Python 语言中的重要数据结构，它通过高效、有条理的方式管理数据。

7.1.1 列表的创建

创建列表有以下 3 种方法。

1．方括号创建列表

创建列表的基本方法是在方括号中将多个元素使用逗号隔开，列表可以赋予变量。例如：

```
L1=['Python', 95.4, 'BASIC', 90, 'C', 88.5]
```

如果方括号中为空，则创建空列表。例如：

```
L2=[]
```

一个列表中的元素可以是不同的数据类型，如可以是数字、字符串等基本数据类型，也可以是列表、元组、字典和集合等。例如：

```
L3=['Python',['BASIC',90], (95,80),{'name':'小明','age':22},{'女','男'}]
```

【例 7.1】 方括号创建列表。

```
L1=['Python', 95.4, 'BASIC', 90, 'C', 88.5]
print(L1)
L2=[]      #L2 为空列表
print(L2)
L3=['Python',['BASIC',90], (95,80),{'name':'小明','age':22},{'女','男'}]
#L3 包括列表、元组、字典和集合等
print(L3)
```

程序的运行结果如下。

```
['Python', 95.4, 'BASIC', 90, 'C', 88.5]
[]
['Python',['BASIC',90], (95,80),{'name':'小明','age':22},{'女','男'}]
>>>
```

2．构造函数创建列表

Python 语言中的列表类的构造函数 list( )可以创建列表，其语法格式如下：

```
变量=list([可迭代对象])
```

其中参数为可迭代对象，如果参数为空则创建空列表。

【例 7.2】构造函数 list( )创建列表。

```
L1=list(('Python', 95.4, 'BASIC', 90)) #元组创建列表
print(L1)
L2=list()      #空列表
print(L2)
L3=list("Green") #字符串
print(L3)
L4=list(range(1,5)) #数字
print(L4)
```

程序的运行结果如下。

```
['Python', 95.4, 'BASIC', 90]
[]
['G','r','e','e','n']
[1,2,3,4]
>>>
```

3．推导式创建列表

Python 语言的推导式是用一个或者多个可迭代对象创建列表的一种方法，它可以将 for 循环与条件判断相结合，避免冗长的代码。使用推导式创建列表，其语法格式为：

```
[新元素表达式 for 临时变量 in 可迭代对象 if 条件判断]
```

说明如下。

（1）for 循环取出可迭代对象中的元素放入临时变量中，如果用该临时变量元素判断 if 条件判断为 True，则把该临时变量放入新元素表达式以计算出新元素，创建列表。

（2）if 条件判断可以省略，此时取出可迭代对象中的所有临时变量生成新元素，创建列表。

【例 7.3】推导式创建列表。

```
L1=[n for n in "Python" ]   #1 所有元素
print(L1)
nums=[1,2,3,4,5,6,7,8]
L2=[n*3 for n in nums if n%2==1 ] #4 满足条件创建列表
print(L2)
L3=[n for n in range(1,10)]  #6
print(L3)
```

其中第 1 行从字符串中取出所有字符生成列表；第 4 行从 nums 中取出被 2 整除的余数为 1 的元素，创建新列表；第 6 行取 range(1,10)中所有元素生成新列表。程序的运行结果如下。

```
['P','y','t','h','o','n']
[3,9,15,21]
[1,2,3,4,5,6,7,8,9]
>>>
```

7.1.2　访问列表中的元素

列表是有序且可更改的数据集合，所有元素按照顺序排列，每一个元素都有索引（下标），通过索引（下标）可以访问元素。索引分为正向索引和负向索引，如

图 7-1 所示，正向索引最左边的字符索引是 0，从左至右标记字符依次为 0、1、2、…；负向索引最右边的字符索引为-1，从右向左标记字符为-1、-2、…。

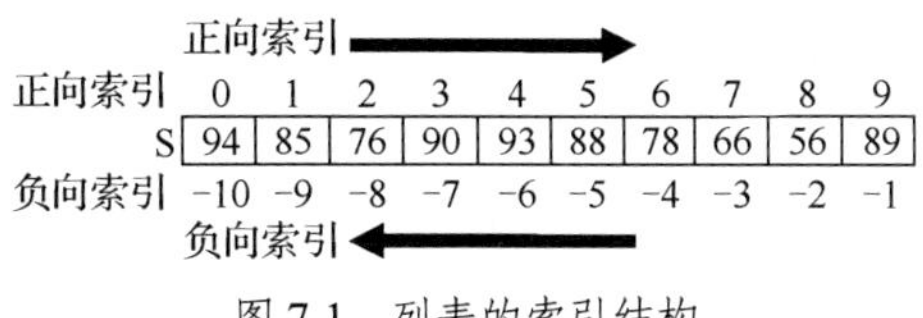

图 7-1 列表的索引结构

访问列表的格式如下：

```
列表名[下标]
```

列表中的元素与变量一样，其也称为下标变量，可以被读取、被修改、参加计算等。

【例 7.4】访问列表中的元素。

```
L1=[94,85,76,90,93,88,78,66,56,89]
print(L1)
i=3
print(L1[1],L1[-2],L1[i],L1[i+2]) #4
L1[4]=L1[3]+L1[2] #5 计算与修改
L1[5]="Red"   #6 元素可以改变
print(L1)
```

其中第 4 行通过下标访问列表中的元素；第 5 行修改元素 L1[4]的值，元素 L1[3]和 L1[2]参加计算；第 6 行修改元素 L1[5]的值。运行结果如下。

```
[94,85,76,90,93,88,78,66,56,89]
85 56 90 88
[94,85,76,90,166,'Red',78,66,56,89]
>>>
```

7.1.3 列表的方法

列表可以通过列表名调用类的成员方法，完成列表的操作。语法格式如下：

```
列表名.方法名(参数)
```

下面介绍列表的几个常用方法。

1. append()方法

append()方法的格式为：

```
列表名.append(x)
```

该方法在列表的末尾追加元素 x。

【例 7.5】列表的 append()方法。

```
L1=['Python', 95.4, 'BASIC', 90, 'C', 88.5]
print(L1)
L1.append("Java")  #末尾追加元素
L1.append(85)      #末尾追加元素
print(L1)
```

以上程序在列表 L1 的末尾添加两个元素。程序的运行结果如下。

```
['Python', 95.4, 'BASIC', 90, 'C', 88.5]
['Python', 95.4, 'BASIC', 90, 'C', 88.5,'Java',85]
>>>
```

2. insert()方法

insert()方法的格式为：

```
列表名.insert(i,x)
```

该方法在列表的下标 i 处插入元素 x，该位置原来的元素后移。

【例 7.6】列表的 insert( )方法。

```
L1=['Python', 95.4, 'BASIC', 90, 'C', 88.5]
print(L1)
L1.insert(2,"Java")  #下标 2 处插入元素
L1.insert(3,85)      #下标 3 处插入元素
print(L1)
```

以上程序在列表 L1 的下标 2、3 处插入两个元素，原位置的元素后移。程序的运行结果如下。

```
['Python', 95.4, 'BASIC', 90, 'C', 88.5]
['Python', 95.4, 'Java', 85, 'BASIC', 90, 'C',88.5]
>>>
```

3. extend( )方法

extend( )方法的格式为：

```
L1.extend(L2)
```

该方法将列表 L2 的所有元素连接在列表 L1 的末尾。

【例 7.7】列表的 extend( )方法。

```
L1=['Python', 95.4]
L2=['BASIC', 90, 'C', 88.5]
L1.extend(L2)
print(L1)
```

以上程序将列表 L2 的所有元素连接在列表 L1 的末尾。程序的运行结果如下。

```
['Python', 95.4, 'BASIC', 90, 'C', 88.5]
>>>
```

4. remove( )方法

remove( )方法的格式为：

```
列表名.remove(x)
```

该方法删除列表中第一个与 x 匹配的元素，如果没有找到与 x 匹配的元素，则报错。

【例 7.8】列表的 remove( )方法。

```
L1=['Python', 'BASIC', 'C', 'BASIC' ]
L1.remove('BASIC')    #删除第一个'BASIC'
print(L1)
L1.remove('Java')     #没找到，报错
print(L1)
```

以上程序中，列表 L1 中有两个元素'BASIC'，只删除了第一个；未找到元素'Java'，报错。程序的运行结果如下。

```
['Python', 'C', 'BASIC' ]
Traceback(most recent call last):
  File"D:\Python\eg0708.py",line 5,in <module>
    L1.remove('Java')
ValueError:list.remove(x):x not in list
>>>
```

5. pop( )方法

pop( )方法的格式为：

```
列表名.pop(i=-1)
```

该方法移除列表中下标为 i 的元素，并且返回该元素；如果没有参数，则移除最后一个元素。

【例 7.9】列表的 pop( )方法。

```
L1=['Python', 'BASIC', 'C', 'Java' ]
print(L1)
a=L1.pop(1)  #移除 L1[1]
print(a)
print(L1)
b=L1.pop()   #移除最后一个元素
print(b)
print(L1)
```

以上程序中，语句“a=L1.pop(1)”移除 L1[1]并将其赋予变量 a，“b=L1.pop( )”移除最后一个元素并将其赋予变量 b。程序的运行结果如下。

```
['Python', 'BASIC', 'C', 'Java' ]
BASIC
['Python', 'C', 'Java' ]
Java
['Python', 'C']
>>>
```

6. index( )方法

index( )方法的格式为：

```
列表名.index(x)
```

该方法返回列表中第一个与 x 匹配的元素的下标，如果没有找到与 x 匹配的元素，则报错。

【例 7.10】列表的 index( )方法。

```
L1=['Python', 'BASIC', 'C' , 'BASIC']
print(L1)
a=L1.index('BASIC')
print(a)
b=L1.index('Java')
print(b)
print(L1)
```

以上程序中，语句“a=L1.index('BASIC')”返回值 1，语句“b=L1.index('Java')”报错。程序的运行结果如下。

```
['Python', 'BASIC', 'C', 'BASIC' ]
1
Traceback(most recent call last):
  File"D:\Python\eg0710.py",line 5,in <module>
    b=L1.index('Java')
ValueError:'Java' is not in list
>>>
```

7. count( )方法

count( )方法的格式为：

```
列表名.count(x)
```

该方法返回列表中与 x 匹配的元素的个数，如果没有找到与 x 匹配的元素，则报错。

【例 7.11】列表的 count( )方法。

```
L1=['Python', 'BASIC', 'C' , 'BASIC']
print(L1)
a=L1.count('BASIC')
b=L1.count('Java')
print(a,b)
```

以上程序中，语句“a=L1.count('BASIC')”返回值 2，语句“b=L1.count('Java')”返回值 0。程

序的运行结果如下。

```
['Python', 'BASIC', 'C' , 'BASIC']
2 0
>>>
```

8．reverse()方法

reverse()方法的格式为：

```
列表名.reverse()
```

该方法反转列表中的元素，也就是将列表逆序排序。

【例 7.12】列表的 reverse()方法。

```
L1=['Python', 'BASIC', 'C', 'Java']
L1.reverse()
print(L1)
L2=[3,5,7,9,11,13,15]
L2.reverse()
print(L2)
```

以上程序将列表 L1 和 L2 逆序。程序的运行结果如下。

```
['Java', 'C', 'BASIC', 'Python']
[15,13,11,9,7,5,3]
>>>
```

9．sort()方法

sort()方法的格式为：

```
列表名.sort(key=None, reverse=False)
```

该方法可以对列表的元素进行排序，它有如下两个重要的参数。

（1）key：设置一个函数，返回用于比较大小的数值，默认对元素进行排序。

（2）reverse：设置排序的方法，默认为 False 时表示从小到大升序排列，为 True 时表示从大到小降序排列。

【例 7.13】列表的 sort()方法。

```
L1=['Python', 'BASIC', 'C', 'Java' ]
L1.sort() #2 排序
print(L1)
L1.sort(key=len,reverse=True) #4 按照元素的长度降序排列
print(L1)
L2=[88,78,65,80,90,60,55,79]
L2.sort(reverse=True) #7 降序排列
print(L2)
```

以上程序中，第 2 行将列表 L1 按从小到大排序；第 4 行使用 sort()函数将列表 L1 中的元素按字符串的长度降序排列；第 7 行将列表 L2 降序排列。程序的运行结果如下。

```
['BASIC', 'C', 'Java','Python']
['Python', 'BASIC', 'Java','C']

[90,88,80,79,78,65,60,55]
>>>
```

7.1.4 列表的遍历

遍历就是指依次访问和处理列表的所有元素，通常使用 for 循环和 while 循环实现对列表的遍历。

在 for 循环中，每一次循环从列表中取出一个元素赋予循环变量，并进行处理。

“for 循环遍历列表”算法如图 7-2 所示。

for 循环变量 in 列表	
	处理循环变量

图 7-2 “for 循环遍历列表”算法

【例 7.14】编写程序，用 for 循环求列表中所有元素之和。

```
scores=[94,85,76,90,93,88,78,66,56,89,55,78,89,99]
s=0
for n in scores:
    print(n,end=" ")
    s=s+n
print("\n 总和为 ",s)
```

以上程序依次取得列表中的元素并放入 n 中，输出这些元素并求和。运行结果如下。

```
94 85 76 90 93 88 78 66 56 89 55 78 89 99
总和为 1136
>>>
```

使用 while 循环通过列表的下标访问列表中的元素。语法格式如下：

```
#语法 1
i=0
while i < 列表长度
    处理(列表名[i])
    i= i+1
```

```
#语法 2
i=列表长度-1
while i >=0
    处理(列表名[i])
    i= i-1
```

（1）语法 1 的变量 i 按照 0、1、2…n-1 的顺序，从左向右依次处理所有元素。

（2）语法 2 的变量 i 按照 n-1…2、1、0 的顺序，从右向左依次处理所有元素。

（3）列表长度通过函数 len(列表名)取得。

【例 7.15】编写程序，用 while 循环求列表中所有元素之和。

分析如下。

“求和”算法如图 7-3 所示。

定义列表 scores	
sum=0; i=0	
while i<len(scores)	
	输出 scores[i]
	sum=sum+scores[i]
输出 sum	

图 7-3 “求和”算法

编写程序如下：

```
scores=[94,85,76,90,93,88,78,66,56,89,55,78,89,99]
sum=0;i=0
while i<len(scores):
    print(scores[i],end=" ")
    sum=sum+scores[i]
    i=i+1
print("\n 总和为 ",sum)
```

程序的运行结果如下。

```
94 85 76 90 93 88 78 66 56 89 55 78 89 99
总和为 1136
>>>
```

【例 7.16】输入 10 个成绩，求其中成绩大于或等于 60 的个数。

分析如下。

创建空列表 scores[]，然后循环输入 10 个成绩追加到列表结尾。遍历列表，统计其中大于或等于 60 的元素的个数。“统计人数”算法如图 7-4（a）所示。

编写程序如下：

```
scores=[]    #创建空列表
for i in range(1,11):
    x=int(input("输入成绩:"))
    scores.append(x)
print("成绩为",scores)
n=0
for x in scores:
    if x>=60:
        n=n+1
print("大于或等于 60 的成绩数为",n)
```

程序的运行结果如下。

```
输入成绩:80
输入成绩:75
输入成绩:90
输入成绩:56
输入成绩:70
输入成绩:45
输入成绩:68
输入成绩:77
输入成绩:82
输入成绩:76
成绩为[80,75,90,56,70,45,68,77,82,76]
大于或等于 60 的成绩数为 8
>>>
```

我们也可以导入 random 包，使用 random.randint( )函数生成 0～100 的随机整数，追加到列表中，从而避免输入多个数字，提高程序调试的效率。“统计人数”算法如图 7-4（b）所示。

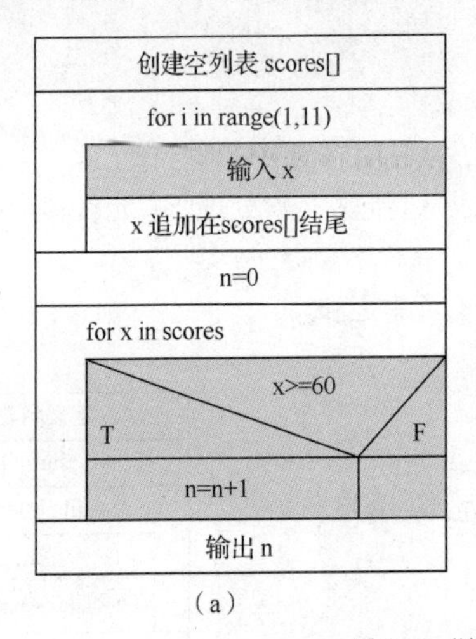

（a）

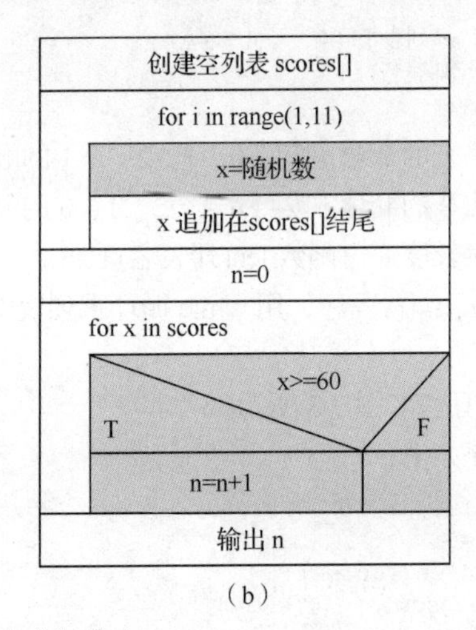

（b）

图 7-4 “统计人数”算法

```
import random   #导入随机数库
scores=[]
for i in range(1,11):
   x=random.randint(0,100)   #取得随机整数
   scores.append(x)
print("成绩为",scores)
n=0
for x in scores:
   if x>=60:
      n=n+1
print("大于或等于 60 的成绩数为",n)
```

程序运行结果如下。

```
成绩为[56,23,85,84,83,58,86,60,42,35]
大于或等于 60 的成绩数为 5
>>>
```

【例 7.17】将 Fibonacci 数列 1、1、2、3、5、8、13、21、…的前 40 项存入列表，并输出。

分析如下。

观察可知，如图 7-5（a）所示，Fibonacci 数列中前两个元素为 1，后边的元素为前两个元素之和。在创建列表时，只要先赋予最前面的两个元素 1，后边追加 fib[-2]+fib[-1]就可以了，算法如图 7-5（b）所示。

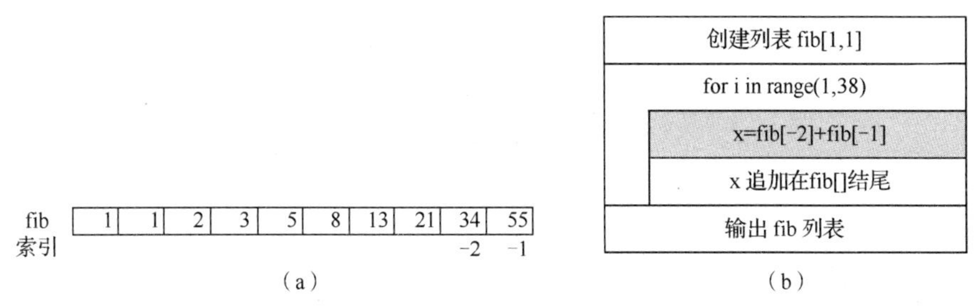

图 7-5 “Fibonacci 数列”算法

编写程序如下：

```
fib=[1,1]
for i in range(1,38):
    x=fib[-1]+fib[-2]
    fib.append(x)
print("Fibonacci 数列为",fib)
```

程序运行结果如下。

```
Fibonacci 数列为[1,1,2,3,5,8,13,21,34,55,89,144,233,377,
610,987,1597,2584,4181,6765,10946,17711,28657,46368,75025,
121393,196418,317811,514229,832040,1346269,2178309,3524578,
5702887,9227465,14930352,24157817,39088169,63245986]
>>>
```

7.2 元组

元组（tuple）是 Python 的另一种有序的数据集合，所有元素按照顺序排列在圆括号中，元素之间用逗号隔开。例如：

```
('Python', 95.4, 'BASIC', 90, 'C', 88.5)
```

运行结果如下。

```
>>> ('Python', 95.4, 'BASIC', 90, 'C', 88.5)
('Python', 95.4, 'BASIC', 90, 'C', 88.5)
>>>
```

元组的访问和使用方式与列表的相似，元组与列表的主要区别是元组一旦创建就不允许修改，不能增加、删除和修改元组中的元素。

7.2.1 元组的创建

创建元组有以下两种方法。

1．圆括号创建元组

创建元组的基本方法是在圆括号中将多个元素使用逗号隔开，元组可以赋予变量。例如：

```
t1=('Python', 95.4, 'BASIC', 90, 'C', 88.5)
```

如果圆括号中为空，则创建空元组。例如：

```
t2=()
```

如果元组中只有一个元素，则需要在元素后边加上逗号。

```
t3=('Python',)
```

【例 7.18】圆括号创建元组。

```
t1=('Python', 95.4, 'BASIC', 90, 'C', 88.5)
print(t1)
t2=()        #空元组
print(t2)
t3=('Python')  #为字符串，t3 不是元组
print(t3)
t4=('Python',) #一个元素的元组
print(t4)
```

程序的运行结果如下。

```
('Python', 95.4, 'BASIC', 90, 'C', 88.5)
()
Python
('Python',)
>>>
```

2．构造函数创建元组

在 Python 语言中，使用函数 tuple( )可以创建元组，其语法格式如下：

```
变量=tuple([可迭代对象])
```

其中参数为可迭代对象，如果参数为空则创建空元组。

【例 7.19】tuple( )函数创建元组。

```
t1=tuple(['Python', 95.4, 'BASIC', 90, 'C', 88.5])
print(t1)
t2=tuple()  #空元组
print(t2)
t3=tuple('Python')
print(t3)
```

程序的运行结果如下。

```
('Python', 95.4, 'BASIC', 90, 'C', 88.5)
()
('P', 'y', 't', 'h', 'o', 'n')
>>>
```

7.2.2 元组的访问与遍历

1．元组的访问

元组的访问方式与列表的访问方式相似，元组可以被读取、参加计算等，但是元组一旦创建则不允许修改。如果试图修改元组中的元素，则会报错。

【例 7.20】访问元组的元素。

```
t1=('Python', 95.4, 'BASIC', 90, 'C', 88.5)
print(t1[1],t1[3],t1[-2],t1[-1])
i=2
print(t1[i],t1[i+1],t1[i+2])
t1[2]=100  #5 元组不可以修改，报错
print(t1)
```

以上程序中，第 5 行语句“t1[2]=100”试图修改元素的值，报错。运行结果如下。

```
95.4 90 C 88.5
BASIC 90 C
Traceback(most recent call last):
  File"D:\Python\eg0720.py",line 5,in <module>
```

```
    t1[2]=100  #5 元组不可以修改，报错
TypeError:'tuple' object does not support item assignment
>>>
```

2．元组的遍历

元组的遍历方法与列表的遍历方法相似，元组的遍历也可以使用 for 循环和 while 循环实现。

【例 7.21】元组的遍历。

程序 1：

```
t1=('Python', 95.4, 'BASIC', 90, 'C', 88.5)
for n in t1:
   print(n,end=" ")
```

程序 1 使用 for 循环取得元组中的所有元素，并求和。运行结果如下。

```
Python 95.4 BASIC 90 C 88.5
>>>
```

程序 2：

```
t1=('Python', 95.4, 'BASIC', 90, 'C', 88.5)
i=0
while i<len(t1):
   print(t1[i],end=" ")
   i=i+1
```

程序的运行结果如下。

```
Python 95.4 BASIC 90 C 88.5
>>>
```

7.2.3 元组的方法

元组一旦创建，就不允许增加、删除和修改元组中的元素，因此没有 append( )、insert( )、extend( )等能够修改元素的方法，但是有 index( )和 count( )方法，其用法与列表中的相同。

【例 7.22】元组的方法。

```
t1=('Python', 'BASIC', 'C' , 'BASIC')
s=t1.index('BASIC')
print(s)
s=t1.count("BASIC")   #BASIC 出现了 2 次
print(s)
s=t1.count("xxxx")
print(s)
```

程序的运行结果如下。

```
1
2
0
>>>
```

7.3 序列及其通用操作

序列是 Python 语言中基本的数据结构，其内部的元素按照顺序有序存储。Python 语言的序列包括列表、元组和 range( )，以及字符串、二进制文本类型 bytes 和 bytearray 等。

在序列中每个元素都有索引号，我们可以通过索引号访问元素。列表 L1=[94,85,76,90,93,88,78,

66,56,89]的索引结构如图 7-1 所示。

序列的通用操作包括序列的切片、序列的运算等。

7.3.1 序列的切片

序列通过切片操作访问一定范围内的元素，语法格式如下：

```
序列名[i:j:k]
```

说明如下。

（1）i 表示切片的开始索引位置，如果为空则从[0]开始。

（2）j 表示切片的结束索引位置，不包括第 j 号元素。切片取到索引为 j-1 的元素，如果为空则到结尾。

（3）k 表示读取元素时的步长，默认值为 1。如果 k 为负数，表示逆序取序列元素。

（4）i 和 j 都为空，则获取序列全部元素。

【例 7.23】序列的切片操作。

```
L1=list("abcdefg")
T1=tuple("abcdefg")
S1="abcdefg"
print(L1)
print(L1[1:3])     #第 1 号、第 2 号元素
print(L1[-3:-1])   #第-3 号、第-2 号元素
print(L1[:5])      #第 0～4 号元素
print(L1[3:])      #从第 3 号到最后的元素
print(L1[:])       #列表的所有元素
print(T1)
print(T1[1:6:2])   #第 1 号、第 3 号、第 5 号元素
print(S1)
print(S1[1:3])     #第 1 号、第 2 号字符
```

程序的运行结果如下。

```
['a', 'b', 'c', 'd', 'e', 'f', 'g']
['b', 'c']
['e', 'f']
['a', 'b', 'c', 'd', 'e']
['d', 'e', 'f', 'g']
['a', 'b', 'c', 'd', 'e', 'f', 'g']
('a', 'b', 'c', 'd', 'e', 'f', 'g')
('b', 'd', 'f')
abcdefg
bc
>>>
```

7.3.2 序列的运算

序列的运算包括连接、复制、比较等。

1．序列的连接

在 Python 中，使用操作符“+”可将两个同一类型的序列合并在一起，返回新序列。如果连接两个不同类型的序列则会报错。

【例 7.24】序列的连接。

```
L1=['Python','BASIC','C']; L2=['Red','Green','Blue']
L3=L1+L2    #两个列表连接
print(L3)
T1=('Python','BASIC','C'); T2=('Red','Green','Blue')
T3=T1+T2    #两个元组连接
```

```
print(T3)
S1="Python"; S2="BASIC"
S3=S1+S2  #两个字符串连接
print(S3)
M3=L1+T2  #不同类型的序列连接，报错
```

程序的运行结果如下。

```
['Python','BASIC','C','Red','Green','Blue']
('Python','BASIC','C','Red','Green','Blue')
PythonBASIC
Traceback(most recent call last):
  File"D:\Python\eg0724.py",line 10,in <module>
    M3=L1+T2  #不同类型的序列连接，报错
TypeError:can only concatenate list(not "tuple") to list
>>>
```

2．序列的复制

在 Python 中，使用操作符“*”将一个序列复制多次，形成新序列。

【例 7.25】序列的复制。

```
L1=['Red','Green','Blue']
L2=L1*2
print(L2)
T1=('Python','BASIC','C')
T2=T1*3
print(T2)
S1="Python"
S2=S1*3
print(S2)
```

程序的运行结果如下。

```
['Red','Green','Blue','Red','Green','Blue']
('Python','BASIC','C','Python','BASIC','C','Python','BASIC','C')
PythonPythonPython
>>>
```

3．序列的比较

在 Python 中，使用比较运算符比较两个同一类型的序列的关系。从左向右，将两个序列对应位置的元素逐一比较，如果相等则继续向后比较；如果对应位置元素不同则比较结束，此时元素值大的序列大；如果对应位置元素都相等，则两个序列相等。不同类型的序列比较时，将报错。

如图 7-6 所示，列表 L1 和 L2 的第 0 号、第 1 号元素相等，第 2 号元素不相等，因为 L1[2]<L2[2]，所以比较 L1<L2 为 True。

	0	1	2	3
L1 [	1，	2，	4，	9]
	⬍	⬍	⬍	
L2 [	1，	2，	5，	1]

图 7-6　序列的比较

【例 7.26】序列的比较。

```
print([1,2,4,9]<[1,2,5,1], [1,2,4,9]>[1,2,5,1]) #列表比较
print((1,2,4,9)<(1,2,4,9,5), (1,2,4,9)>(1,2,4,9,5))#元组比较
print("abcdefg"<"abcdffg","abcdefg">"abcdffg")  #字符串比较
print([1,2,4,9]<(1,2,5,1))  #不同类型的序列比较，报错
```

程序的运行结果如下。

```
True False
True False
True False
Traceback(most recent call last):
  File"D:\Python\eg0726.py",line 4,in <module>
    print([1,2,4,9]<(1,2,5,1))  #不同类型的序列比较，报错
TypeError:'<' not supported between instances of 'list' and 'tuple'
>>>
```

7.3.3　序列的内置函数

序列的内置函数有 len( )、max( )、min( )、sum( )等，各个函数的功能如表 7-1 所示。

表 7-1　序列的内置函数

函数	功能	举例
len( )	求序列的长度	len([1,2,3,6])，返回值为 4
max( )	求序列中的最大值	max([1,2,3,6])，返回值为 6
min( )	求序列中的最小值	min([1,2,3,6])，返回值为 1
sum( )	求序列中所有值的和	sum([1,2,3,6])，返回值为 12

【例 7.27】序列的内置函数。

```
L1=[1,2,3,6]
T1=('Python','BASIC','C')
S1="Python"
print(len(L1),len(T1),len(S1))  #结果 4 3 6
print(max(L1),max(T1),max(S1))  #结果 6 Python y
print(min(L1),min(T1),min(S1))  #结果 1 BASIC P
print(sum(L1))   #结果 12
```

程序的运行结果如下。

```
4 3 6
6 Python y
1 BASIC P
12
>>>
```

7.3.4　序列的类型转换

在 Python 语言的编程中，列表、元组和字符串等序列之间可能需要进行类型转换。序列的类型转换可以通过函数进行，如表 7-2 所示。

表 7-2　序列的类型转换函数

函数	功能	举例
list( )	把序列转换为列表	list((1,2,3,6))，返回值为[1,2,3,6]
tuple( )	把序列转换为元组	tuple([1,2,3,6])，返回值为(1,2,3,6)
str( )	把序列转换为字符串	str([1,2,3,6])，返回值为字符串'[1, 2, 3, 6]'

【例 7.28】序列的类型转换。

```
L1=list("Hello World")  #字符串转换为列表
print(L1)
T1=tuple("Hello World") #字符串转换为元组
print(T1)
L2=list((1,2,3,6))   #元组转换为列表
print(L2)
T2=tuple([1,2,3,6])  #列表转换为元组
print(T2)
S1=str([1,2,3,6])  #列表转换为字符串
S2=str((1,2,3,6))  #元组转换为字符串
print(S1,type(S1))
print(S2,type(S2))
```

以上程序中利用函数实现列表、元组和字符串之间的类型转换。程序的运行结果如下。

```
['H', 'e', 'l', 'l', 'o', ' ', 'W', 'o', 'r', 'l', 'd']
('H', 'e', 'l', 'l', 'o', ' ', 'W', 'o', 'r', 'l', 'd')
[1,2,3,6]
(1,2,3,6)
[1,2,3,6] <class'str'>
(1,2,3,6) <class'str'>
>>>
```

我们可以使用“字符串.join( )”的方法，将列表和元组等可迭代对象的所有元素用指定的分隔符连接为一个字符串。语法格式为：

```
字符串.join(可迭代对象)
```

例如：

```
"_".join(["aa","bb","cc","dd"])
```

得到字符串为：aa_bb_cc_dd。

【例 7.29】字符串.join( )方法。

```
S1="_".join(["aa","bb","cc","dd"])
S2="".join(('Python', 'BASIC', 'C'))
S3=",".join(['Python', 'BASIC', 'C'])
print(S1,type(S1))
print(S2,type(S2))
print(S3,type(S3))
```

以上程序中利用字符串.join( )方法，将列表、元组中的元素连接成一个字符串。程序的运行结果如下。

```
aa_bb_cc_dd <class'str'>
PythonBASICC <class'str'>
Python,BASIC,C <class'str'>
>>>
```

7.4 字典

字典（dict）是一个无序、可变和有索引的集合，以键值对“key:value”的方式存储数据，以关键字作为索引。字典是指在一个花括号中包括若干键值对，键值对之间用逗号隔开，每个键值对称为元素。以关键字作为索引，通过关键字获取元素的值。

例如：

```
d={'姓名':'张三','年龄':17, 'Python':95.4, 'BASIC':90, 'C':88.5}
```

运行结果如下。

```
>>> d={'姓名':'张三','年龄':17, 'Python':95.4, 'BASIC':90, 'C':88.5}
>>> d
{'姓名':'张三','年龄':17, 'Python':95.4, 'BASIC':90, 'C':88.5}
>>>
```

说明如下。

（1）关键字相当于索引，在字典中是唯一的，不允许重复，每个关键字匹配一个值。

（2）关键字可以是数字或字符串等基本数据类型，元组可以作为关键字，而列表不可以作为关键字；元素的值可以是多种类型。

例如：

```
d2={'姓名':'张三',1:95.4, 2:90, 3:88.5}
```

7.4.1 字典的创建

创建字典有以下 3 种方法。

1．花括号创建字典

创建字典的基本方法是在花括号中包括若干个键值对，键值对之间用逗号分隔。其语法格式为：

```
dict = {key1 : value1, key2 : value2, … }
```

如果花括号中没有键值对，则为空字典。在空字典中可以添加新元素，其语法格式为：

```
dict[键]=值
```

如果 dict[键]元素已经存在，则修改其值；如果不存在，则添加新元素。

【例 7.30】花括号创建字典示例一。

```
d1={'姓名':'张三', 'Python':95.4, 'BASIC':90, 'C':88.5}
print(d1)
d2={} #空字典
print(d2)
d2["Python"]=90  #添加条目
d2["BASIC"]=88
d2["Java"]=92
print(d2)
```

程序的运行结果如下。

```
{'姓名':'张三', 'Python':95.4, 'BASIC':90, 'C':88.5}
{}
{'Python':90, 'BASIC':88, 'Java':92}
>>>
```

【例 7.31】花括号创建字典示例二。

```
d1={(1,2):'张三', (3,4):95.4}  #元组可以作为关键字
print(d1)
d2={[1,2]:'张三', [3,4]:95.4}  #列表不能作为关键字
print(d2)
```

以上程序中，元组可以作为关键字，而列表不可以作为关键字。程序的运行结果如下。

```
{(1,2):'张三', (3,4):95.4}
Traceback(most recent call last):
  File"D:\Python\eg0731.py",line 3,in <module>
    d2={[1,2]:'张三', [3,4]:95.4}
TypeError:unhashable type:'list'
>>>
```

2．dict()函数创建字典

Python 语言中的函数 dict()可以创建字典，其语法格式为：

```
变量=dict([可迭代对象])
```

说明如下。

（1）如果参数为空，则生成空字典。

（2）可迭代对象参数（如列表、元组），每一个元素的数值项必须成对出现，第 1 项为键，第 2 项为值。例如：

```
[('姓名','张三'),('Python',95.4),('BASIC',90),('C',88.5)]
```

（3）参数也可以是关键字，若左边为变量，右边必须为一个常量。例如：

```
Python=90,BASIC=88,Java=92
```

【例 7.32】构造函数 dict( )创建列表。

```
d1=dict([('姓名','张三'),('Python',95.4),('BASIC',90),('C',88.5)])
print(d1)
d2=dict()   #空字典
print(d2)
d3=dict(Python=90, BASIC=88, Java=92) #关键字参数
print(d3)
```

程序的运行结果如下。

```
{'姓名':'张三', 'Python':95.4, 'BASIC':90, 'C':88.5}
{}
{'Python':90, 'BASIC':88, 'Java':92}
>>>
```

3．推导式创建字典

使用推导式创建字典，其语法格式为：

```
{key: value  for  key, value  in 可迭代对象}
```

说明：for 循环取出可迭代对象中的键值对，键赋予 key、值赋予 value，构成字典。

【例 7.33】推导式创建字典。

```
L1=[('姓名','张三'),('Python',95.4),('BASIC',90),('C',88.5)]
d1={k:v for k,v in L1}  #键值对
print(d1)
L2=["Python","BASIC","Java"]
d2={k:L2.index(k) for k in L2}   #键与其索引号
print(d2)
d3={k:k*2 for k in range(1,10)} #k:k*2
print(d3)
```

以上程序中，使用推导式通过列表中的键值对创建字典 d1；使用推导式将列表中的值和索引号作为键值对，创建字典 d2；使用推导式从 range(1,10)生成的键值对 k:k*2 创建字典 d3。程序的运行结果如下。

```
{'姓名':'张三', 'Python':95.4, 'BASIC':90, 'C':88.5}
{'Python':0, 'BASIC':1, 'Java':2}
{1:2, 2:4, 3:6, 4:8, 5:10, 6:12, 7:14, 8:16, 9:18}
>>>
```

7.4.2 字典的基本操作

字典的基本操作包括访问、更新和新增字典中的元素，遍历字典中的元素，删除字典中的元素和字典等。

1．访问、更新和新增字典中的元素

在 Python 语言中，通过关键字访问和更新对应的值，其语法格式为：

```
dict[key]
```

在给元素赋值时，如果关键字已经存在，则更新值；如果关键字不存在，则新增元素。

【例 7.34】访问、更新和新增字典中的元素。

```
d1={'姓名':'张三', 'Python':95.4, 'BASIC':90, 'C':88.5}
print(d1)
print(d1['姓名'],d1['Python'],d1['BASIC'],d1['C']) #访问键值
d1['Python']=99   #更新键值
d1['Java']=98     #新增元素
print(d1)
```

以上程序中，访问、更新和新增字典中的元素。程序的运行结果如下。

```
{'姓名':'张三', 'Python':95.4, 'BASIC':90, 'C':88.5}
张三 95.4 90 88.5
{'姓名':'张三','Python':99, 'BASIC':90, 'C':88.5, 'Java':98}
>>>
```

2．遍历字典中的元素

在 Python 语言中，通过 for 循环遍历字典中的元素，其语法格式为：

```
for  k in 字典名
   处理(d1[k])
```

【例 7.35】遍历字典中的元素。

```
d1={'Python':95.4, 'BASIC':90, 'C':88.5, 'Java':89}
s=0
for k in d1:       #k 取得关键字
   print(k, d1[k])
   s=s+d1[k]
print("和为",s)
```

以上程序中，通过 for 循环取得字典 d1 的键值并赋予变量 k，输出所有的键值 d1[k]并求和。程序的运行结果如下。

```
Python 95.4
BASIC 90
C 88.5
Java 89
和为 362.9
>>>
```

3．删除字典中的元素和字典

在 Python 语言中，通过 del 语句删除字典中的元素和字典。其语法格式为：

```
del (字典名[key])   #删除字典中的元素
del 字典名        #删除字典
```

要删除的元素如果不存在，会报错。

【例 7.36】删除字典中的元素和字典。

```
d1={ 'Python':95.4, 'BASIC':90, 'C':88.5, 'Java':89}
del d1['Python']   #删除字典中的元素
print(d1)
d2={'x':1, 'y':2}
del d2    #删除字典
del d1['xxx'] #关键字不存在，报错
print(d2)  #d2 不存在
```

以上程序中，使用 del 命令删除字典中的元素和字典。程序的运行结果如下。

```
{'BASIC':90, 'C':88.5, 'Java':89}
Traceback(most recent call last):
  File"D:\Python\eg0736.py",line 6,in <module>
    del d1['xxx']  #关键字不存在，报错
KeyError:'xxx'
>>>
```

7.4.3　字典的方法

字典的方法包括 keys( )、values( )、items( )、get( )、copy( )、clear( )、pop( )和 popitem( )等。

1．keys( )方法

在 Python 语言中，keys( )方法返回字典中的所有键，其语法格式为：

```
字典名.keys()
```

keys( )方法返回的结果并非列表，而是 dict_keys 类型的可迭代序列。我们可以使用 list( )函数将其转换为列表。

【例 7.37】keys( )方法。

```
d1={'姓名':'张三','Python':95.4, 'BASIC':90, 'C':88.5}
s=d1.keys()   #dict_keys 类型的可迭代序列
print(s)
s2=list(d1.keys())  #转换为列表
print(s2)
```

程序的运行结果如下。

```
dict_keys(['姓名','Python', 'BASIC', 'C'])
['姓名','Python', 'BASIC', 'C']
>>>
```

2. values( )方法

在 Python 语言中，values( )方法返回字典中的所有值，其语法格式为：

```
字典名.values()
```

values( )方法返回的结果是 dict_values 类型的可迭代序列，我们可以使用 list( )函数将其转换为列表。

【例 7.38】values( )方法。

```
d1={'姓名':'张三','Python':95.4, 'BASIC':90, 'C':88.5}
s=d1.values()   #dict_values 类型的可迭代序列
print(s)
s2=list(d1.values())  #转换为列表
print(s2)
```

程序的运行结果如下。

```
dict_values(['张三',95.4,90,88.5])
['张三',95.4,90,88.5]
>>>
```

3. items( )方法

在 Python 语言中，items( )方法返回字典中所有元素的(键,值)构成的元组，其语法格式为：

```
字典名.items()
```

items( )方法返回的结果是 dict_items 类型的可迭代序列，我们可以使用 list( )函数将其转换为列表。

【例 7.39】items( )方法。

```
d1={'姓名':'张三','Python':95.4, 'BASIC':90, 'C':88.5}
s=d1.items()   #dict_items 类型的可迭代序列
print(s)
s2=list(d1.items())  #转换为列表
print(s2)
```

程序的运行结果如下。

```
dict_items([('姓名','张三'),('Python',95.4),('BASIC',90),('C',88.5)])
[('姓名','张三'),('Python',95.4),('BASIC',90),('C',88.5)]
>>>
```

4. get( )方法

在 Python 语言中，get( )方法返回字典中指定键对应的值。当该关键字的元素不存在时，返回默认值 default，其语法格式为：

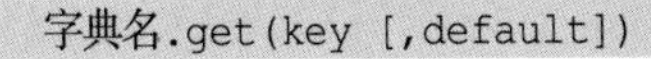

```
字典名.get(key [,default])
```

【例 7.40】get( )方法。

```
d1={'姓名':'张三','Python':95.4, 'BASIC':90, 'C':88.5}
s=d1.get("Python")
print(s)
s=d1.get("xxxx")
print(s)
s=d1.get("xxxx","课程未找到")
print(s)
```

程序的运行结果如下。

```
95.4
None
课程未找到
>>>
```

5．copy( )方法

在 Python 语言中，copy( )方法返回一个与原字典完全相同的新字典，其语法格式为：

```
新字典名=原字典名.copy()
```

【例 7.41】copy( )方法。

```
d1={'姓名':'张三','Python':95.4, 'BASIC':90, 'C':88.5}
d2=d1.copy()  #复制字典
print(d2)
```

程序的运行结果如下。

```
{'姓名':'张三','Python':95.4, 'BASIC':90, 'C':88.5}
>>>
```

6．clear( )方法

在 Python 语言中，clear( )方法删除字典中的所有元素，其语法格式为：

```
字典名.clear()
```

【例 7.42】clear( )方法。

```
d1={'姓名':'张三','Python':95.4, 'BASIC':90, 'C':88.5}
print(d1)
d1.clear()  #删除所有元素
print(d1)
```

程序的运行结果如下。

```
{'姓名':'张三','Python':95.4, 'BASIC':90, 'C':88.5}
{}
>>>
```

7．pop( )方法

在 Python 语言中，pop( )方法返回字典中指定键对应的值，并且删除这个元素。当该关键字的元素不存在时，返回默认值 default，其语法格式为：

```
字典名.pop(key [,default])
```

【例 7.43】pop( )方法。

```
d1={'姓名':'张三','Python':95.4, 'BASIC':90, 'C':88.5}
print(d1)
s=d1.pop("Python")
print(s)
print(d1)
s2=d1.pop("xxx","未找到") #未找到，返回“未找到”
print(s2)
s3=d1.pop("yyy")  #未找到，报错
```

以上程序中，返回关键字为“Python”的元素的值，并删除该元素；未找到关键字为“xxx”的元素，返回默认值“未找到”；未找到关键字为“yyy”的元素，报错。程序的运行结果如下。

```
{'姓名':'张三','Python':95.4, 'BASIC':90, 'C':88.5}
95.4
{'姓名':'张三', 'BASIC':90, 'C':88.5}
未找到
Traceback(most recent call last):
  File"D:\Python\eg0743.py",line 8,in <module>
    s3=d1.pop("yyy")
KeyError:'yyy'
>>>
```

8. popitem()方法

在Python语言中，popitem()方法随机删除字典中的一个元素并返回这个元素，一般删除最后一个元素，其语法格式为：

```
字典名.popitem()
```

【例7.44】popitem()方法。

```
d1={'姓名':'张三','Python':95.4, 'BASIC':90, 'C':88.5}
print(d1)
s=d1.popitem()  #返回和删除一个元素
print(s)
print(d1)
```

以上程序中，删除并返回最后一个元素。程序的运行结果如下。

```
{'姓名':'张三','Python':95.4, 'BASIC':90, 'C':88.5}
('C':88.5)
{'姓名':'张三','Python':95.4, 'BASIC':90}
>>>
```

7.5 集合

集合（set）是一个无序的、不重复的元素序列。集合中的所有元素都不相同，元素的存放是无序的，集合中的元素不能是列表、集合、字典等可变对象。集合使用花括号括起多个元素。例如：

```
s={'Python', 'BASIC', 'C', 'Java'}
```

运行结果如下。

```
>>> s={'Python', 'BASIC', 'C', 'Java'}
>>> s
{'BASIC', 'Java', 'C', 'Python'}
>>>
```

7.5.1 集合的创建

创建集合有以下3种方法。

1. 花括号创建集合

创建集合的基本方法是在花括号中包括若干个元素，元素之间用逗号隔开。其语法格式为：

```
s= {value1, value2, … }
```

说明如下。

（1）集合中不存储重复的元素，集合会消除重复的元素。

（2）集合是无序的，元素的存放位置是随机的。在输出时，可能两次输出的顺序不同。

（3）花括号中为空时，创建的是空字典，而不是空集合。

【例 7.45】花括号创建集合。

```
s={'Python', 'BASIC', 'C', 'Java', 'BASIC'}
print(s)
```

以上程序中，两个 'BASIC'元素只保留一个，程序两次运行时输出元素的顺序不同。程序两次运行的结果如下。

```
{'C', 'BASIC', 'Python', 'Java'}          {'BASIC', 'Java', 'Python', 'C'}
>>>                                        >>>
```

2. set()函数创建集合

Python 语言的 set()函数可以创建集合，其语法格式为：

```
变量=set([可迭代对象])
```

说明如下。

（1）如果参数为空，则生成空集合。

（2）可迭代对象参数可以是列表、元组、字符串等。例如：

```
['Python', 'BASIC', 'C', 'Java']
```

【例 7.46】set()函数创建集合。

```
L1=['Python', 'BASIC', 'C', 'Java']
s1=set(L1)  #列表创建集合
print(s1)
T1=("红色","绿色","蓝色","黑色")
s2=set(T1) #元组创建集合
print(s2)
S1="Python"
s3=set(S1) #字符串创建集合
print(s3)
s4=set()    #创建空集合
print(s4)
```

程序的运行结果如下。

```
{'BASIC', 'Python', 'C', 'Java'}
{'红色', '蓝色', '绿色', '黑色'}
{'o', 't', 'y', 'n', 'P', 'h'}
set()
>>>
```

3. 推导式创建集合

使用推导式创建集合，其语法格式为：

```
{新元素表达式 for 临时变量 in 可迭代对象 if 条件表达式}
```

该方法使用 for 循环从可迭代对象中找出符合条件的值，通过新元素表达式创建集合。

【例 7.47】推导式创建集合。

```
L1=['Python', 'BASIC', 'C', 'Java']
s1={x for x in L1}
print(s1)
T1=(1,1,2,2,3,3,3,4,5,6,7,8)
s2={x*2 for x in T1 if x%2==1}
print(s2)
```

以上程序中，使用推导式将列表中的所有元素创建为集合 s1；使用推导式将元组中的奇数乘以 2 以创建集合 s2。程序的运行结果如下。

```
{'BASIC', 'Python', 'Java', 'C'}
{2,10,6,14}
>>>
```

7.5.2 集合的基本操作

集合的基本操作包括访问集合中的元素、增加集合中的元素、删除集合中的元素和集合等。

1．访问集合中的元素

在 Python 语言中，集合是无序的，所以无法通过索引和关键字访问元素，但是可以通过 for 循环遍历集合中的元素。语法格式为：

```
for 临时变量 in 集合
    处理(临时变量)
```

【例 7.48】遍历集合。

```
s1={'Python', 'BASIC', 'C', 'Java'}
print(s1)
for x in s1:
    print(x,end=" ")
```

以上程序中，遍历集合中的元素。程序的运行结果如下。

```
{'Java', 'BASIC', 'C', 'Python'}
Java BASIC C Python
>>>
```

2．增加集合中的元素

使用 add( )方法为集合增加元素，其语法格式为：

```
集合名.add(参数)
```

【例 7.49】为集合增加元素。

```
s1={'Python', 'BASIC', 'C', 'Java'}
print(s1)
s1.add('Foxpro')  #增加元素
print(s1)
```

以上程序中，使用 add( )方法为集合增加元素。程序的运行结果如下。

```
{'Java', 'Python', 'C', 'BASIC'}
{'BASIC', 'Java', 'Python', 'Foxpro', 'C'}
>>>
```

3．删除集合中的元素和集合

在 Python 语言中，可以通过以下方法删除元素。

（1）remove(x)：删除元素 x，如果 x 不存在，则程序报错。其格式为：

```
集合名.remove(x)
```

（2）discard(x)：删除元素 x，如果 x 不存在，不做任何操作。其格式为：

```
集合名.discard(x)
```

（3）pop( )：删除任意一个元素，并返回该元素的值。其格式为：

```
变量名=集合名.pop()
```

（4）clear( )：删除集合中的所有元素。其格式为：

```
集合名.clear()
```

（5）del 命令：删除集合。其格式为：

```
del 集合名
```

【例 7.50】删除集合中的元素和集合。

```
s1={'Python', 'BASIC', 'C', 'Java'}
print(s1)
s1.remove('Python')  #删除元素
print(s1)
s1.discard('BASIC')  #删除元素
print(s1)
x=s1.pop()    #删除任意一个元素，并返回值
print(x)
print(s1)
s1.clear()    #删除集合中的所有元素
print(s1)
del s1        #删除集合 s1
print(s1)     #s1 不存在
```

以上程序中，删除集合中的元素和集合。程序的运行结果如下。

```
{'BASIC', 'Java', 'Python', 'C'}
{'BASIC', 'Java', 'C'}
{'Java', 'C'}
Java
{'C'}
set()
Traceback(most recent call last):
  File"D:\Python\eg0750.py",line 13,in <module>
    print(s1)  #s1 不存在
NameError:name 's1' is not defined
>>>
```

7.5.3 集合的运算

与数学中的集合相似，Python 语言中的集合可以进行比较、交集、并集、差集和对称差集等运算。

1．集合的比较运算

集合的比较运算符如表 7-3 所示。要理解集合比较的含义，首先要了解集合之间的关系。

表 7-3 集合的比较运算符

比较运算符	相关描述
==	A==B，两个集合是否相等，相等则返回 True
!=	A!=B，两个集合是否不相等，不相等则返回 True
<	A<B，A 是否为 B 的严格子集，是则返回 True
<=	A<=B，A 是否为 B 的子集，是则返回 True
>	A>B，A 是否为 B 的严格超集，是则返回 True
>=	A>=B，A 是否为 B 的超集，是则返回 True

（1）集合 A 的元素都是集合 B 的元素，集合 B 的元素都是集合 A 的元素，称为集合 A 和集合 B 相等。记为 A==B。

例如：

集合 A={1,2,3,4}，集合 B={4,3,2,1}，此时 A==B；

集合 A={1,2,3,4}，集合 B={3,2,1}，此时 A!=B。

（2）如果集合 A 的任意一个元素都是集合 B 的元素，并且允许两个集合相等，则集合 A 是集合 B 的子集，集合 B 是集合 A 的超集。记为 A<=B，B>=A。

例如：

集合 A={1,2,3,4}，集合 B={5,4,3,2,1}，此时 A<=B，B>=A；

集合 A={1,2,3,4}，集合 B={4,3,2,1}，此时 A<=B，B>=A。

（3）如果集合 A 的任意一个元素都是集合 B 的元素，并且不允许两个集合相等，则集合 A 是集合 B 的严格子集，集合 B 是集合 A 的严格超集。记为 A<B，B>A。

例如：

集合 A={1,2,3,4}，集合 B={5,4,3,2,1}，此时 A<B，B>A。

【例 7.51】集合的比较运算。

```
S1={'Python', 'BASIC', 'C','张三','张三','李四','王五'}
S2={'李四','张三','王五'}
S3={'张三','张三','李四','王五'}
print(S1)
print(S2)
print(S3)
print('S1 与 S2 比较: ')
print(S1==S2,S2<S1,S2<=S1, S2>S1, S2>=S1)
print('S2 与 S3 比较: ')
print(S2==S3,S2<S3,S2<=S3)
```

以上程序中，集合间的关系为 S1>S2，S1>=S2，S2==S3。程序的运行结果如下。

```
{'王五', '张三', 'Python', 'BASIC', 'C','李四'}
{'张三', '王五', '李四'}
{'张三', '王五', '李四'}
S1 与 S2 比较:
False True True False False
S2 与 S3 比较:
True False True
>>>
```

2．集合的交集运算

对于集合 A 和集合 B，交集就是既属于集合 A 又属于集合 B 的元素组成的新的集合，如图 7-7 所示的阴影部分。在 Python 语言中，使用符号“&”计算两个集合的交集。

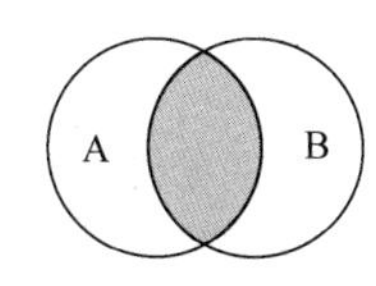

图 7-7　交集

【例 7.52】集合的交集运算。

```
s1={'Python', 'BASIC', 'C','张三', '李四'}
s2={'李四','张三','王五','Java'}
print(s1)
print(s2)
s3=s1&s2    #交集运算
print( s3 )
```

以上程序中，s1&s2 计算交集，取出既属于 s1 又属于 s2 的元素组成新的集合。程序的运行结果如下。

```
{'C', '张三', 'Python', 'BASIC', '李四'}
{'王五', '张三', 'Java','李四'}
{'张三', '李四'}
>>>
```

3．集合的并集运算

对于集合 A 和集合 B，并集就是集合 A 中的所有元素和集合 B 中的所有元素共同组成的新的集合，如图 7-8 所示的阴影部分。在 Python 语言中，使用符号“|”来计算两个集合的并集。

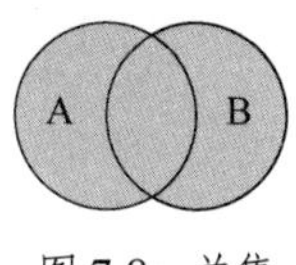

图 7-8　并集

【例 7.53】集合的并集运算。

```
s1={'Python', 'BASIC', 'C','张三', '李四'}
s2={'李四','张三','王五','Java'}
print(s1)
```

```
print(s2)
s3=s1|s2    #并集运算
print( s3 )
```

以上程序中，s1|s2 计算并集，取出 s1 和 s2 的所有元素并去掉重复元素组成新的集合。程序的运行结果如下。

```
{'李四', 'C', 'BASIC', '张三', 'Python'}
{'李四', '王五', '张三', 'Java'}
{'李四', 'C', 'BASIC', '张三', 'Python', '王五', 'Java'}
>>>
```

4．集合的差集运算

集合 A 针对集合 B 的差集，就是所有属于集合 A 但是不属于集合 B 的元素组成的新的集合，如图 7-9 所示的阴影部分。在 Python 中，使用“A-B”来计算集合 A 对于集合 B 的差集。

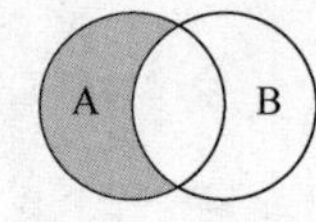

图 7-9　差集

【例 7.54】集合的差集运算。

```
s1={'Python', 'BASIC', 'C','张三', '李四'}
s2={'李四','张三','王五','Java'}
print(s1)
print(s2)
s3=s1-s2    #差集运算
print( s3 )
```

以上程序中，s1-s2 计算差集，取出 s1 中所有不在 s2 中的元素组成新的集合。程序的运行结果如下。

```
{'李四', 'Python', 'BASIC', 'C','张三'}
{'王五', 'Java', '李四', '张三'}
{'BASIC', 'C', 'Python'}
>>>
```

5．集合的对称差集运算

对于集合 A 和集合 B，对称差集就是所有属于集合 A 或者属于集合 B，但是不属于集合 A 与集合 B 的交集的元素组成的新集合，如图 7-10 所示的阴影部分。在 Python 中，使用符号“^”来计算两个集合的对称差集。

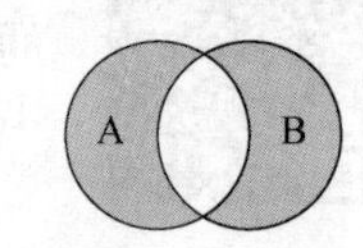

图 7-10　对称差集

【例 7.55】集合的对称差集运算。

```
s1={'Python', 'BASIC', 'C','张三', '李四'}
s2={'李四','张三','王五','Java'}
print(s1)
print(s2)
s3=s1^s2    #对称差集运算
print(s3)
```

以上程序中，s1^s2 计算对称差集，取出 s1 和 s2 中除 s1 和 s2 交集部分之外的所有元素组成新的集合。程序的运行结果如下。

```
{'BASIC', 'C', '李四', 'Python', '张三'}
{'李四', 'Java', '王五', '张三'}
{'BASIC', 'Java', '王五', 'C', 'Python'}
>>>
```

7.6 成员运算

成员运算符包括 in 和 not in，用于判断某个元素是否在列表、元组、集合、字典等序列中，成员运算符及其含义如表 7-4 所示。

表 7-4　成员运算符及其含义

运算符	含义
in	x in y，x 在序列 y 中，则值为 True，否则为 False
not in	x not in y，x 不在序列 y 中，则值为 True，否则为 False

【例 7.56】成员运算。

```
L1=['Python', 'BASIC', 'C']
T1=('Python', 'BASIC', 'C')
S1={'Python', 'BASIC', 'C'}
D1={'aa':1,'bb':2,'cc':3}
print('Python' in L1, 'Python' not in L1)    #列表
print('Java' in T1,'Java' not in T1)         #元组
print('Python' in S1, 'Python' not in S1)    #集合
print('aa'in D1,'xx' in D1)                  #字典
```

以上程序中，in 和 not in 用于判断元素是否在列表、元组和集合中，判断关键字是否在字典中。程序的运行结果如下。

```
True False
False True
True False
True False
>>>
```

7.7 综合案例

本节通过使用字典、列表来完成综合案例，从而进一步讲解字典、列表等数据结构的应用。

【例 7.57】创建字典，用于存放学生成绩（字典中的元素包括学号、姓名、语文、数学、外语）。编写函数实现显示所有成绩，查找、修改、新增、删除成绩，清空所有成绩。在程序中，提示操作菜单，按照菜单完成任务。

分析如下。

（1）创建空字典 Scores={}，字典中元素的关键字是学号，值是列表[姓名,语文,数学,外语]。

（2）InitialScores( )函数中，语句“Scores["15011101"]=["张三",90,90,89]”表示向字典中增加元素。

（3）QueryAll( )函数中，使用 for 循环显示字典 Scores 中的所有成绩。

（4）QueryOne( )函数中，语句“Scores.get(xh,[])”表示取出一名学生的成绩。

（5）ModifyOne( )函数中，语句“Scores[xh]=x”表示修改一名学生的成绩。

（6）AddOne( )函数中，语句“Scores[xh]=Values”表示增加一名学生的成绩。

（7）DelOne( )函数中，语句“del Scores[xh]”表示删除一名学生的成绩。

（8）ClearAll( )函数中，语句“Scores.clear( )”表示删除所有的学生成绩。

（9）ShowMenu( )函数中，显示菜单。

（10）在主程序中，通过 while True 的循环，输入命令编号：1-所有成绩、2-查找、3-修改、4-新增、5-删除、6-清空成绩、0-退出。

编写程序如下：

```
Scores={}  #空的字典
def InitialScores():
    Scores["15011101"]=["张三",90,90,89]
    Scores["15011102"]=["李四",70,87,82]
    Scores["15011103"]=["王五",90,88,79]
    Scores["15011104"]=["赵六",80,67,80]
def PrintOne(n,key,values):  #n 为编号，key 为键（学号），values 为姓名、语文、数学、英语
```

```
        if values==[]:
            print("未找到该学生!")
        else:
            print("{:5}:学号:{:10}姓名:{:6}语文:{:3}数学:{:3}英语:{:3}".format(n,
key,values[0],values[1],values[2],values[3]))
    def QueryAll():  #显示所有学生的成绩
        if Scores=={}:
            print("成绩列表为空! ")
        else:
            n=1
            for x in Scores.keys():
                PrintOne(n,x,Scores[x])  #显示一名学生的成绩
                n=n+1
    def QueryOne(): #查询一名学生的成绩
        xh=input("请输入学号: ")
        x=Scores.get(xh,[])
        if x==[]:
            print("未找到该学生!")
        else:
            PrintOne(1,xh,x)
    def ModifyOne(): #修改一名学生的成绩
        xh=input("请输入学号: ")
        x=Scores.get(xh,[])
        if x==[]:
            print("未找到该学生!")
        else:
            PrintOne(1,xh,x)
            语文=int(input("语文: "))
            数学=int(input("数学: "))
            英语=int(input("英语: "))
            x[1]=语文
            x[2]=数学
            x[3]=英语
            Scores[xh]=x
            print("修改完毕! ")
    def AddOne(): #增加一名学生的成绩
        xh=input("请输入学号: ")
        xm=input("请输入姓名: ")
        语文=int(input("语文: "))
        数学=int(input("数学: "))
        英语=int(input("英语: "))
        Values=[xm,语文,数学,英语]
        Scores[xh]=Values
        print("增加完毕! ")
    def DelOne(): #删除一名学生的成绩
        xh=input("请输入学号: ")
        del Scores[xh]
        print("删除完毕! ")
    def ClearAll(): #清空所有学生的成绩
        Scores.clear()
        print("清空完毕! ")
    def ShowMenu():  #显示菜单
        print("\n=================================================================")
        print("1-所有成绩, 2-查找, 3-修改, 4-新增, 5-删除, 6-清空成绩, 0-退出")
    print("====成绩管理系统欢迎您====")
    InitialScores()
    while True:   #反复循环
        ShowMenu()
        n=input("操作命令: ")
        if n=='0':
            print("感谢您的支持, 再见! ")
            break;
```

```
    elif n=="1":
        QueryAll()
    elif n=="2":
        QueryOne()
    elif n=="3":
        ModifyOne()
    elif n=="4":
        AddOne()
    elif n=="5":
        DelOne()
    elif n=="6":
        ClearAll()
```

程序运行结果如下。

（1）显示所有学生的成绩。

```
==============================================================
1-所有成绩，2-查找，3-修改，4-新增，5-删除，6-清空成绩，0-退出
操作命令：1
   1:学号:15011101  姓名:张三   语文：90 数学：90 英语：89
   2:学号:15011102  姓名:李四   语文：70 数学：87 英语：82
   3:学号:15011103  姓名:王五   语文：90 数学：88 英语：79
   4:学号:15011104  姓名:赵六   语文：80 数学：67 英语：80
```

（2）查找一名学生的成绩。

```
==============================================================
1-所有成绩，2-查找，3-修改，4-新增，5-删除，6-清空成绩，0-退出
操作命令：2
请输入学号：15011102
   1:学号:15011102  姓名:李四        语文：70 数学：87 英语：82
```

（3）修改一名学生的成绩。

```
==============================================================
1-所有成绩，2-查找，3-修改，4-新增，5-删除，6-清空成绩，0-退出
操作命令：3
请输入学号：15011102
   1:学号:15011102  姓名:李四        语文：70 数学：87 英语：82
语文：90
数学：90
英语：90
修改完毕!
   1:学号:15011102  姓名:李四        语文：90 数学：90 英语：90
```

（4）增加一名学生的成绩。

```
==============================================================
1-所有成绩，2-查找，3-修改，4-新增，5-删除，6-清空成绩，0-退出
操作命令：4
请输入学号：15011106
请输入姓名：周六
语文：89
数学：89
英语：89
增加完毕!
   1:学号:15011106  姓名:周六        语文：89 数学：89 英语：89
```

（5）删除一名学生的成绩。

```
==============================================================
1-所有成绩，2-查找，3-修改，4-新增，5-删除，6-清空成绩，0-退出
操作命令：5
请输入学号：15011102
删除完毕!
```

（6）清空所有学生的成绩。

```
==============================================================
1-所有成绩，2-查找，3-修改，4-新增，5-删除，6-清空成绩，0-退出
操作命令：6
清空完毕!
```

习题

一、选择题

1. 以下说法中，错误的是（　　）。

   A. 一个列表中可以包括多个元素

   B. 列表中的元素可以修改

   C. 一个列表中的多个元素的数据类型必须相同

   D. 一个列表用一对方括号括起来

2. 以下选项中，（　　）不能创建列表。

   A. L1=['Python', 95.4, 'BASIC', 90]　　B. L1=list(('Python', 95.4, 'BASIC', 90))

   C. L1=('Python', 95.4, 'BASIC', 90)　　D. L1=[n*2 for n in (1,2,3,4,5)]

3. 已有列表 L1=["a","b","c","d"]，以下选项中，（　　）访问列表元素错误。

   A. L1[4]　　B. L1[3]　　C. L1[−3]　　D. L1[−1]

4. 以下程序的运行结果是（　　）。

```
scores=[11,12,13,14,15,16]
s=0
for n in scores:
   if n%2==0:
      s=s+n
print(s)
```

   A. 81　　B. 42　　C. 39　　D. 6

5. 以下程序的运行结果是（　　）。

```
scores=[11,12,13,14,15,16]
s=0
i=0
while i<len(scores):
   s=s+scores[i]
   i=i+2
print(s)
```

   A. 81　　B. 42　　C. 39　　D. 6

6. 已有列表 L1=["a","b","c","d"]，以下选项中，（　　）能在 L1 结尾追加一个元素。

   A. L1.append("x")　　B. L1.insert(1,"x")　　C. L1.add("x")　　D. L1.remove("x")

7. 已有列表 L1=["a","b","c","d"]，以下选项中，（　　）能删除 L1 中的一个元素。

   A. L1.append("b")　　B. L1.insert("b")　　C. L1.add("b")　　D. L1.remove("b")

8. 以下程序的运行结果是（　　）。

```
L1=["a","b","c","d","b","e","b"]
print(L1.index("b"))
```

   A. 0　　B. 1　　C. 4　　D. 6

9. 以下程序的运行结果是（　　）。

```
L1=["a","b","c","d","b","e","b"]
```

```
print(L1.count("b"))
```

A. 1　　B. 3　　C. 4　　D. 7

10. 以下程序的运行结果是（　　）。

```
L2=[1,3,5,7,9]
L2.reverse()
print(L2)
```

A. [9, 7, 5, 3, 1]　　B. [1,3,5,7,9]　　C. (1,3,5,7,9)　　D. (9, 7, 5, 3, 1)

11. 以下程序的运行结果是（　　）。

```
L1=["a","c","b","d","b"]
L1.sort(reverse=True)
print(L1)
```

A. ["a","c","b","d","b"]　　B. ['b', 'd', 'b', 'c', 'a']

C. ['a', 'b', 'b', 'c', 'd']　　D. ['d', 'c', 'b', 'b', 'a']

12. 以下说法中，错误的是（　　）。

A. 一个元组中可以包括多个元素

B. 元组中的元素可以修改

C. 一个元组中的多个元素的数据类型可以不同

D. 一个元组用一对圆括号括起来

13. 以下选项中，（　　）不能创建元组。

A. T1=('Python', 95.4, 'BASIC', 90)　　B. T1=tuple('Python')

C. T1=(n*2 for n in (1,2,3,4,5))　　D. T1=tuple(['Python', 95.4, 'BASIC', 90])

14. 已有元组 T1=tuple('Python')，以下选项中，（　　）访问元组元素错误。

A. T1[1]　　B. T1[6]　　C. T1[−1]　　D. T1[−6]

15. 以下程序的运行结果是（　　）。

```
T1=('Python', Java, 'BASIC', 'C' , 'BASIC')
print(T1.index('BASIC'))
```

A. 1　　B. 2　　C. 3　　D. 4

16. 以下程序的运行结果是（　　）。

```
T1=('Python', Java, 'BASIC', 'C' , 'BASIC')
print(T1.count('BASIC'))
```

A. 1　　B. 2　　C. 3　　D. 4

17. 以下选项中，（　　）不是序列数据类型。

A. 列表　　B. 元组　　C. 字符串　　D. 整型

18. 以下程序的运行结果是（　　）。

```
T1=tuple('Python')
print(T1[2:4])
```

A. ('y', 't', 'h')　　B. ('t', 'h', 'o')　　C. ('t', 'h')　　D. ('y', 't')

19. 以下程序的运行结果是（　　）。

```
L1=['a','b']
L2=['c','d']
L3=L1+L2
print(L3)
```

A. ['a','b']　　B. L1L2　　C. ['a','b','c','d']　　D. ['c','d']

20. 以下程序的运行结果是（　　）。

```
L1=['a','b']
L2=L1*2
print(L2)
```

A. ['a','b']　　B. ['a', 'a', 'b','b']　　C. ['aa', 'bb']　　D. ['a', 'b', 'a', 'b']

21. 以下程序的运行结果是（　　）。

```
L1=['a','b','c']
T1=('a','b','c')
print(len(L1),max(T1))
```

A. 3 c　　B. c 3　　C. 3 a　　D. a 3

22. 以下说法中，错误的是（　　）。

A. 字典使用键值对来存储数据　　B. 字典中无序存储若干个元素

C. 关键字在字典中不唯一　　D. 每个关键字匹配一个值

23. 以下选项中，（　　）不能创建字典。

A. d1=dict([("Python",95), ("Java",90)])　　B. d1=dict(["Python",95,"Java",90])

C. d1=dict(Python=95,Java=90)　　D. d1={"Python":95,"Java":90}

24. 已有字典 d1={"Python":95,"Java":90}，以下选项中，（　　）能正确引用字典中的元素。

A. d1[0]　　B. d1["Java"]　　C. d1[95]　　D. d1[90]

25. 已有字典 d1={"Python":95,"Java":90}，以下选项中，（　　）能删除字典中的元素。

A. clear d1["Java"]　　B. del d1[1]　　C. d1["Java"].del( )　　D. del d1["Java"]

26. 已有字典 d1={"Python":95,"Java":90}，以下选项中，（　　）能获取该字典中的所有键。

A. d1.keys( )　　B. d1.values( )　　C. d1.items( )　　D. d1.get( )

27. 以下程序的运行结果是（　　）。

```
d1={"Python":90,"Java":70,"BASIC":89,}
x=d1.pop("Java")
print(x,len(d1))
```

A. 90 2　　B. 89 3　　C. 70 3　　D. 70 2

28. 以下说法中，错误的是（　　）。

A. 集合的所有元素都不相同　　B. 集合中元素的存放是无序的

C. 集合中的元素可以是列表　　D. 一个集合中的元素可以是多种数据类型

29. 以下选项中，（　　）不能创建集合。

A. S1={"a","b","c","c","b"}　　B. S1=set("Python")

C. S1={x for x in (1,1,2,2,3,3)}　　D. S1={["a","b"],[1,2]}

30. 以下程序的运行结果是（　　）。

```
S1={1,2,1,3,2,4,5}
s=0
for n in S1:
   s=s+n
print(s)
```

A. 0　　B. 5　　C. 15　　D. 18

31. 已有 S1={"a","b","c","b"}，以下选项中，（　　）能为集合增加一个元素。

A. S1.add("a")　　B. S1.add("b")　　C. S1.add("c")　　D. S1.add("d")

32. 已有 S1={"a","b","c","b"}，以下选项中，（　　）不能删除集合中的一个元素。

A. S1.remove("a")　　B. S1.discard("b")　　C. S1.pop( )　　D. S1.del("a")

33. 已有集合 S1={"红色","绿色"}，以下选项中，（　　）的输出是 True。

A. print("红" in S1)　　B. print("红色" in S1)

C. print("绿色" not in S1)　　D. print("红色" not in S1)

34. 以下程序的运行结果是（　　）。

```
S1={'李四','张三','王五'}
S2={'张三','张三','李四','王五'}
print(S1==S2,S2<S1,S2<=S1)
```

A. True False True　　B. False False True

C. False True True　　D. True False False

35. 以下程序的运行结果是（　　）。

```
S1={'A', 'B', 'C','D', 'E'}
S2={'A','B','X','Y'}
print( S1&S2 )
```

A. {'A', 'B', 'C','D', 'E'}　　B. {'A', 'B', 'C','D', 'E','X','Y'}

C. {'C','D', 'E','X','Y'}　　D. {'A', 'B'}

36. 以下程序的运行结果是（　　）。

```
S1={'A', 'B', 'C','D', 'E'}
S2={'A','B','X','Y'}
print( S1|S2 )
```

A. {'A', 'B', 'C','D', 'E'}　　B. {'A', 'B', 'C','D', 'E','X','Y'}

C. {'C','D', 'E','X','Y'}　　D. {'A', 'B'}

37. 以下程序的运行结果是（　　）。

```
S1={'A', 'B', 'C','D', 'E'}
S2={'A','B','X','Y'}
print( S1-S2 )
```

A. {'C','D', 'E'}　　B. {'A', 'B', 'C','D', 'E','X','Y'}

C. {'C','D', 'E','X','Y'}　　D. {'A', 'B'}

38. 以下程序的运行结果是（　　）。

```
S1={'A', 'B', 'C','D', 'E'}
S2={'A','B','X','Y'}
print( S1^S2 )
```

A. {'C','D', 'E'}　　B. {'A', 'B', 'C','D', 'E','X','Y'}

C. {'C','D', 'E','X','Y'}　　D. {'A', 'B'}

39. 以下程序的运行结果是（　　）。

```
L1=['Python', 'BASIC', 'C']
print('Python' in L1, 'Java' not in L1)
```

A. True True　　B. True False　　C. False True　　D. False False

40. 以下程序的运行结果是（　　）。

```
S1={'Python', 'BASIC', 'C'}
print('Python' in S1, 'Java' in S1)
```

A. True True　　B. True False　　C. False True　　D. False False

二、编程题

1. 编写程序，输入 10 个整数存放在列表中，统计其中大于或等于 60 的元素之和与平均值。

2. 编写程序，输入 100 个 0～100 的随机整数存放在列表中，分别统计其中 90～100、80～89、

70～79、60～69及60以下的元素个数。

3. 编写函数fun1(a)，功能是将100个0～100的随机整数存放在列表a中；编写函数fun2(a)，功能是计算列表a中能同时被2和3整除的元素的平均值，并将其作为函数返回值。主程序中定义空列表scores，调用fun1( )函数，输出scores，调用fun2( )函数计算并输出平均值。

4. 编写程序，将数列 $f(n)=\begin{cases}1 & n=0,1\\ 2n-1 & 2\leqslant n<10\\ f(n-1)+2n & 10\leqslant n\end{cases}$ 的前20项存放到列表中，并输出。

5. 编写程序，要求通过一个循环程序不断询问用户要买什么，用户选择商品编号1、2、3或4就把对应商品的信息添加到购物车列表中，按<q>键输出购物车中的商品信息。

```
Products=[('笔记本电脑',5000),('手机',2200),('平板电脑',4500),('台式机',5100)]
```

6. 在字典中存放了某天某型计算机在几个城市的销量。编写程序，计算所有城市的平均销量，输出销量超过平均销量的城市及其销量。

```
pc={'北京':1810,'天津':2120,'上海':2300,'重庆':1570,'南京':1610,'广州':1310,'深圳':1400}
```

7. 以下列表中存放了学生姓名和成绩。编写函数f1(stu)，输出所有姓名和成绩；编写f2(stu)，计算所有人的平均成绩，并将其作为函数返回值。主程序调用函数f1( )和f2( )完成相应工作。

```
stu=[{'姓名':'Blake','成绩':98},{'姓名':'Henry','成绩':66},{'姓名':'Mike','成绩':48},{'姓名':'Jason','成绩':100},{'姓名':'Peter','成绩':90},{'姓名':'David','成绩':50}]
```

8. 编写程序，创建字典，存放10条通讯录（字典中的元素包括姓名、电话号码）。编写函数实现显示所有通讯录，查找、修改、新增、删除通讯录，清空所有通讯录。在程序中，提示操作菜单，按照菜单完成任务。

第8章 文件

用户在处理数据时，不仅需要输入和输出数据，同样还需要保存数据。前面所学程序的数据都是通过键盘输入和屏幕输出的，数据并没有被保存到辅助存储器中，每次运行程序都要重新输入数据。这种方式并不能满足处理大量数据的需求。把输入和输出的数据以文件的形式保存在计算机的辅助存储器中，可以确保数据能随时使用，避免反复输入数据。本章介绍 Python 语言中文件的读取和写入等编程方法，以及文件和目录的操作方法。

8.1 文件简介

文件是指存储在辅助存储器上的一组相关数据的有序集合。存储介质是硬盘、U 盘等各种辅助存储器。在计算机中文件可以长期保存，用户可通过文件名访问文件，文件名由文件主名和扩展名组成。文件主要包括文本文件和二进制文件两种类型。

（1）文本文件。

文本文件存储的是常规字符串，这类字符串一般由单一、特定编码的字符组成，如 UTF-8 编码，这种字符的内容易于统一展示，便于阅读。文本文件中除存储有效字符信息（包括能用 ASCII 字符表示的回车、换行等信息）外，不能存储其他任何信息。在英文文本文件中，ASCII 字符集是常见的格式，而且在许多场合，它也是默认的格式。

许多编码能够表示的字符有限，并不能表示世界上所有的字符。Unicode 是一种试图表示世界上所有能在计算机中表示的字符编码，其字符集非常大，基本包括所有已知的字符集。Unicode 字符编码种类很多，其中常见的是 UTF-8，这种编码能够向后兼容 ASCII 字符。文本文件的扩展名为.txt。

（2）二进制文件。

广义的二进制文件即指文件，因为文件在外部设备的存放形式为二进制而得名。狭义的二进制文件即除文本文件以外的文件。二进制文件是按二进制的编码方式存放的文件，直接由位 0 和 1 组成，没有统一字符编码，文件内部数据的组织格式与文件用途有关。如字处理文档、PDF 文件、图像、电子表格和可执行程序等都是二进制文件。

8.2 文件的打开与关闭

文件操作过程：先打开文件，之后读/写文件，最后关闭文件。

8.2.1 文件的打开

文件存储在辅助存储器中，需要先调入内存后才能使用。文件打开过程就是将文件从辅助存储器中调入内存的过程。Python 的内置函数 open( )用来打开文件，其语法格式如下：

```
<file 对象名> = open(<文件名>[,<打开模式>][,encoding=编码])
```

例如：

```
file=open('d:\\python\\hello.txt','r',encoding="UTF-8")
```

说明如下。

（1）<文件名>包括路径和文件名称。其中，路径可以是相对路径，直接给出文件名；路径也可以是绝对路径（以磁盘或文件系统根目录为开始的路径），如“d:\\python\\hello.txt”就是绝对路径。

（2）<打开模式>表示文件的打开方式，包括只读、只写、读写、追加等。r 表示以只读方式打开文件，该文件只能读不能写。

（3）[,encoding=编码]为可选项。当文件中包括中文时，使用 encoding="UTF-8"能够保证中文字符正确显示。如果文件中只有西文字符，则可以省略此项。

open( )函数提供了 12 种基本的打开模式，如表 8-1 所示。

表 8-1　文件打开模式

模式	文件操作	含义
r	只读	从文件头开始，如果文件不存在则返回“FileNotFoundError”异常，默认为打开模式
rb	二进制只读	从文件头开始，如果文件不存在则返回“FileNotFoundError”异常
r+	读写	从文件头开始，替换原文件内容，如果文件不存在则返回“FileNotFoundError”异常
rb+	二进制读写	从文件头开始，替换原文件内容，如果文件不存在则返回“FileNotFoundError”异常
w	只写	从文件头开始，清空原文件内容，如果文件不存在则创建新文件
wb	二进制只写	从文件头开始，清空原文件内容，如果文件不存在则创建新文件
w+	读写	从文件头开始，清空原文件内容，如果文件不存在则创建新文件
wb+	二进制读写	从文件头开始，清空原文件内容，如果文件不存在则创建新文件
a	追加只写	从文件尾开始，不清空原文件内容，如果文件不存在则创建新文件
ab	二进制追加只写	从文件尾开始，不清空原文件内容，如果文件不存在则创建新文件
a+	追加读写	从文件尾开始，不清空原文件内容，如果文件不存在则创建新文件
ab+	二进制追加读写	从文件尾开始，不清空原文件内容，如果文件不存在则创建新文件

8.2.2　文件的关闭

当对文件内容的操作完成以后，一定要关闭文件对象，这样才能保证所做读写操作的数据被保存到文件中。这是因为 Python 中在写入数据时，将数据暂时存储在文件缓冲区，当缓冲区存满时才将缓冲区中的数据写入文件，以提高效率。如果在程序结束时不关闭文件，那么写入缓冲区的数据可能丢失。

关闭文件可以调用 close( )方法，格式如下：

```
file.close()
```

8.2.3　使用读取方式打开文件

我们可以使用 r、rb、r+、rb+模式打开文件，读取文件中的内容。

1．r

r 模式以只读方式打开文件，文件只能读不能写，文件指针指向文件开头。使用 open( )函数打开文件时默认的打开模式是 r。

【例 8.1】使用 r 模式打开文件，读取文件内容。

text.txt 文件内容如图 8-1 所示。

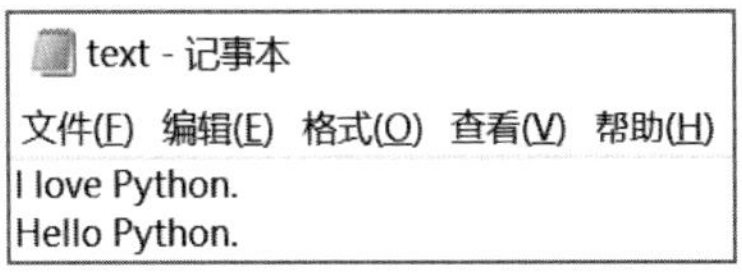

图 8-1　text.txt 文件内容

编写程序如下：

```
#eg0801.py
file=open('text.txt','r') #程序和文件在一起
print(file.read())          #读取文件
file.close()                #关闭文件
```

程序的运行结果如下。

```
I love Python.
Hello Python.
>>>
```

说明如下。

（1）程序和文件在同一目录下，只需要文件名即可。例如：

```
file=open('text.txt','r')
```

（2）程序和文件不在同一目录下，则需要绝对路径或相对路径。例如：

```
file=open('d:\\Python\\text.txt','r')
```

注意，\\为转义字符，也可使用如下语句：

```
file=open(r'd:\Python\text.txt','r')
```

其中，路径前加 r 表示不需要转义。

（3）如果文件不存在，则提示“FileNotFoundError”异常。

【例 8.2】使用 r 模式打开文件，读取包含中文的文件内容。

text2.txt 文件内容如图 8-2 所示。

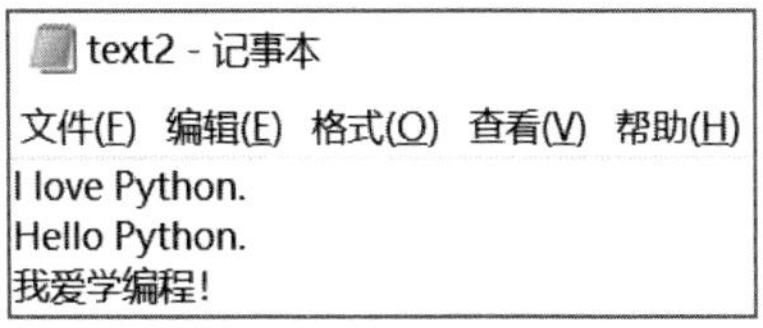

图 8-2　text2.txt 文件内容

编写程序如下：

```
#eg0802.py
file=open('text2.txt','r',encoding="UTF-8")
#使用 encoding="UTF-8"
print(file.read())
file.close()
```

程序的运行结果如下。

```
I love Python.
Hello Python.
我爱学编程!
>>>
```

说明如下。

（1）文件中有中文字符时，应该加上 encoding="UTF-8"。

（2）若文件中有中文字符但没有加上 encoding="UTF-8"，则会出现乱码，运行结果如下：

```
I love Python.
Hello Python.
鎴戠埍瀛︾紪绋嬶紒
>>>
```

（3）使用 r 模式打开文件，如果写入内容则会报错。

2．rb

rb 模式以二进制只读方式打开文件，文件只能读不能写，文件指针指向文件开头。当读写非文本文件如图片、声音、视频等时，一般使用二进制方式打开文件。

【例 8.3】使用 rb 模式打开文件，读取文件内容。

text3.txt 文件内容如图 8-3 所示。

编写程序如下：

```
#eg0803.py
file=open('text3.txt','rb')
print(file.read())
file.close()
```

text3 - 记事本
文件(F) 编辑(E) 格式(O) 查看(V) 帮助(H)
I love Python.
Hello Python.

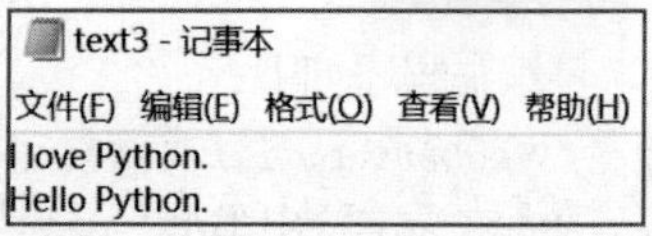

图 8-3　text3.txt 文件内容

程序的运行结果如下。

```
b'I love Python.\r\nHello Python.'
>>>
```

3．r+

r+模式以读写方式打开文件，文件既能读又能写，文件指针指向文件开头，写入的内容为字符串类型，写入的内容会替换原文件的部分内容。

【例 8.4】使用 r+模式打开文件，写入数据后，读取文件内容。

text4.txt 文件内容如图 8-4 所示。

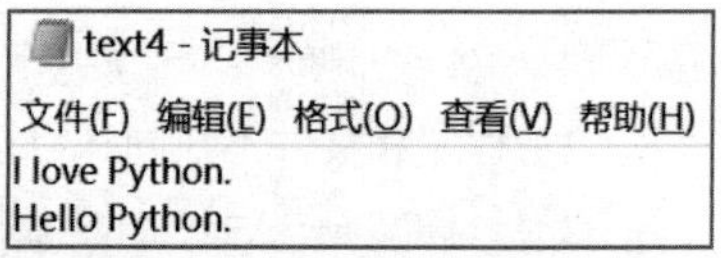

text4 - 记事本
文件(F) 编辑(E) 格式(O) 查看(V) 帮助(H)
I love Python.
Hello Python.

图 8-4　text4.txt 文件内容

编写程序如下：

```
#eg0804.py
file=open('text4.txt','r+')
file.write("abcdefg")    #写入字符串
file.close()
file=open('text4.txt','r')
print(file.read())
file.close()
```

程序的运行结果如下，其中画框的部分是替换后的内容。

```
abcdefgPython.
Hello Python.
>>>
```

▶学习提示

写入字符串后，文件指针位置会发生变化。若想读取整个文件的内容，我们可以关闭文件再重新打开，此时文件指针指向文件开头。

4．rb+

rb+模式以二进制读写方式打开文件，既能读又能写，文件指针指向文件开头，写入的内容为 bytes 类型，写入的内容会替换原文件部分内容。

【例 8.5】使用 rb+模式打开文本文件，写入数据后，读取文件内容。

text5.txt 文件内容如图 8-5 所示。

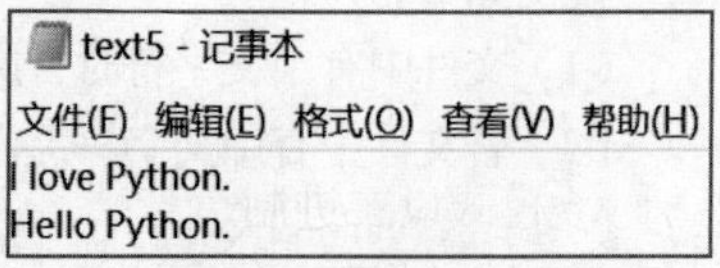

text5 - 记事本
文件(F) 编辑(E) 格式(O) 查看(V) 帮助(H)
I love Python.
Hello Python.

图 8-5　text5.txt 文件内容

编写程序如下：

```
#eg0805.py
file=open('text5.txt','rb+')
file.write(b"xxxxxx")    #以二进制方式写入字符串
file.close()
file=open('text5.txt','rb')
```

```
print(file.read())
file.close()
```

程序的运行结果如下，其中画框的部分是替换后的内容。

```
b'xxxxxx Python.\r\nHello Python.\r\n'
>>>
```

8.2.4　使用写入方式打开文件

我们可以使用 w、wb、w+、wb+模式打开文件，向文件中写入数据。

1．w

w 模式以只写方式打开文件，文件只能写不能读，文件指针指向文件开头，写入的内容为字符串类型。如果文件已存在则清空原文件内容，如果准备打开的文件不存在则将新建该文件。

【例 8.6】使用 w 模式打开文件，写入数据后，读取文件内容。

text6.txt 文件原来的内容如图 8-6（a）所示。程序运行后 text6.txt 文件的内容如图 8-6（b）所示。

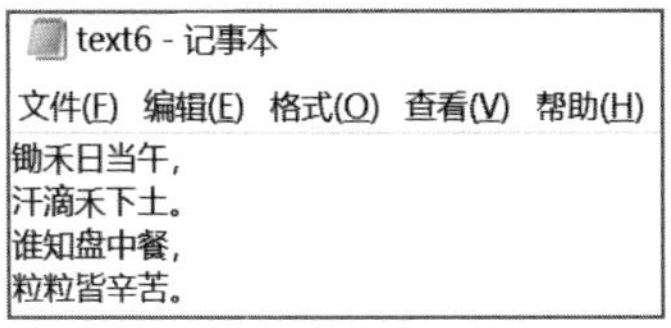

text6 - 记事本
文件(F) 编辑(E) 格式(O) 查看(V) 帮助(H)
锄禾日当午，
汗滴禾下土。
谁知盘中餐，
粒粒皆辛苦。

（a）text6.txt 文件原来的内容

text6 - 记事本
文件(F) 编辑(E) 格式(O) 查看(V) 帮助(H)
I love Python.
Hello Python.
我爱学编程!

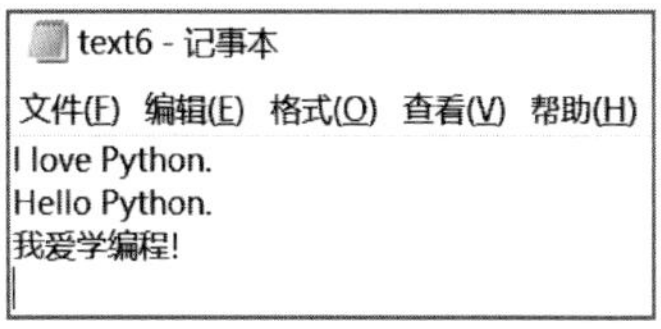

（b）程序运行后 text6.txt 文件的内容

图 8-6　text6.txt 文件内容

编写程序如下：

```
#eg0806.py
file=open('text6.txt','w',encoding="UTF-8")
file.write("I love Python.\n")
file.write("Hello Python.\n")
file.write("我爱学编程! \n")
file.close()
file=open('text6.txt','r',encoding="UTF-8")
print(file.read())
file.close()
```

程序的运行结果如下。

```
I love Python.
Hello Python.
我爱学编程!
>>>
```

▶**学习提示**

write()函数写入一行后不会自动换行，如果要向文件中增加换行符，此时可以使用转义字符\n。

2．wb

wb 模式以二进制只写方式打开文件，文件只能写不能读，文件指针指向文件开头，写入的内容为 bytes 类型。如果文件已存在则清空原文件内容，如果准备打开的文件不存在则将新建该文件。

【例 8.7】以 wb 模式打开不存在的文件，写入数据后，读取文件内容。

编写程序如下：

```
#eg0807.py
file=open('text7.txt','wb')
file.write(b"I love Python.\n")
file.write(b"Hello Python.\n")
file.close()
file=open('text7.txt','r')
print(file.read())
file.close()
```

程序的运行结果如下。

```
I love Python.
Hello Python.
>>>
```

3. w+

w+模式以读写方式打开文件，文件既能读又能写，文件指针指向文件开头，写入的内容为字符串类型。如果文件已存在则清空原文件内容，如果准备打开的文件不存在则将新建该文件。

r+模式和 w+模式两种模式都是既能读又能写，区别如下。

（1）r+模式：如果文件存在，每次打开文件时，从文件起始位置开始读写，写的时候会替换文件部分原有内容，未替换部分保留；如果文件不存在，则返回“FileNotFoundError”异常。

（2）w+模式：如果文件存在，每次打开文件时，会清空文件原有内容，从文件起始位置开始读写；如果文件不存在，不会报错，而是自动创建该文件。

4. wb+

wb+模式以二进制读写方式打开文件，文件既能读又能写，文件指针指向文件开头，写入的内容为 bytes 类型。如果文件已存在则清空原文件内容，如果打开的文件不存在则将新建该文件。

8.2.5 使用追加方式打开文件

我们可以使用 a、ab、a+、ab+模式打开文件，向文件中追加内容。

1. a

a 模式以追加只写方式打开文件，文件只能写不能读，文件指针指向文件尾，写入的内容为字符串类型。如果文件已存在，则追加内容将被写到已有内容之后；如果准备打开的文件不存在，将新建该文件。

【例 8.8】使用 a 模式打开文件，追加数据后，读取文件内容。text8.txt 文件内容如图 8-7 所示。

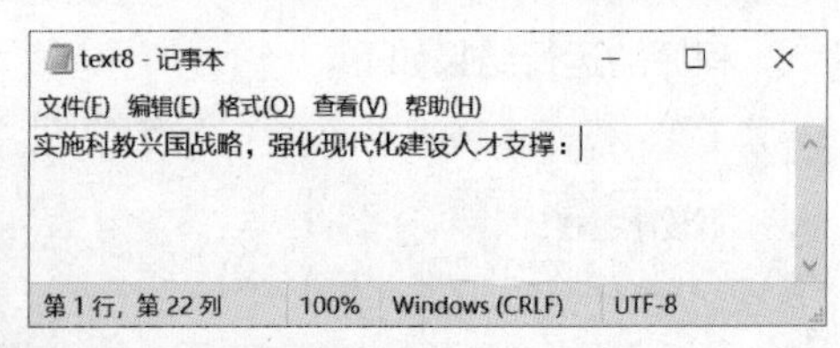

图 8-7 text8.txt 文件内容

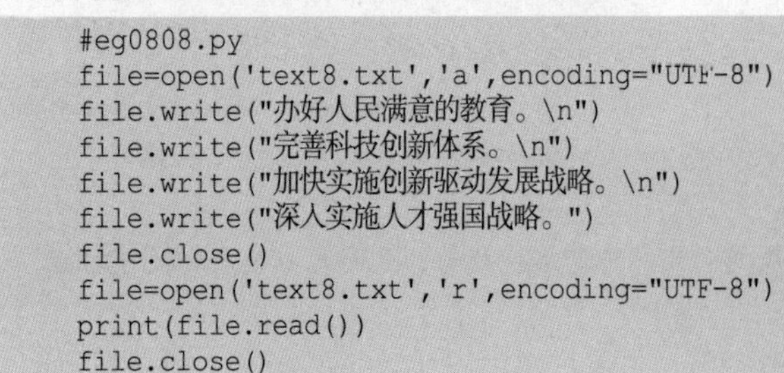

```
#eg0808.py
file=open('text8.txt','a',encoding="UTF-8")
file.write("办好人民满意的教育。\n")
file.write("完善科技创新体系。\n")
file.write("加快实施创新驱动发展战略。\n")
file.write("深入实施人才强国战略。")
file.close()
file=open('text8.txt','r',encoding="UTF-8")
print(file.read())
file.close()
```

程序的运行结果如下。

```
实施科教兴国战略，强化现代化建设人才支撑：
办好人民满意的教育。
完善科技创新体系。
```

```
加快实施创新驱动发展战略。
深入实施人才强国战略。
>>>
```

2. ab

ab 模式以二进制追加只写方式打开文件，文件只能写不能读，文件指针指向文件尾，写入的内容为 bytes 类型。如果文件已存在，则追加内容将被写到已有内容之后；如果准备打开的文件不存在，将新建该文件。

【例 8.9】使用 ab 模式打开不存在的文件，追加数据后，读取文件内容。

```
#eg0809.py
file=open('text9.txt','ab')
file.write(b"I love Python.\n")
file.write("我爱学编程! \n".encode("UTF-8"))  #以二进制方式写入汉字
file.close()
file=open('text9.txt','r',encoding="UTF-8")
print(file.read())
file.close()
```

程序的运行结果如下。

```
I love Python.
我爱学编程!
>>>
```

▶学习提示

以二进制方式打开文件，写入的字符串如果只包含 ASCII 字符，可以在前边加 b，表示 bytes 类型，例如 file.write(b"I love Python.\n")。

如果写入的字符串中包含中文字符，此时可以使用 encode( )函数将字符串转换成 bytes 类型，例如 file.write("我爱学编程！ \n".encode("UTF-8"))。

3. a+

a+模式以追加读写方式打开文件，文件既能读又能写，文件指针指向文件尾，写入的内容为字符串类型。如果文件已存在，则追加内容将被写到已有内容之后；如果准备打开的文件不存在，将新建该文件。要注意与 r+和 w+两种打开文件方式的区别。

4. ab+

ab+模式以二进制追加读写方式打开文件，文件既能读又能写，文件指针指向文件尾，写入的内容为 bytes 类型。如果文件已存在，则追加内容被写到已有内容之后；如果准备打开的文件不存在，将新建该文件。要注意与 rb+和 wb+两种打开文件方式的区别。

8.2.6 使用 with open 语句打开文件

现代操作系统不允许普通的程序直接操作磁盘，我们需要把读写的数据先放到文件缓冲区，再实现内存和磁盘之间的数据交换，如图 8-8 所示。

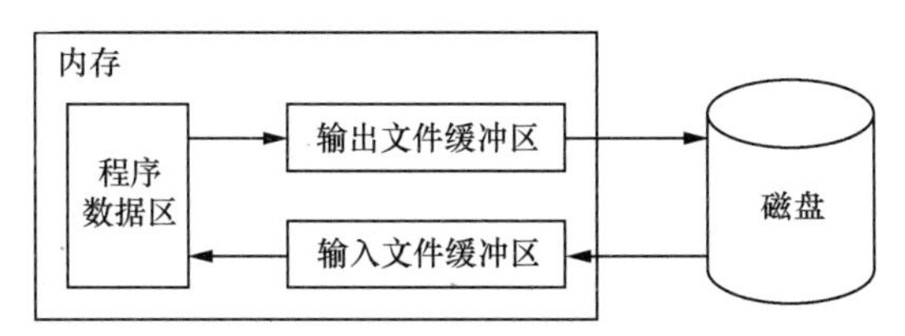

图 8-8 内存与磁盘的数据传递过程

Python 中写入文件的过程是先把数据写入缓冲区，当缓冲区装满时自动将缓冲区中的数据写入文件；而当写入缓冲区的数据未满时，数据就一直存在缓冲区中；当使用 close( )方法关闭文件时，将把缓冲区中的数据写入文件。

前面介绍的使用 open( )函数打开文件时，如果执行 file.close( )语句之前程序出现错误导致 file.close( )不执行，此时文件不能正确关闭，可能丢失数据。

使用 with open 语句打开文件时，会自动调用 close( )方法，避免文件因无法关闭导致的问题。

with open 语句的基本格式如下：

```
with open(<文件名>[,<打开模式>][,encoding=编码]) as <file 对象名>:
    语句块
```

例如：

```
with open('data.txt','r') as file:
    print(file.read())
```

【例 8.10】使用 with open 语句打开不存在的文件，写入数据后，读取文件内容。

```
#eg0810.py
with open('text10.txt','w',encoding="UTF-8") as file:
    file.write("天行健，君子以自强不息。\n")
    file.write("地势坤，君子以厚德载物。\n")
with open('text10.txt','r',encoding="UTF-8") as file:
    print(file.read())
```

程序的运行结果如下。

```
天行健，君子以自强不息。
地势坤，君子以厚德载物。
>>>
```

▶学习提示

（1）使用 with open 语句打开文件，会自动调用 close( )方法关闭文件，不需要写 file.close( )语句。

（2）with open 语句最后的冒号不可省略，以缩进表示对文件对象操作的范围。

8.3 文件的读取

8.2 节介绍了如何打开文件，打开文件之后即可对文件进行读写操作。文件对象常用的读取方法如表 8-2 所示。

表 8-2　文件对象常用的读取方法

方法	功能
read([size])	最多读取 size 个字符作为返回结果。如果没有给定 size 参数（默认值为-1）或者 size 值为负，文件将被读取至末尾
readline( )	读取一行内容作为返回结果
readlines( )	读取所有行作为一个字符串列表返回

8.3.1　read( )和 seek( )方法

1．read( )方法

【例 8.11】read( )方法应用实例。

现有一个文件“科教兴国.txt”，文件中的内容如图 8-9 所示。

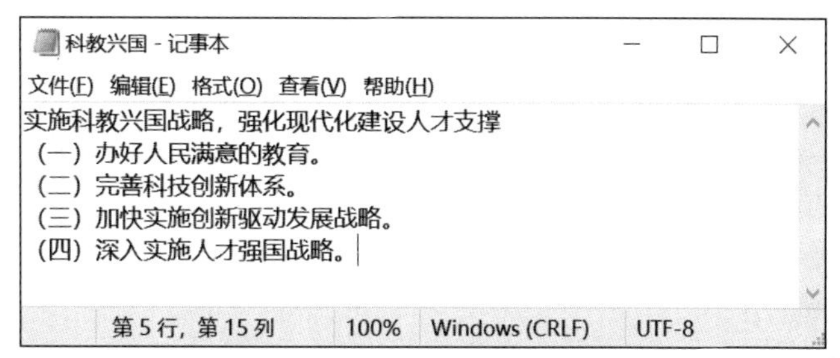

图 8-9 “科教兴国.txt”文件中的数据

（1）读取文件中的前 10 个字符。编写程序如下：

```
#eg0811-1.py
with open("科教兴国.txt", "r", encoding="UTF-8") as file:
    print(file.read(10))
```

程序的运行结果如下。

```
实施科教兴国战略，强
>>>
```

（2）读取文件中的全部内容。编写程序如下：

```
#eg0811-2.py
with open("科教兴国.txt", "r", encoding="UTF-8") as file:
    print(file.read())
```

程序的运行结果如下。

```
实施科教兴国战略，强化现代化建设人才支撑
（一）办好人民满意的教育。
（二）完善科技创新体系。
（三）加快实施创新驱动发展战略。
（四）深入实施人才强国战略。
>>>
```

（3）连续读取文件 3 次，每次读 10 个字符。编写程序如下：

```
#eg0811-3.py
with open("科教兴国.txt", "r", encoding="UTF-8") as file:
    print(file.read(10))
    print(file.read(10))
    print(file.read(10))
```

程序的运行结果如下。

```
实施科教兴国战略，强
化现代化建设人才支撑

（一）办好人民满意
>>>
```

▶学习提示

如果 read(size)方法中 size 大于剩余的字符数，程序不会报错，而是会读取文件中剩余的所有字符。

2. seek()方法

在读取文件时，一般从文件开头读取。如果要从文件其他位置读取，此时可以使用 seek()方法移动文件读取指针。

seek( )方法基本格式如下：

```
seek(offset[,whence])
```

功能：将文件指针从 whence 指定的参考位置向前移动 offset 偏移量。

说明如下。

（1）offset：偏移量，即需要移动的字节数，正数表示向后移动，负数表示向前移动。

（2）whence：从哪个位置开始偏移。0 代表从文件开头算起，是默认值；1 代表从当前位置算起；2 代表从文件末尾算起。

▶学习提示

Python3 中，b 模式的 whence 支持 0、1 和 2；非 b 模式的 whence 只支持 0。

【例 8.12】从“科教兴国.txt”文件中第 27 字节开始，读取 11 个字符。

```
#eg0812.py
with open("科教兴国.txt", "r",encoding="UTF-8") as file:
    file.seek(27)
    print(file.read(11))
```

程序的运行结果如下。

```
强化现代化建设人才支撑
>>>
```

▶学习提示

（1）如果文件采用 GBK 或 GB2312 编码，则以一个汉字（包括标点）占 2 字节计算；如果采用 UTF-8 编码，则一个汉字占 3 字节；英文和数字无论采用哪种编码均占 1 字节。

（2）在简体中文操作系统中，文本文件存储为 ANSI 编码，代表 GB2312 编码。

8.3.2 readline( )方法

读取文件内容时，除了使用 read( )方法读取指定数量字符外，还可以用 readline( )方法每次读取一行内容。

【例 8.13】readline( )方法应用实例。

（1）读取“科教兴国.txt”文件中的第 1 行。编写程序如下：

```
#eg0813-1.py
with open("科教兴国.txt","r",encoding="UTF-8") as file:
    print(file.readline())
```

程序的运行结果如下。

```
实施科教兴国战略，强化现代化建设人才支撑
>>>
```

（2）逐行读取“科教兴国.txt”文件的全部内容。编写程序如下：

```
#eg0813-2.py
with open("科教兴国.txt", "r", encoding="UTF-8") as file:
    line = file.readline()
    while line:
        print(line,end="")
        line = file.readline()
```

程序的运行结果如下。

```
实施科教兴国战略，强化现代化建设人才支撑
（一）办好人民满意的教育。
（二）完善科技创新体系。
（三）加快实施创新驱动发展战略。
（四）深入实施人才强国战略。
>>>
```

▶**学习提示**

若使用 readline( )读取的一行内容中包括换行符，直接使用 print( )输出会产生空行。要去掉输出的空行，可以使用 print(line,end="")或 print(line.strip( ))。

8.3.3 readlines( )方法

readlines( )方法用于读取文件中的所有行，返回的是一个字符串列表，其中每个元素为文件中的一行内容。

【例 8.14】readlines( )方法应用实例。

（1）使用 readlines( )方法读取“科教兴国.txt”文件中的全部内容，直接输出。编写程序如下：

```
#eg0814-1.py
with open("科教兴国.txt", "r", encoding="UTF-8") as file:
    print(file.readlines())
```

程序的运行结果如下。

```
['实施科教兴国战略，强化现代化建设人才支撑\n',
'（一）办好人民满意的教育。\n','（二）完善科技
创新体系。\n','（三）加快实施创新驱动发展战略
。\n','（四）深入实施人才强国战略。']
>>>
```

（2）读取“科教兴国.txt”文件的全部内容，逐行输出。编写程序如下：

```
#eg0814-2.py
with open("科教兴国.txt", "r", encoding="UTF-8") as file:
    lines = file.readlines()
    for line in lines:
        print(line.strip())
```

程序的运行结果如下。

```
实施科教兴国战略，强化现代化建设人才支撑
（一）办好人民满意的教育。
（二）完善科技创新体系。
（三）加快实施创新驱动发展战略。
（四）深入实施人才强国战略。
>>>
```

▶**学习提示**

使用 readlines( )方法读取整个文件，读取速度快，但如果文件比较大，则占用内存大，影响程序运行速度；使用 readline( )方法逐行读取文件占用内存小，但读取速度慢。

我们也可以将文件本身作为一个行序列来进行读取，遍历文件中的所有行，逐行读取文件。例如：

```
with open("科教兴国.txt", "r", encoding="UTF-8") as file:
    for line in file:
        print(line,end="")
```

8.4 文件的写入

在使用“写”或“读写”模式打开文件后，就可以将数据写入文件。文件有两种常用的写入方法，如表 8-3 所示。

表 8-3　常用的写入方法

方法	功能
write(str)	将字符串 str 写入文件
writelines(lines)	将元素为字符串的列表 lines 写入文件

8.4.1　write( )方法

write( )方法可以将一个字符串写入文件中，它也可以被反复调用。该方法不会在文件末尾加换行符，如果需要换行符时，用户可以在代码中添加。

【例 8.15】write( )方法应用实例。

（1）向“江雪.txt”空文件中写入诗句，并输出。

编写程序如下：

```
#eg0815-1.py
with open("江雪.txt","w+",encoding="UTF-8") as file:
    file.write("千山鸟飞绝，")
    file.write("万径人踪灭。")
    file.seek(0)      #从文件头开始读取
    print(file.read())
```

程序的运行结果如下。

```
千山鸟飞绝，万径人踪灭。
>>>
```

（2）将前两行诗句末尾加换行符，并追加写入两行诗句后输出。

编写程序如下：

```
#eg0815-2.py
with open("江雪.txt", "w",encoding="UTF-8") as file:
    file.write("千山鸟飞绝，\n")
    file.write("万径人踪灭。\n")
with open("江雪.txt", "a+",encoding="UTF-8") as file:
    file.write("孤舟蓑笠翁，\n")
    file.write("独钓寒江雪。\n")
file.seek(0)
    print(file.read())
```

程序的运行结果如下。

```
千山鸟飞绝，
万径人踪灭。
孤舟蓑笠翁，
独钓寒江雪。
>>>
```

8.4.2　writelines( )方法

writelines( )方法可以将列表中的各元素连接起来，一次性写入文件。与 write( )方法一样，writelines( )方法不会在写入的每个列表元素后边添加换行符，用户需要自己添加。

【例 8.16】向“江雪.txt”空文件中写入列表中的诗句，并输出。

```
#eg0816.py
poetry=["千山鸟飞绝，\n","万径人踪灭。\n","孤舟蓑笠翁，\n","独钓寒江雪。\n"]
with open("江雪.txt","w+",encoding="UTF-8") as file:
    file.writelines(poetry)
    file.seek(0)
    print(file.read())
```

程序的运行结果如下。

```
千山鸟飞绝，
万径人踪灭。
孤舟蓑笠翁，
独钓寒江雪。
>>>
```

【例 8.17】writelines( )方法应用实例，将“data1.txt”文件中的内容复制到“data2.txt”文件中。

```
#eg0817.py
file1=open('data1.txt','r',encoding="UTF-8")
file2=open('data2.txt','w',encoding="UTF-8")
file2.writelines(file1.readlines())
file1.close()
file2.close()
```

8.5 文件和目录的操作

前文介绍了文件的打开、关闭和读写操作，本节介绍对文件和目录的操作。

8.5.1 os 模块

os 是“operating system”的缩写，即“操作系统”。os 模块是 Python 的标准库模块，既能提供各种 Python 程序与操作系统进行交互的接口，又能够提供文件和目录的一些常规操作功能。os 模块能自适应不同的操作系统，根据不同的平台进行相应操作。

1．os 方法

在使用 os 方法前，我们需要先使用语句“import os”来导入 os 模块，然后就能使用 os 模块的属性和方法了。

（1）os.name

os.name：返回正在使用的操作系统名称，判断目前正在使用的平台。

```
>>> import os
>>> os.name
'nt'
>>>
```

其中，nt 代表 Windows 操作系统。此外，posix 代表 Linux 或 UNIX 操作系统。

（2）os.listdir( )、os.curdir 和 os.pardir

① os.listdir([path])：获取指定目录下的文件和目录信息。path 默认值为 None，表示当前目录。

获取当前目录下的文件和目录信息：

```
>>> import os
>>> os.listdir()
    ['DLLs', 'Doc', 'include', 'Lib', 'libs', 'LICENSE.txt', 'NEWS.txt', 'python.exe',
'python3.dll','python39.dll','pythonw.exe','Scripts',
'tcl','Tools','vcruntime140.dll','vcruntime140_1.dll',]
>>>
```

获取指定目录下的文件和目录信息：

```
>>> import os
>>> os.listdir("d:\\python")
['eg0811-1.py','eg0811-2.py','eg0811-3.py','eg0812.py','eg0813-1.py','eg0813-2.py',
'eg0814-1.py','eg0814-2.py','eg0815-1.py','eg0815-2.py','eg0816.py','eg0817.py','Chinese
Lunar Exploration Program.txt','中国探月工程.txt','江雪.txt']
>>>
```

② os.curdir：获取当前目录。

```
>>> import os
>>> os.curdir
'.'
>>>
```

用“.”表示当前目录。

③ os.pardir：获取当前目录的父目录。

```
>>> import os
>>> os.pardir
'..'
>>>
```

用“..”表示当前目录的父目录。

（3）os.getcwd( )和 os.chdir( )

① os.getcwd( )：cwd 代表“current working directory”，即“当前工作目录”，因此 os.getcwd( ) 表示获取当前工作目录。

```
>>> import os
>>> os.getcwd()
'C:\\Users\\Administrator\\AppData\\Local\\Programs\\Python\\Python39'
>>>
```

② os.chdir(path)：将 path 设置为当前工作目录。

```
>>> import os
>>> os.chdir("d:\\Python")
>>> os.getcwd()
'd:\\Python'
>>>
```

2．os 文件和目录操作

（1）os.remove( )

os.remove(filename)：删除 filename 所指定的文件。

```
>>>import os
>>>os.remove("d:\\Python\\江雪.txt")
>>>
```

功能：删除指定目录下的“江雪.txt”文件。

需要说明的是，该方法只能删除文件。如果 filename 指定的是目录而非文件，会抛出异常。

（2）os.rename( )

os.rename(oldname,newname)：将 oldname 指定的目录或文件重命名为 newname。

```
>>> import os
>>> os.rename("江雪.txt","jiangxue.txt")
>>>
```

功能：将当前目录下的“江雪.txt”文件重命名为“jiangxue.txt”。

（3）os.mkdir( )和 os.makedirs( )

① os.mkdir(dirname)：创建单级目录。

② os.makedirs(dirname1/dirname2)：创建多级目录。

```
>>> import os
>>> os.mkdir("d:\\aaa")
>>> os.makedirs("d:\\bbb\\ccc")
```

若在当前目录下创建新目录，命令如下：

```
>>> import os
>>> os.mkdir("aaa")
>>> os.makedirs("bbb\\ccc")
```

（4）os.rmdir( )和 os.removedirs( )

① os.rmdir(dirname)：删除单级目录。若目录为非空，则抛出异常。

```
>>> import os
>>> os.rmdir("d:\\aaa\\bbb")
```

功能：只删除最后一级目录下的 bbb 文件夹。

② os.removedirs( )：递归删除多级目录，即删除子目录后，如父目录为空，则删除父目录。若最后一级目录为非空，则抛出异常。

```
>>> import os
>>> os.removedirs("d:\\bbb\\ccc")
```

功能：最后一级目录下的 ccc 文件夹为空则删除，再判断父目录下的 bbb 文件夹是否为空，为空则删除。

8.5.2 os.path 模块

除 os 模块外，Python 中的 os.path 模块也可以完成对文件和目录的一些操作。

1. os. path. abspath (path)

返回 path 的绝对路径。

```
>>> import os
>>> os.path.abspath(".")
'd:\\Python'
>>>
```

2. os. path. split ( )和 os. path. join ( )

（1）os.path.split(path)：将 path 分隔成目录和文件名两部分，以元组的形式返回。

（2）os.path.join(path1[,path2[,…]])：将多个 path 连接在一起返回。

```
>>> import os
>>> os.path.split("d:\\Python\\text.txt")
('d:\\Python', 'text.txt')
>>> os.path.split("d:\\Python\\")
('d:\\Python', '')
>>> os.path.join("d:\\Python","text.txt")
'd:\\Python\\text.txt'
>>> os.path.join("d:\\Python\\a.txt","d:\\Python\\b.txt")
'd:\\Python\\b.txt'
>>> os.path.join("aaa","bbb","ccc")
'aaa\\bbb\\ccc'
>>>
```

3. os. path. dirname ( )和 os. path. basename ( )

（1）os.path.dirname(path)：返回 path 中的目录部分。

（2）os.path.basename(path)：返回 path 中的文件名。

```
>>> import os
>>> os.path.dirname("d:\\Python\\text.txt")
```

```
'd:\\Python'
>>> os.path.basename("d:\\Python\\text.txt")
'text.txt'
>>>
```

4．os.path.getatime()、os.path.getmtime()和os.path.getctime()

（1）os.path.getatime(path)：返回新纪元时间到 path 的最近访问时间的秒数。

（2）os.path.getmtime(path)：返回新纪元时间到 path 的最近修改时间的秒数。

（3）os.path.getctime(path)：返回新纪元时间到 path 的创建时间的秒数。

说明：新纪元时间（格林尼治时间）为 1970 年 1 月 1 日 00:00:00。

```
>>> import os
>>> os.path.getatime("D:\\Python\\text.txt")
1658909445.6546712
>>> os.path.getmtime("D:\\Python\\text.txt")
1658734495.7072792
>>> os.path.getctime("D:\\Python\\text.txt ")
1658734339.0892458
>>>
```

5．os.path.getsize()和os.path.exists()

（1）os.path.getsize(path)：返回文件的大小。

（2）os.path.exists(path)：判断文件或目录是否存在，如存在则返回 True，不存在则返回 False。

```
>>> import os
>>> os.path.getsize("d:\\Python\\text.txt")
27
>>> os.path.exists("d:\\Python\\text.txt")
True
>>> os.path.exists("d:\\Python\\texttttt.txt")
False
>>> os.path.exists("d:\\Python\\")
True
>>>
```

▶学习提示

os 模块和 os.path 模块都属于 Python 内置模块，不需要安装，直接导入即可使用。

8.6 CSV 文件的读写

逗号分隔值（Comma-Separated Values，CSV）存储格式文件以纯文本的形式存储表格数据，该格式是一种通用、简单的文件存储格式，经常用于程序之间转移表格数据。CSV 文件是字符序列，由任意数量的记录组成，每条记录包括多个字段，字段间的分隔符为逗号或制表符。CSV 文件的扩展名为.csv。

【例 8.18】读取"test.csv"文件中的学生成绩数据，计算总分，并将结果输出到"test2.csv"中。test.csv 文件内容如图 8-10 所示。

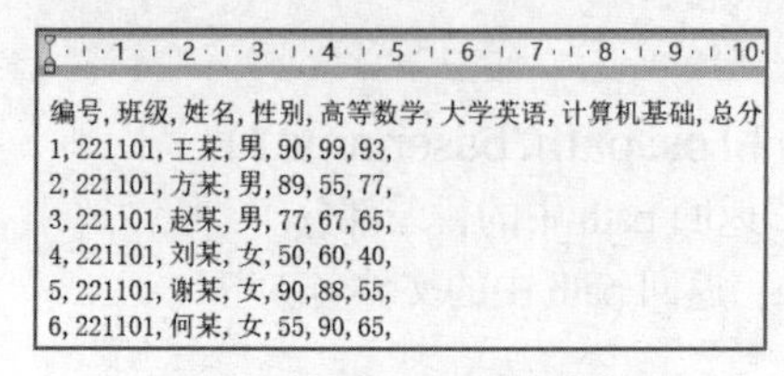

```
编号,班级,姓名,性别,高等数学,大学英语,计算机基础,总分
1,221101,王某,男,90,99,93,
2,221101,方某,男,89,55,77,
3,221101,赵某,男,77,67,65,
4,221101,刘某,女,50,60,40,
5,221101,谢某,女,90,88,55,
6,221101,何某,女,55,90,65,
```

图 8-10　test.csv 文件内容

编写程序如下：

```
#eg0818.py
scores=[]
#读取文件到 scores 列表，并输出
print("========原文件========")
with open("d:\\Python\\test.csv","r") as file:
    for line in file:
        ln=line.strip()
        scores.append(ln.split(","))
        print(ln)
#计算每行总分
for i in  range(1,len(scores)):
scores[i][7]=str(int(scores[i][6])+int(scores[i][5])+int(scores[i][4]))
#计算结果并输出到 test2.csv 中
with open("d:\\Python\\test2.csv","w") as file:
    for s in  scores:
        #写入在 s 的每一个元素之间插入“,”的新字符串
file.write(','.join(s)+'\n')
print("========新文件========")
with open("d:\\Python\\test2.csv") as file:
    print(file.read())
```

程序的运行结果如下。

```
========原文件========
编号,班级,姓名,性别,高等数学,大学英语,计算机基础,总分
1,221101,王某,男,90,99,93,
2,221101,方某,男,89,55,77,
3,221101,赵某,男,77,67,65,
4,221101,刘某,女,50,60,40,
5,221101,谢某,女,90,88,55,
6,221101,何某,女,55,90,65,
========新文件========
编号,班级,姓名,性别,高等数学,大学英语,计算机基础,总分
1,221101,王某,男,90,99,93,282
2,221101,方某,男,89,55,77,221
3,221101,赵某,男,77,67,65,209
4,221101,刘某,女,50,60,40,150
5,221101,谢某,女,90,88,55,233
6,221101,何某,女,55,90,65,210

>>>
```

习题

一、选择题

1. 以下说法中，错误的是（　　）。

   A. 文件保存在辅助存储器中，可以长期保存

   B. 文件需要先打开后读写

   C. 文件通过文件名访问

   D. 文件读写完成后，不需要关闭

2. 以下选项中，（　　）是只读模式。

   A. r+　　B. w　　C. r　　D. a

3. 以下选项中，（　　）是二进制只读模式。

   A. rb+　　B. wb　　C. rb　　D. ab

4. 以下选项中，(　　)是只写模式。

A. r+　　B. w　　C. w+　　D. a+

5. 要以只读方式打开“d:\Python\text.txt”，以下语句正确的是(　　)。

A. file=open('d:\Python\text.txt','r')　　B. file=open('d:\\Python\\text.txt','r')

C. file=open(r'd:\Python\text.txt','r+')　　D. file=open(r'd:\Python\text.txt','w')

6. 要以二进制只写方式打开“d:\Python\text.txt”，以下语句正确的是(　　)。

A. file=open('d:\Python\text.txt','wb')　　B. file=open('d:\\Python\\text.txt','rb')

C. file=open(r'd:\Python\text.txt','rb+')　　D. file=open(r'd:\Python\text.txt','wb')

7. 要以追加方式打开“d:\Python\text.txt”，以下语句正确的是(　　)。

A. file=open('d:\Python\text.txt','ab')　　B. file=open('d:\\Python\\text.txt','a')

C. file=open(r'd:\Python\text.txt','ab+')　　D. file=open(r'd:\Python\text.txt','wb')

8. 要以只读方式打开“d:\Python\text.txt”，以下语句正确的是(　　)。

A. open('d:\\Python\\text.txt','r') as f:　　B. with open('d:\Python\text.txt','r+') as f:

C. open('d:\Python\text.txt','r+') as f:　　D. with open('d:\\Python\\text.txt','r') as f:

9. 以下选项中，(　　)语句能读入一行文本。

A. file.read( )　　B. file.readline( )

C. file.readlines( )　　D. file.read(10)

10. 已知文本文件“text.txt”中内容如下，运行以下程序的输出结果是(　　)。

```
1234567890
1234567890
with open("text.txt","r") as f:
   print(f.read(5))
```

A. 12345678901234567890　　B. 1234567890

C. 67890　　D. 12345

11. 已知文本文件“text.txt”中内容如下，运行以下程序的输出结果是(　　)。

```
1234567890
1234567890
with open("text.txt","r") as f:
   print(f.readline())
```

A. 12345678901234567890　　B. 1234567890

C. 67890　　D. 12345

12. 已知文本文件“text.txt”中内容如下，运行以下程序的输出结果是(　　)。

```
1234567890
1234567890
with open("text.txt","r") as f:
   print(f.readlines())
```

A. 12345678901234567890　　B. ['1234567890\n', '1234567890']

C. 1234567890　　D. 12345

13. 以下语句中，(　　)能够在文件中写入两行文本。

A. f.write("a","b")　　B. f.writelines("a\n","b")

C. f.writelines(["a\n","b"])　　D. f.write(["a","b"])

14. 以下语句中，(　　)能列出“d:\Python”下的文件和文件夹。

A. os.dir("d:\\Python")　　B. os.listdir("d:\\Python")

C. os.pardir("d:\\Python")　　D. os.curdir("d:\\Python")

15. 以下语句中，(　　) 可获取“d:\Python\text.txt”的文件名。

A. os.path.basename("d:\\Python\\text.txt")　　B. os.path.dirname("d:\\Python\\text.txt")

C. os.path.split("d:\\Python\\text.txt")　　D. os.path.join("d:\\Python\\text.txt")

16. 以下语句中，(　　) 可获取“d:\Python\text.txt”文件的最后修改时间。

A. os.path.getmtime("d:\\Python\\text.txt")　　B. os.path.getctime("d:\\Python\\text.txt")

C. os.path.getatime("d:\\Python\\text.txt")　　D. os.path.gettime("d:\\Python\\text.txt")

17. 以下语句中，(　　) 可获取“d:\Python\text.txt”文件的大小。

A. os.path.getmtime("d:\\Python\\text.txt")　　B. os.path.exists("d:\\Python\\text.txt")

C. os.path.size("d:\\Python\\text.txt")　　D. os.path.getsize("d:\\Python\\text.txt")

18. 以下语句中，(　　) 可删除“d:\Python\text.txt”文件。

A. os.rename("d:\\Python\\text.txt")　　B. os.del("d:\\Python\\text.txt")

C. os.remove("d:\\Python\\text.txt")　　D. os.clear("d:\\Python\\text.txt")

19. 以下语句中，(　　) 可创建“d:\aaa”文件夹。

A. os.mkdir("d:\\aaa")　　B. os.makedir("d:\\aaa")

C. os.rmdir("d:\\aaa")　　D. os.removedirs("d:\\aaa")

20. 以下语句中，(　　) 可判断“d:\Python\text.txt”文件是否存在。

A. os.path.getctime("d:\\Python\\text.txt")　　B. os.path.exists("d:\\Python\\text.txt")

C. os.path. split ("d:\\Python\\text.txt")　　D. os.path.getsize("d:\\Python\\text.txt")

二、编程题

1. 编写程序，分 4 行（含标题行）将“社会主义核心价值观”内容写入文件“text1.txt”中，如下所示。

```
社会主义核心价值观
富强、民主、文明、和谐
自由、平等、公正、法治
爱国、敬业、诚信、友善
```

2. 编写程序，读取文件“text2.txt”中的内容，输出在屏幕上。

3. 编写程序，循环从键盘输入 10 个单词，按每个单词占一行写入文件“text3.txt”中；打开文件，读取内容、输出到屏幕。

4. 编写程序，将 Fibonacci 数列的前 40 个数，按照 1 个数 1 行写入文件“text4.txt”中；打开文件，读取数列并输出到屏幕。

5. 在优秀志愿者评选活动中，有 5 名评委给 10 位志愿者打了分并将数据保存在文件“score.csv”中，如下所示。

```
王某,90,99,93,78,99
方某,89,55,77,89,55
李某,77,67,65,77,67
刘某,50,60,40,65,60
周某,99,89,87,40,89
赵某,90,88,55,87,88
宁某,55,90,65,55,90
窦某,78,88,99,65,88
贾某,89,55,87,99,78
何某,77,67,65,87,99
```

编写程序，打开文件“score.csv”，读取数据，计算每位志愿者的平均分，将计算后的结果写入“score2.csv”中，输出到屏幕。

第9章 面向对象程序设计

面向对象是 Python 语言最重要的特征之一，面向对象程序设计（Object-Oriented Programming，OOP）能够很好地管理代码，提高代码的使用率，使代码具有更好的可读性和可扩展性。面向对象程序设计在大型项目中被广泛应用。本章将介绍面向对象程序设计的思想和概念、Python 的类和对象的定义、面向对象的基本特征及使用方法。

9.1 面向对象程序设计概述

面向对象程序设计是目前占主导地位的程序开发模式，将对象作为程序设计的基本单位。面向对象程序设计是一种先进的编程思想，更容易解决复杂问题。

9.1.1 面向对象程序设计思想

面向对象程序设计是在面向过程程序设计的基础上发展而来的，它比面向过程程序设计具有更好的灵活性和扩展性。

面向过程程序设计是一种以过程为中心的编程思想，把完成某一个需求的所有步骤从头到尾逐步实现，它主要采用模块分解与功能抽象，自顶向下、分而治之的方法。面向过程程序设计的关注点在于怎么做，注重步骤与过程，不注重职责分工，这是一种基础的顺序思维方式。

与面向过程程序设计不同，面向对象程序设计采用一种以对象为中心的编程思想，将数据以及对数据的操作封装在一起，组成一个相互依存、不可分割的整体，即对象。面向对象程序设计过程就是创建对象、使用对象、对象之间交互操作的过程。面向对象程序设计的关注点在于谁来做，注重对象和职责，不同的对象承担不同职责。

下面以“洗衣服”为例，分析两种程序设计方法的不同。

（1）面向过程程序设计思路，如下。

① 事先准备好洗衣机、洗衣液等工具。

② 学习如何使用洗衣机。

③ 将衣服放入洗衣机，加入洗衣液。

④ 启动洗衣机。

⑤ 将衣服取出、晒干。

⑥ 将干净的衣服放入柜子。

（2）面向对象程序设计思路，如下。

① 找洗衣店。

② 将衣服交给洗衣店。

③ 返回干净的衣服。

④ 将干净的衣服放入柜子。

可见，面向过程程序设计思路强调的是洗衣服的具体实现过程，站在使用者的角度考虑问题；而面向对象程序设计思路是站在指挥者的角度考虑问题，将使用者和洗衣店看作对象，将钱作为参数传递，由洗衣店这个对象去完成具体洗衣服的操作。

面向对象程序设计思想模拟人类的思维方式去处理现实世界中的具体问题，使得软件的开发过程更接近人类解决现实问题的过程。把客观世界中的实体抽象为对象，把所需完成的工作封装到对象中来完成，更关心的是对象所具有的属性和方法，而不是实现的过程。

9.1.2 面向对象程序设计概念

学习面向对象程序设计的对象、抽象和类等相关概念，可以更好地理解面向对象程序设计的本质。

1．对象

对象是现实世界中客观存在的实体。一个实体就是一个对象，如一辆汽车、一台计算机、一个人等。对象由类来创建，具有自己的属性和方法，用属性来描述对象具有什么样的特征，用方法来描述对象具有什么样的行为。

例如，一只小猫（见图 9-1）就是现实世界中的一个实体，我们可以从属性特征和所具有的行为两方面描述它。

图 9-1 一只小猫

小猫所具有的属性特征有：黑白花色、重 3.5kg、有两只耳朵、黑色尾巴等。

小猫所具有的行为特征有：吃、跑、叫、捉老鼠等。

在面向对象程序设计中，用数据来体现上边提到的“属性”，用方法来实现上边提到的“行为”，将这些数据和方法封装在一起组成一个整体，构成对象。每一个对象都具有自己的属性和方法。

2．抽象

抽象就是从实体中抽取共同的、本质的特征。将同类的对象共有的特征抽取出来，形成这些对象的抽象模型。如中国人、美国人、德国人，这些国家的人都有姓名、性别、年龄、身高、体重等属性，并且都具有吃饭、说话、学习等行为，就可以被抽象成同一类——人类。

3．类

类是具有相同属性和行为的实体集合。在现实生活中，将相同种类的对象归纳为一个类，如汽车类，属性有车型、品牌、颜色、载客数量、排量等，方法有前进、后退、转弯、刹车、加速、减速等。

类和对象的区别与联系如下。

（1）类是抽象的，是一类实体的集合。

（2）对象是具体的，代表唯一的实体。

（3）类是对象的抽象，是创建对象的模板。而对象是类的实例。

9.2 Python 的类和对象

Python 是面向对象的解释型高级动态程序设计语言，完全支持面向对象的基本功能。前文中使用的字符串、列表、字典、文件等都是对象。本节将介绍在 Python 中如何定义类、如何创建对象，以及如何使用属性和方法。

9.2.1 类的定义

类是对具有共同属性和行为的事物的抽象描述。类包括属性和方法，属性经常定义在类的开头及方法的外面，方法使用 def 关键字定义。在 Python 中，类需要先定义后使用。使用 class 关键字定义类，其基本语法格式如下：

```
class 类名:
    属性定义
    方法定义
```

【例 9.1】定义一个学生类。

```
#eg0901.py
class Student:
    #定义类属性
    name="李明"
    sex="男"
    age=19
    #定义方法
    def study(self):
        print("学生爱学习")
    def eat(self):
        print("学生在吃饭")
```

说明如下。

(1) 类名的每个单词首字母一般约定为大写。

(2) 属性的定义放在方法外边，一般放在类的开头。

(3) def 定义的方法的第一个参数必须是 self，可以通过对象调用。

9.2.2 创建对象

定义类之后，就可以用类来创建对象，创建对象的语法格式如下：

```
对象名=类名()
```

创建对象之后，就可以调用对象的属性和实例方法了，调用格式如下：

```
对象名.成员
```

【例 9.2】创建对象。

```
#eg0902.py
class Student:
    def study(self):
        print("{}在学习".format(self.name))
    def eat(self):
        print("{}在吃饭".format(self.name))
stu01=Student()
stu01.name="李明"    #动态添加 name 属性
stu01.sex="男"
stu01.age=19
stu01.study()
print("姓名：{}，性别：{}，今年{}岁".format(stu01.name, stu01.sex, stu01.age))
```

程序的运行结果如下。

```
李明在学习
姓名：李明，性别：男，今年 19 岁
>>>
```

9.2.3 引用

在 Python 中，引用表示对象的内存地址。任何一个 Python 对象都有标签、类型和值 3 个属性。

标签在对象创建后直到被内存回收都保持不变，可以理解为内存地址，也就是引用。

例如，创建如下学生对象。

```
LiMing=Student()
WangHua=Student()
a=LiMing
b=LiMing
```

LiMing 和 WangHua 变量记录的是 Student 类对象的地址，指向的是 Student 类的不同对象。a、b 和 LiMing 指向同一个 Student 类对象。

使用 print 语句输出上述对象：

```
print(LiMing)
print(WangHua)
print(a)
print(b)
```

程序的运行结果如下。

```
<__main__.Student object at 0x0000015F09CB9E20>
<__main__.Student object at 0x0000015F09CB9E80>
<__main__.Student object at 0x0000015F09CB9E20>
<__main__.Student object at 0x0000015F09CB9E20>
>>>
```

可见，a、b 和 LiMing 输出结果相同。

9.2.4 self 参数

在定义类的过程中，无论是显式创建类的构造方法还是向类中添加实例的方法，都要求将 self 参数作为方法的第一个参数。在例 9.2 中，实例方法使用了 self.name，表示要访问当前对象的 name 属性。

【例 9.3】创建两个学生对象，分别调用同一个方法，观察 self 的使用过程。

```
#eg0903.py
class Student:
    def study(self):
        print("{}在学习".format(self.name))
stu01=Student()
stu01.name="李明"
stu01.study()
stu02=Student()
stu02.name="王华"
stu02.study()
```

程序的运行结果如下。

```
李明在学习
王华在学习
>>>
```

说明如下。

（1）实例方法的第一个参数必须是 self，指向的是当前对象。

（2）self 本身不是关键字，也可以使用其他标识符代替，但是 Python 中一般按照惯例推荐使用 self。

（3）在方法内部通过 self 来访问对象的属性或方法，在方法外部使用“对象名.”来访问对象的属性或方法。

9.2.5 构造方法

在前文的实例中，我们在类的外部代码中使用“对象名.属性名”的方法设置对象属性。当对象很多或者需要设置的属性很多时，会产生很多冗余代码，也不符合面向

对象程序设计封装的特性要求。

__init__()方法称为构造方法，在创建对象的时候被调用，可以设置对象的属性初值，用于对象的初始化。其基本格式如下：

```
def __init__(self, 参数1=默认值1, 参数2=默认值2,…):
属性1=参数1
属性2=参数2
…
```

在创建对象时，可以输入对应参数。格式如下：

```
对象名=类名(实参1,实参2,…)
```

说明如下。

（1）在创建对象时，会自动调用__init__()方法，不需要手动添加。

（2）如果在程序里没有显式定义__init__()方法，系统会提供一个默认的__init__()方法，该方法不执行任何操作。

（3）__init__()方法里的 self 参数在创建对象时不需要传递参数，Python 解释器会把创建好的对象引用直接传递给 self 参数。

【例 9.4】__init__()方法应用实例。

```
#eg0904.py
class Student:
    def __init__(self,name,course="数学"):   #构造方法
        print("====调用构造方法====")
        self.name=name
        self.course=course
    def study(self):    #实例方法
        print("学生 {} 正在学习 {}".format(self.name,self.course))
tom=Student("Tom","语文")  #实例化对象
tom.study()    #调用实例方法
jack=Student("Jack")    #实例化对象
jack.study()   #调用实例方法
```

程序的运行结果如下。

```
====调用构造方法====
学生 Tom 正在学习 语文
====调用构造方法====
学生 Jack 正在学习 数学
>>>
```

说明如下。

（1）在编写代码时，init 前后各有两条下画线。在 Python 中，这些以两条下画线开始和结束的方法也称为魔法方法。

（2）如果使用 james=Student( )，则程序会报错，这是因为程序中的__init__()方法要求在创建对象时必须传递 name 参数。

9.2.6 析构方法

在创建对象时，通过调用__init__()方法进行初始化；当对象被从内存中销毁前，会调用 Python 的内置方法__del__()来释放对象占用的资源。__del__()方法称为析构方法。其基本格式如下：

```
def __del__(self):
    语句块
```

为了简化内存管理，Python 通过引用计数机制来实现自动垃圾回收功能。Python 中的每个对象

都有一个引用计数，用来统计该对象在不同场所分别被引用了多少次。每当引用一次 Python 对象时，相应的引用计数就增 1；每当销毁一次 Python 对象时，则相应的引用计数就减 1；只有当引用计数为零时，才真正从内存中删除 Python 对象引用。

通过 del 命令可以删除对象引用，语句格式如下：

```
del 对象名
```

【例 9.5】__del__()方法应用实例。

```
#eg0905.py
class Student:
    def __init__(self,name,course="数学"):  #构造方法
        print("====调用构造方法====")
        self.name=name
        self.course=course
        print("====对象已被初始化====")
    def __del__(self):  #析构方法
        print("{} 对象将被销毁。".format(self.name))
tom=Student("Tom","语文")  #实例化对象
del tom  #删除对象引用
```

程序的运行结果如下。

```
====调用构造方法====
====对象已被初始化====
Tom 对象将被销毁。
>>>
```

说明如下。

当对象中所有引用都不存在时才会调用__del__()方法。如果在最后一条语句前加上一条语句“jack=tom”，则程序不会调用__del__()方法。

析构方法__del__()会在对象被销毁前被调用。如果想要在对象被销毁前做一些操作，我们可以重写__del__()方法。__init__()方法和__del__()方法是 Python 中特殊的内置方法，类似的方法还有很多，如__str__()方法、__repr__()方法、__call__()方法等，感兴趣的读者可以查阅相关资料。

9.2.7 实例成员和类成员

实例成员主要包括实例属性和实例方法，类成员主要包括类属性和类方法。

1．实例属性

实例属性，又称为对象属性，它是指在类的方法中定义的属性。在类创建对象之后，每个对象都拥有自己的实例属性。不同对象的同名实例属性有自己的独立内存空间，各自保存自己的数据，互不干扰。我们也可以通过实例对象添加实例属性。实例属性只能通过对象来访问，访问方式为“对象名.实例属性名”。

2．实例方法

实例方法，又称为对象方法，它是定义在类中的普通方法、没有用修饰器修饰的方法。实例方法可以被看作在内存中只有一份，在调用时需要把对象引用传递到方法内部。实例方法可以在类的内部和外部被调用。

（1）在类的内部方法内调用，语法格式如下：

```
self.方法名([实参])
```

（2）在类的外部使用对象调用，语法格式如下：

```
对象名.方法名([实参])
```

在例 9.2～例 9.5 中使用的属性均为实例属性，用到的普通方法均为实例方法。

3．类属性

类属性是定义在类中所有方法之外的属性。类属性主要存放与这个类相关的一些信息，可以通过类名直接访问，访问方式为“类名.类属性名”。

说明如下。

（1）类属性被该类的所有对象所共享，可以通过类名访问，也可以通过对象名访问，对象名访问方式为“对象名.类属性名”。

（2）如果类属性与实例属性有相同的名称，则对象只能访问同名的实例属性，不能访问同名的类属性。

（3）我们可以通过类名访问并修改类属性，但通过对象名只能对类属性进行访问，不能进行修改。

【例 9.6】通过类属性统计共创建多少个学生对象。

```
#eg0906.py
class Student:
    #定义类属性
    count=0          #类属性
    course="数学"    #类属性
    #构造方法
    def __init__(self,name):
        self.name=name    #实例属性
        Student.count+=1  #类属性
    #实例方法
    def study(self):
        print("学生 {} 正在学习 {}".format(self.name,self.course))
stu01=Student("Tom")
stu02=Student("Jack")
stu03=Student("Lucy")
stu01.study()
stu02.course="语文"  #增加实例属性
stu02.study()
stu03.study()
Student.classRoom="自习室"   #增加类属性
print("{}有 {} 名同学在学习".format(Student.classRoom,Student.count))
```

程序的运行结果如下。

```
学生 Tom 正在学习 数学
学生 Jack 正在学习 语文
学生 Lucy 正在学习 数学
自习室有 3 名 同学在学习
>>>
```

说明如下。

（1）count、course 是定义在类中的类属性。

（2）类属性也可以在类的外边定义。例 9.6 中语句“Student.classRoom="自习室"”增加了类属性 classRoom。

（3）不能通过对象名访问的方式来修改类属性，例 9.6 中语句“stu02.course="语文"”不能修改类属性 course，只能为 stu02 增加一个实例属性 course。

4．类方法

在类中，使用修饰器@classmethod 来定义的方法为类方法，没有使用修饰器的方法是实例方法。定义类方法的语法格式如下：

```
@classmethod
def  类方法名(cls):
    语句块
```

说明如下。

（1）类方法的第一个参数为 cls，与实例方法中的 self 类似，cls 代表当前的类本身。cls 也不是 Python 关键字，可以用其他标识符代替。

（2）在类方法内部可以直接访问类属性或者调用其他类方法，类方法不能调用实例属性和实例方法。

（3）类方法也可以被对象调用，但不推荐使用。

【例 9.7】类方法应用实例。

```
#eg0907.py
class Student:
    count=0
    classRoom="自习室"
    def __init__(self,name):   #实例方法
        self.name=name
        Student.count+=1
    #定义类方法
    @classmethod
    def show(cls):
        print("统计结果：{}".format(cls.classRoom), end="")  #访问类属性
    #定义类方法
    @classmethod
    def showCount(cls):
        cls.show()  #调用类方法
        print("共有 {} 名学生在学习".format(cls.count ))  #访问类属性
stu01=Student("Tom")
stu02=Student("Jack")
stu03=Student("Lucy")
Student.showCount()  #类名调用类方法
```

程序的运行结果如下。

```
统计结果：自习室共有 3 名 学生在学习
>>>
```

9.2.8 静态方法

当定义的方法中既不需要访问实例属性或方法也不需要访问类属性或方法时，可以定义为静态方法。使用修饰器@staticmethod 来定义的方法为静态方法。定义静态方法的语法格式如下：

```
@staticmethod
def 静态方法名():
    语句块
```

说明如下。

（1）静态方法中没有必需的 cls 或 self 参数，被调用时既不需要传递类对象也不需要传递实例对象。

（2）静态方法可以使用类名或对象名来调用。

【例 9.8】几种方法综合应用实例。

```
#eg0908.py
class Student:
    count=0
    classRoom="自习室"
    #构造方法
    def __init__(self,name,course):
        self.name=name
        self.course=course
        Student.count+=1
        print("学生 {} 来学习了！".format(self.name))
    #实例方法
    def study(self):
        print("{} 正在学习 {}。".format(self.name,self.course))
```

```
    #静态方法
    @staticmethod
    def show():
        print("====学生在学习====")
    #类方法
    @classmethod
    def showCount(cls):
        print("统计结果：{}有{}名学生在学习。".format(cls.classRoom, cls.count))
Student.show()   #类名调用静态方法
stu01=Student("Tom","数学")
stu01.study()
stu02=Student("Jack","语文")
stu02.study()
stu03=Student("Lucy","英语")
stu03.study()
stu01.show()   #对象名调用静态方法
Student.showCount()  #类名调用类方法
```

程序的运行结果如下。

```
====学生在学习====
学生 Tom 来学习了！
Tom 正在学习 数学。
学生 Jack 来学习了！
Jack 正在学习 语文。
学生 Lucy 来学习了！
Lucy 正在学习 英语。
====学生在学习====
统计结果：自习室有 3 名学生在学习。
>>>
```

细心的读者可能会发现，静态方法与函数很相似，其主要区别在于，静态方法被定义在类中，而函数被定义在类的外部或以面向过程为主的程序中。

9.2.9 私有属性和私有方法

在 Python 类中，定义的属性和方法默认是公开的，实例化的对象可以通过“对象名.”的方式访问。在实际开发应用中，对象的某些属性或者方法可能只希望在内部被使用，而不希望在外部被访问到，此时可以定义为私有属性和私有方法。定义私有属性和私有方法的语法格式如下：

```
__属性名
__方法名()
```

说明如下。

（1）在属性名和方法名前加两条下画线，表示私有的属性或方法。

（2）私有属性和私有方法在类的外部不能直接通过对象名访问，但可以通过调用实例方法实现内部访问。

（3）Python 中的这种私有实际上是一种“伪私有”，其实还可以通过在属性或方法前加“__类名”的方式实现外部访问。

【例 9.9】私有成员应用实例。

```
#eg0909.py
class Student:
    def __init__(self,name,course):
        self.__name=name          #私有属性
        self.__course=course      #私有属性
    def __study(self):            #私有方法
        print("{} 正在学习 {}。".format(self.__name,self.__course))
    def showStudent(self):
```

```
        print("学生 {} 来学习了！ ".format(self.__name))
        self.__study()    #访问私有方法
aStudent=Student("Tom","数学")
aStudent.showStudent()
aStudent.__study()      #私有方法不能直接外部访问
print(aStudent.__name,aStudent.__course)  #私有属性不能直接外部访问
```

程序的运行结果如下。

```
学生 Tom 来学习了!
Tom 正在学习 数学。
Traceback(most recent call last):
  File"D:\Python\eg0909.py",line 13,in <module>
    aStudent.__study()  #私有方法不能直接访问
AttributeError:'Student' object has no attribute '__study'
>>>
```

程序在运行时前面都正常，在运行到 aStudent.__study( )这一行时发生错误，这是因为__study( )是私有方法，对象无法直接访问。要想让程序正常运行，我们可以修改最后两行代码，如下所示。

```
aStudent._Student__study()
print(aStudent._Student__name,aStudent._Student__course)
```

程序的运行结果如下。

```
学生 Tom 来学习了!
Tom 正在学习 数学。
Tom 正在学习 数学。
Tom 数学
>>>
```

需要说明的是，以上两行代码是在私有属性和方法前加了“_类名”来实现访问。在程序开发中，并不推荐这样使用。

9.3 面向对象的基本特征

与大多数面向对象程序设计语言一样，Python 语言也具有面向对象程序设计的 3 个基本特征，即封装、继承和多态。

9.3.1 封装

在面向对象程序设计中，为了将一些属性和方法隐藏在类的内部，将数据（属性）和操作数据的方法都放在一起，组成的一个整体就是封装。封装具有对内部细节进行隐藏、保护的能力，使得类具有较好的独立性，很好地避免了外部操作对内部数据的影响。封装使得程序员忽略对象的内部结构，只能使用自己可以使用的方法，而不允许从外部直接操作内部数据，避免误存取的发生，保证数据的安全。

与其他面向对象程序设计语言不同的是，Python 中没有使用 public、private 这样的关键字来表示属性或方法的访问控制方式，而是通过在属性或方法前加两条下画线来表示私有，实现外部的访问控制。

在例 9.9 中通过设置私有成员实现对 name、course 属性及 study( )方法的封装，使得在类外部很难访问。我们不推荐使用在私有成员前加“_类名”实现外部访问的原因之一，就是因为它不符合封装的原则。下面通过一个例子介绍如何访问并修改私有属性。

【例 9.10】访问并修改私有属性。

```
#eg0910.py
class Student:
    def __init__(self,name,course):
```

```
        self.__name=name
        self.__course=course
    def getName(self):  #获取__name 值
        return self.__name
    def getCourse(self):  #获取__course 值
        return self.__course
    def setCourse(self,course):  #修改__course 值
        self.__course=course
    def __study(self):
        print("{} 正在学习 {}".format(self.__name,self.__course))
    def showStudent(self):
        self.__study()
aStudent=Student("Tom","数学")
aStudent.showStudent()
aStudent.setCourse("语文")  #修改__course 属性值
aStudent.showStudent()
name=aStudent.getName()     #获取__name 属性值
course=aStudent.getCourse()   #获取__course 属性值
print("{} 正在学习什么? 答: {}".format(name,course))
```

本例中通过 getName( )方法和 getCourse( )方法来获取私有属性值，通过 setCourse( )方法来修改私有属性值。程序的运行结果如下。

```
Tom 正在学习 数学
Tom 正在学习 语文
Tom 正在学习什么? 答: 语文
>>>
```

9.3.2 继承

在程序开发过程中,有时会遇到两个类或者几个类有很多相同的属性和方法,而它们之间还有从属关系（如人类和学生类、车类和汽车类等），在分别封装这些类的时候会有一些重复的属性和方法，代码的利用率不高，维护和升级也不方便。这时可以使用类的继承特征来解决这个问题。

继承是面向对象程序设计的另一个重要特征，是一种设计复用和代码复用的机制。继承就是新类从已有的类那里获得已有的属性和方法。在面向对象编程中，被继承的类称为父类或基类，实现继承的类称为子类或派生类。继承允许子类从父类获得属性和方法，同时子类中可以添加新属性，也可以添加新方法或重写父类中的方法。

1．单继承

单继承是指子类只继承一个父类。子类会继承父类的公共属性和公共方法。单继承定义子类的语法格式如下：

```
class  子类名(父类名):
      属性定义
      方法定义
```

（1）方法继承。

【例 9.11】方法继承应用实例。

```
#eg0911.py
class Person:  #父类
    def work(self):
        print("工作")
    def study(self):
        print("学习")
    def eat(self):
        print("吃饭")
    def sleep(self):
```

```
        print("睡觉")
class Teacher(Person):      #子类为Teacher，父类为Person
    def teach(self):        #定义新方法
        print("讲课")
class Policeman(Person):    #子类为Policeman，父类为Person
    def catch(self):        #定义新方法
        print("抓小偷")
ateacher=Teacher()
ateacher.eat()         #调用从父类继承的方法
ateacher.teach()       #调用新增的方法
aPoliceman=Policeman()
aPoliceman.catch()   #调用新增的方法
aPoliceman.sleep()   #调用从父类继承的方法
```

程序的运行结果如下。

```
吃饭
讲课
抓小偷
睡觉
>>>
```

说明如下。

① 单继承中子类只有一个父类，但一个父类可以有多个子类。

② 本例中，Teacher 和 Policeman 两个子类能够继承父类 Person 中所有的 4 个方法。

（2）方法重写。

当从父类中继承的方法不能满足子类的需求时，在子类中可以重写父类的方法。方法重写是指在子类中重新编写一个与父类方法同名的方法。如果在子类的方法中需要引用父类的方法，我们可以使用“super( ).父类方法”来调用父类方法。

【例 9.12】子类重写父类方法。

```
#eg0912.py
class Person:
    def work(self):
        print("工作")
    def study(self):
        print("学习")
    def eat(self):
        print("吃饭")
    def sleep(self):
        print("睡觉")
class Teacher(Person):
    def work(self):   #重写父类方法
        print("在学校做教学工作")
    def study(self):  #重写父类方法
        print("学习先进教学方法")
    def teach(self):
        print("讲课")
class CollegeTeacher(Teacher):
    def work(self):   #重写父类方法
        print("我是一名高校教师")
        super().work()   #调用父类方法
        print("还在学校做科研工作")
    def teach(self):    #重写父类方法
        print("讲授大学课程")
ateacher=Teacher()
ateacher.work()
ateacher.study()
ateacher.teach()
acollegeTeacher=CollegeTeacher()
acollegeTeacher.work()
```

```
acollegeTeacher.teach()
acollegeTeacher.sleep()
```

程序的运行结果如下。

```
在学校做教学工作
学习先进教学方法
讲课
我是一名高校教师
在学校做教学工作
还在学校做科研工作
讲授大学课程
睡觉
>>>
```

说明如下。

① 继承具有遗传性，子类可以继承父类自己及父类的父类中的公共属性和公共方法。本例中 Teacher 类继承 Person 类，CollegeTeacher 类继承 Teacher 类，那么 CollegeTeacher 类就继承了 Person 类中的所有方法。

② 如果子类中重写了父类的方法，那么子类对象在调用该方法时将调用自己重写的方法，本例中 atcacher.study( )、acollegeTeacher.work( )等均是调用了自己重写的方法。

（3）父类的私有属性和私有方法。

前文已经介绍了私有属性和私有方法，它们在类的外部是不能被直接访问的。下面介绍在子类中如何访问父类的私有属性和私有方法。

子类不能继承父类的私有属性和私有方法，子类对象的方法中不能直接访问父类的私有属性和私有方法，但可以通过父类的公共方法间接访问父类的私有属性和私有方法。

【例 9.13】访问父类的私有属性和私有方法。

```
#eg0913.py
class Person:
    def __init__(self,name,score):
        self.__name=name
        self.__score=score
    def __study(self):
        print("{} 要学习 {}".format(self.__name,self.__score))
    def eat(self):
        print("{} 要吃饭".format(self.__name))
    def sleep(self):
        print("{} 要睡觉".format(self.__name))
    def common(self):
        self.__study()
class Student(Person):
    def everyDay(self):
        self.eat()
        self.common()
        self.sleep()
aStudent=Student("Tom","数学")
aStudent.everyDay()
```

程序的运行结果如下。

```
Tom 要吃饭
Tom 要学习 数学
Tom 要睡觉
>>>
```

本例中，在子类中使用 self.common( )来调用父类中的私有方法__study( )。如果把 self.common( )改为 self.__study( )，则程序会报错。

2．多继承

除单继承外，Python 还支持多继承。多继承是指一个子类可以拥有多个父类。子类可以继承所有父类的公共属性和公共方法。多继承定义子类的语法格式如下：

```
class  子类名(父类名1,父类名2,…):
       属性定义
       方法定义
```

需要注意的是，多继承容易导致代码逻辑复杂、思路混乱，一直备受争议，小、中型项目中较少使用，后来的 C#、Java、PHP 等相继取消了多继承。所以如果不是必要，尽量不要使用多继承，而是使用单继承，以保证编程思路更清晰，避免代码逻辑复杂而引发错误。

【例 9.14】多继承应用实例。

```
#eg0914.py
class Fruit:
    def taste(self):
        print("这是水果，可以吃。")
    def juice(self):
        print("这是水果，可以榨汁。")
class Food:
    def taste(self):
        print("这是食物，可以吃。")
    def eat(self):
        print("饭好了，开饭。")
class Banana(Fruit,Food):
    def show(self):
        print("这是香蕉。")
ban=Banana()
ban.show()
ban.taste()
ban.juice()
ban.eat()
```

子类 Banana 继承了父类 Fruit 和 Food 的所有方法。程序的运行结果如下。

```
这是香蕉。
这是水果，可以吃。
这是水果，可以榨汁。
饭好了，开饭。
>>>
```

▶学习提示

如果继承时多个父类中有同名的方法，调用时具体调用哪个方法要根据 Python 中内置属性“__mro__”的搜索顺序来决定，基本上先从子类自身开始寻找，之后到同一层级父类中从左到右进行寻找，再到更上一层级父类中从左到右寻找，直到找到为止，如果找不到则会报错。在本例中，我们可以看到在 Fruit 和 Food 两个父类中都有 taste( )方法，ban.taste( )调用的是 Fruit 类中的 taste( )方法。

9.3.3 多态

除了封装和继承，多态也是面向对象程序设计的一个重要特征。多态是指父类的同一个方法在不同子类对象中具有不同的表现和行为。多态可以增加代码在外部调用时的灵活度，使代码更具有兼容性。多态的概念非常广泛，通常以子类继承和重写父类方法为前提。

（1）不同子类的对象调用同一个方法产生不同的行为。

【例 9.15】多态应用实例 1。

```
#eg0915.py
class Person:
    def __init__(self,name):
        self.name=name
    def work(self):
        print("{}在工作! ".format(self.name))
class Teacher(Person):
    def work(self):
        print("{}老师在给学生讲课。".format(self.name))
class Doctor (Person):
    def work(self):
        print("{}医生在给病人看病。".format(self.name))
aTeacher=Teacher("李明")
aTeacher.work()
aDoctor=Doctor("王华")
aDoctor.work()
```

Teacher 类的对象 aTeacher 和 Doctor 类的对象 aDoctor 都调用了 work( )方法，产生的结果不同。程序的运行结果如下。

```
李明老师在给学生讲课。
王华医生在给病人看病。
>>>
```

（2）Person 及子类对象作为参数。

【例 9.16】多态应用实例 2。

```
#eg0916.py
class Person:
    def __init__(self,name):
        self.name=name
    def work(self):
        print("{}在工作! ".format(self.name))
class Teacher(Person):
    def work(self):
        print("{}老师在给学生讲课。".format(self.name))
class Doctor (Person):
    def work(self):
        print("{}医生在给病人看病。".format(self.name))
class WorkPerson:
    def personWork(self,aperson):
        aperson.work()
p=WorkPerson()
aTeacher=Teacher("李明")
aDoctor=Doctor("王华")
p.personWork(aTeacher)
p.personWork(aDoctor)
```

语句“p.personWork(aTeacher)”和“p.personWork(aDoctor)”调用同一个 personWork( )方法，参数不同产生的行为也不同。程序的运行结果如下。

```
李明老师在给学生讲课。
王华医生在给病人看病。
>>>
```

通过观察发现，两种方式的功能和运行结果一样。其中第二种方法更能显示多态的含义，WorkPerson 类中调用相应对象的 work( )方法，而不用关心对象具体是什么类型职业的人，当需要增加 Person 子类对象时，只需要重写 work( )方法就可以了。

习题

一、选择题

1. 以下说法中，错误的是（　　）。

   A. 抽象就是抽取事物的本质特征而暂不考虑它们的细节

   B. 对象是类的实例化，具有自己的属性和行为

   C. 同一个类的多个对象具有不同的属性和方法

   D. 类是对象的抽象，对象是类的实例

2. 以下选项中，（　　）不是面向对象程序设计的基本特征。

   A. 继承　　B. 维护　　C. 封装　　D. 多态

3. 以下程序的运行结果是（　　）。

```
class Point:
    def show(self):
        if self.x<self.y:
            print(self.x*self.y)
        else:
            print(self.x+self.y)
a=Point()
a.x=5
a.y=4
a.show()
```

   A. 4　　B. 5　　C. 9　　D. 20

4. 构造方法是一种特殊的方法，其名称为（　　）。

   A. __init__　　B. __del__　　C. init　　D. del

5. 在 Python 中，用于释放占用资源的方法是（　　）。

   A. __init__　　B. __del__　　C. __delete__　　D. __release__

6. 以下选项中，能够定义私有属性的方式是（　　）。

   A. 使用 private 关键字　　B. 使用__m__定义属性名

   C. 使用 public 关键字　　D. 使用__m 定义属性名

7. 以下程序的运行结果是（　　）。

```
class Point:
    def __init__(self,x,y):
        self.x=x
        self.y=y
    def show(self):
        print(self.x*self.y)
a=Point(3,4)
a.x=5
a.y=6
a.show()
```

   A. 3　　B. 5　　C. 12　　D. 30

8. 以下选项中，（　　）在对象被删除时将被调用。

   A. 初始化方法　　B. 析构方法　　C. 成员方法　　D. 私有方法

9. 以下程序的运行结果是（　　）。

```
class Point:
    x=3
    y=4
    def show(self):
        print(Point.x * Point.y)
```

```
a=Point()
a.x=5
a.y=6
a.show()
```

A. 3　　B. 5　　C. 12　　D. 30

10. 以下程序的运行结果是（　　）。

```
class Point:
    x=3
    y=4
    def show(self):
        print(self.x * self.y)
a=Point()
a.x=4
a.y=5
a.show()
```

A. 3　　B. 4　　C. 12　　D. 20

11. 以下程序的运行结果是（　　）。

```
class Point:
    x=2
    y=3
    @classmethod
    def show(cls):
        print(cls.x + cls.y)
a=Point()
a.x=4
a.y=5
a.show()
```

A. 2　　B. 5　　C. 6　　D. 9

12. 以下说法中，错误的是（　　）。

A. 实例方法可以访问实例属性　　B. 实例方法可以访问类属性
C. 类方法可以访问类属性　　D. 静态方法可以访问实例属性和类属性

13. 有以下类定义和实例化对象 d，（　　）对方法的调用是错误的。

```
class Dog:
    def __a(self):
        print("a")
    @staticmethod
    def b():
        print("b")
    @classmethod
    def c(cls):
        print("c")
    def d(self):
        print("d")
d=Dog()
```

A. d.__a()　　B. d.b()　　C. d.c()　　D. d.d()

14. 以下说法中，错误的是（　　）。

A. 子类从父类继承已有的属性和方法　　B. 子类中可以添加新的属性和方法
C. 子类可以重写从父类继承的方法　　D. 类可以直接访问父类的私有属性和私有方法

15. 以下程序的运行结果是（　　）。

```
class A:
    def a(self):
        print("a")
class B(A):
    def a(self):
```

```
        print("b")
class C(B):
    def a(self):
        print("c")
cc=C()
cc.a()
```

A. a　　B. b　　C. c　　D. B

16. 以下程序的运行结果是（　　）。

```
class A:
    def a(self):
        print("a",end="")
class B:
    def b(self):
        print("b",end="")
class C(A,B):
    def a(self):
        print("c",end="")
    def c(self):
        self.a()
self.b()
cc=C()
cc.c()
```

A. ab　　B. cb　　C. ac　　D. bc

二、编程题

1. 定义三角形类 Triangle，其具有 3 条边长的属性，通过初始化方法为属性赋值，方法 showSides( ) 输出三角形边长，方法 circum( )计算三角形周长，方法 area( )计算三角形面积，方法 showInformation( ) 输出三角形信息。在程序中，输入三角形的 3 条边长，创建三角形对象，输出三角形信息，计算并输出周长和面积。

2. 定义类 Rectangle、派生类 Rectangular。

类 Rectangle，属性 length 和 width（长方形的长和宽），通过初始化方法为 length 和 width 赋值，方法 area( )计算面积，方法 circum( )计算周长，方法 show( )输出长方形信息。

派生类 Rectangular，包含新成员属性 height（长方体的高），通过初始化方法为 length、width 和 height 赋值，方法 area( )计算表面积，方法 volume( )计算体积，方法 show( )输出长方体信息。

在程序中创建 Rectangular 对象，输入 length、width 和 height，通过初始化方法为属性赋值，输出表面积和体积。

3. 定义类 Person、派生类 Teacher 和 Student。

类 Person，属性包括姓名、性别、年龄，方法为 show( )。

派生类 Teacher，属性包括姓名、性别、年龄、教师号、职称，方法为 show( )。

派生类 Student，属性包括姓名、性别、年龄、学号、专业，方法为 show( )。

在程序中创建 Teacher 对象，输入各属性值，输出教师信息；创建 Student 对象，输入各属性值，输出学生信息。

4. 定义类 Student 和 Fighter，定义类 Student 和 Fighter 的派生类 FightStudent。

类 Student 的对象属性包括姓名、性别、学号、学院，通过初始化方法为属性赋值，show( )方法输出对象信息。

类 Fighter 的对象属性包括姓名、性别、军衔、军种，通过初始化方法为属性赋值，show( )方法输出对象信息。

派生类 FightStudent 的对象属性包括姓名、性别、学号、学院、军衔、军种，通过初始化方法为属性赋值，show( )方法输出对象信息。

在程序中，输入 FightStudent 类的各项成员属性，创建 FightStudent 对象，输出对象的信息。

第10章 模块化程序设计

Python 中为程序开发人员提供了大量的模块，不仅包括 Python 标准库中的模块，还包括大量的第三方模块以及开发者根据需求自定义的模块。利用这些模块可以方便开发人员进行软件开发，提高开发效率。本章主要介绍模块、包、标准库和第三方库的导入及基本使用方法。

10.1 模块化编程

模块化程序设计是指将大问题逐步细化，分解成很多具有独立功能的小模块，这些小模块可以相互调用，从而简化程序设计的过程。在实现复杂功能时，尽可能地使用已有的模块（包括第三方模块和自定义模块等）实现代码复用，来搭建复杂的程序。

就像搭积木一样，每一个具有独立功能的函数可以被看作一个积木块，而一个模块可以被看作一个积木盒，积木盒（模块）里可以有很多积木块（函数），每一个积木盒就是一个 Python 文件。使用时可以将模块导入程序中，这样就可以根据需求使用模块中的函数来实现具体功能。模块化编程具有以下特点。

（1）简化功能。便于将一个复杂任务分解成多个模块，使得开发变得简单，整个程序逻辑结构更加清晰。

（2）方便维护。各模块之间功能独立，相互影响、依赖性小，修改一个模块不会影响其他模块。

（3）代码复用。实现一个功能模块后，可以被多个程序导入使用，不用重复开发，从而降低开发成本。

10.2 Python 模块

在 Python 中，模块就是一个包含数据和代码的 Python 文件。通俗来讲，模块就是 Python 程序。我们在前文学过的 Python 程序都可以被当作模块来使用。在模块中可以定义函数、类和变量，也可以包含可执行的代码。模块可以更好地组织代码结构，提高代码复用率。Python 中的模块主要有如下 3 种。

（1）内置模块：内置模块包含在解释器中，在安装好 Python 环境后，可以直接导入使用。常见的内置模块有 os、sys、math、random 等。

（2）第三方模块：开发者已写好的具有特定功能的模块存储在 Python 的官方库中，可以直接下载并使用。常见的第三方模块有 Scrapy、NumPy、Matplotlib 等。

（3）自定义模块：程序员自行编写的、为了完成某种功能的 Python 文件。

10.2.1 自定义模块

自定义模块是程序员自己编写的模块，使用自定义模块的过程包括创建自定义模块和导入自定义模块两个步骤。

1．创建自定义模块

【例 10.1】创建一个自定义模块，包括两个函数。将模块命名为 eg1001mod.py。

```
#eg1001mod.py
def area(length,width,height):
    s=2*(length*width+length*height+width*height)
    return s
def volume(length,width,height):
    v=length*width*height
    return v
```

2．导入自定义模块

【例 10.2】导入例 10.1 中的自定义模块，输入长方体的长、宽、高，计算表面积和体积。

```
#eg1002.py
import eg1001mod      #导入名称为 eg1001mod.py 的模块
length,width,height=map(int,input("输入长、宽、高：").split())
print("表面积：{}".format(eg1001mod.area(length,width,height)))
print("体积：{}".format(eg1001mod.volume(length,width,height)))
```

程序运行时输入 5、3、2，运行结果如下。

```
输入长、宽、高：5 3 2
表面积：62
体积：30
>>>
```

说明如下。

（1）使用本例中的方式导入模块后，若要调用模块中的函数，应该在前面加上“模块名.”。例如，使用 eg1001mod.area(length,width,height)实现调用 area( )函数。

（2）如果用户自定义模块存放的位置不正确，则无法导入，程序会报错。为了能够正常使用自定义模块，可以选用以下 3 种方式中的一种存放自定义模块。

① 与引用它的程序存放在同一个目录中。

② 存放在 sys.path 所列目录中任意一个位置（关于 sys.path 目录，本章后续会介绍）。

③ 为自定义模块自建目录，并添加到 sys.path。

10.2.2 导入模块

模块需要先导入后使用，主要有使用 import 语句导入和使用 from…import 语句导入两种方式。

1．使用 import 语句导入

使用 import 语句可以导入整个模块，基本格式如下：

```
import 模块名 [as 别名]
```

说明如下。

（1）模块名表示导入的模块名称（扩展名为.py 的文件名）。

（2）别名，即当模块名较长时，为方便代码编写，给模块起的一个简单好记的缩略名。

（3）如果需要一次导入多个模块，模块名之间用逗号隔开。

下面通过几个具体命令来演示 import 语句的使用方法。

（1）使用 import 语句导入 math 模块。

```
>>> import math
>>> math.fabs(-2.5)
2.5
>>> math.pi
3.141592653589793
>>> math.e
2.718281828459045
>>>
```

（2）使用 import 语句导入 random 模块，使用别名。

```
>>> import random as r
>>> r.random()
0.7306968832661939
>>>
```

（3）使用 import 语句一次导入多个模块。

```
>>> import math as m,random as r,time
>>> m.pi
3.141592653589793
>>> r.random()
0.4810105604956161
>>> time.time()
1660559061.1147077
>>>
```

2．使用 from…import 语句导入

使用 from…import 语句能导入模块中的具体成员，基本格式如下：

```
from 模块名 import 成员名 [as 别名]
```

说明如下。

① 使用 from…import 语句导入后，可以直接访问成员，而不需要在变量名、函数名、类名等前面加模块名。

② 如果要导入多个成员，成员名之间用逗号隔开。

下面通过几个具体命令来演示 from…import 语句的使用方法。

（1）使用 from…import 语句导入 random 模块中的成员。

```
>>> from random import random
>>> random()
0.5481895535966842
>>>
```

（2）使用 from…import 语句导入 math 模块中的多个成员。

```
>>> from math import pi as p,e
>>> p
3.141592653589793
>>> e
2.718281828459045
>>>
```

（3）使用 from…import 语句导入 os 模块中的所有成员。

```
>>> from os import *
>>> name
'nt'
>>>
```

需要说明的是，不推荐使用 from…import 语句一次性导入模块中的所有成员。虽然与使用 import 语句导入模块中所有成员相比，程序开发过程中在使用成员时可以省略前缀的模块名，但容易造成

不同模块之间出现相同成员名称时的使用冲突，存在潜在危险，因此不推荐使用。

10.2.3 模块内置属性和函数

每一个 Python 程序在执行时都存在内置命名空间，无论是作为程序单独运行还是作为模块导入使用，都有一些内置属性和内置函数被加载进来。这些属性和函数在__builtin__模块中定义，不需要手动导入，可以直接使用。

1. __name__属性

通过__name__属性可以获取当前模块的名称。如果一个模块直接运行，其__name__属性值为__main__；如果导入当前程序中，其__name__属性值为模块名称。需要注意的是，在 name 前后都有两条下画线。

【例 10.3】__name__属性应用实例。

```
#eg1003mod.py
def showName1(name):
    print("运行自己",name)
def showName2(name):
    print("模块被导入",name)
if __name__=="__main__":
    showName1(__name__)
else:
    showName2(__name__)
```

（1）直接运行模块，运行结果如下。

```
运行自己__main__
>>>
```

（2）导入该模块，运行结果如下。

```
>>> import eg1003mod
模块被导入  eg1003mod
>>>
```

2. __all__属性

通过__all__属性可以指定模块导入哪些成员。当使用 from…import *导入模块中所有成员时，可能会存在命名空间混乱的潜在危险，这时可以使用__all__属性指定模块中能够被导入的属性、方法、类。需要注意的是，在 all 前后也都有两条下画线。

【例 10.4】__all__属性应用实例。

（1）新建自定义模块，命名为 eg1004mod.py。编写程序如下：

```
#eg1004mod.py
P1="Hello Python"
P2="I love Python"
def show1():
    print("调用 show1 方法")
def show2():
    print("调用 show2 方法")
__all__=["P1","show1"]
```

（2）在主程序中导入 eg1004mod 模块。编写程序如下：

```
#eg1004.py
from eg1004mod import *
print(P1)  #正确
show1()    #正确
print(P2)  #调用 P2 出错
show2()    #调用 show2()出错
```

程序的运行结果如下。

```
Hello Python
调用 show1 方法
Traceback(most recent call last):
  File"D:\Python\eg1004.py",line 5, in <module>
    print(P2)  #调用 P2 出错
NameError:name 'P2' is not defined
>>>
```

说明如下。

（1）如果去掉模块中的“__all__=["P1","show1"]”这行代码，则程序就不会报错，读者可自己调试。

（2）from…import *默认会导入所有不以下画线开头的成员。如果模块中某些成员不想被默认导入，命名时可以使用下画线开头。

3．dir()函数

在 Python 中的一切都是对象，如数据类型、模块等，都有自己的属性和方法，我们可以通过 dir()函数获取模块中所有标识符列表。不带参数时，返回当前范围内的变量、方法和定义的属性列表；带参数时，返回参数的属性和方法名称列表。

（1）获取当前属性列表。

```
>>> dir()
['__annotations__','__builtins__','__doc__','__loader__','__name__',
'__package__','__spec__']
>>>
```

（2）导入 math 模块后，获取 math 模块属性和方法名称列表。

```
>>> import math
>>> dir(math)
['__doc__', '__loader__', '__name__', '__package__', '__spec__', 'acos', 'acosh', 'asin',
'asinh', 'atan', 'atan2', 'atanh', 'ceil','comb', 'copysign', 'cos', 'cosh', 'degrees',
'dist', 'e', 'erf','erfc', 'exp', 'expm1', 'fabs', 'factorial', 'floor', 'fmod', 'frexp','fsum',
'gamma', 'gcd', 'hypot', 'inf', 'isclose', 'isfinite','isinf','isnan', 'isqrt', 'lcm',
'ldexp','lgamma','log', 'log10','log1p', 'log2', 'modf', 'nan', 'nextafter', 'perm', 'pi', 'pow',
'prod','radians', 'remainder', 'sin', 'sinh', 'sqrt', 'tan', 'tanh','tau', 'trunc', 'ulp']
>>>
```

10.2.4 模块的搜索路径

在 10.2.1 节中已经介绍了自定义模块如何存放才能被正确使用。本节介绍 sys.path 及其使用。

1．模块的搜索路径

Python 解释器在导入模块时会搜索模块，其按先后顺序依次在 sys.path 中进行搜索，过程如下：

（1）当前模块所在的同一个目录；

（2）操作系统的环境变量 PYTHONPATH 中包含的目录；

（3）Python 在安装时指定的安装目录。

2．查看 sys. path

模块搜索路径 sys.path 的查看方式如下：

```
>>> import sys
>>> sys.path
['',
'C:\\Users\\Administrator\\AppData\\Local\\Programs\\Python\\Python39\\Lib\\idlelib',
'C:\\Users\\Administrator\\AppData\\Local\\Programs\\Python\\Python39\\python39.zip',
'C:\\Users\\Administrator\\AppData\\Local\\Programs\\Python\\Python39\\DLLs',
```

```
'C:\\Users\\Administrator\\AppData\\Local\\Programs\\Python\\Python39\\lib',
'C:\\Users\\Administrator\\AppData\\Local\\Programs\\Python\\Python39',
'C:\\Users\\Administrator\\AppData\\Local\\Programs\\Python\\Python39\\lib\\site-packages']
>>>
```

其中第一个空串代表当前路径。

3．在 sys. path 中添加模块所在目录

使用 sys.path.append( )语句可以向 sys.path 中添加目录。需要注意的是，在运行时修改 sys.path 的值，退出后就会失效。添加目录的方法如下：

```
>>> import sys
>>> sys.path.append("d:\\Python")
>>> sys.path
['',
'C:\\Users\\Administrator\\AppData\\Local\\Programs\\Python\\Python39\\Lib\\idlelib',
'C:\\Users\\Administrator\\AppData\\Local\\Programs\\Python\\Python39\\python39.zip',
'C:\\Users\\Administrator\\AppData\\Local\\Programs\\Python\\Python39\\DLLs',
'C:\\Users\\Administrator\\AppData\\Local\\Programs\\Python\\Python39\\lib',
'C:\\Users\\Administrator\\AppData\\Local\\Programs\\Python\\Python39',
'C:\\Users\\Administrator\\AppData\\Local\\Programs\\Python\\Python39\\lib\\site-packages'
'd:\\Python']
>>>
```

其中 append( )方法可以将“d:\Python”目录添加到 sys.path 中。

10.3 包

在 Python 语言中，一个功能复杂的项目往往需要多个模块文件。为了方便管理这些模块文件，我们可以根据代码功能把有联系的模块放在同一个文件夹里，以包的形式管理。包可以被看成模块的集合。包是一个文件夹，其中可以包括多个模块，还可以包含其他包。通过包的管理可以有效减少命名冲突的风险。

10.3.1 包结构

在文件系统中，包其实就是一个文件夹，采用层次结构管理。包中还可以嵌套子包。

1．单层包结构

如图 10-1 所示，geometry 包中有两个模块。

```
geometry
  ├── circleArea.py
  ├── rectangleArea.py
```

图 10-1　geometry 单层包结构示例

【例 10.5】包结构应用实例。

（1）geometry 包中 circleArea 模块代码如下：

```
#geometry.circleArea.py
def calCircleArea(r):
    area=3.14*r*r
    print("半径为：{}，则圆的面积为：{}".format(r,area))
```

（2）geometry 包中 rectangleArea 模块代码如下：

```
#geometry.rectangleArea.py
def calRectangleArea(l,w):
    area=l*w
    print("长为：{}，宽为：{}，则矩形的面积为：{}".format(l,w,area))
```

（3）使用 import 语句导入包中的模块，调用函数，运行结果如下：

```
>>> import geometry.circleArea
>>> import geometry.rectangleArea
```

```
>>> geometry.circleArea.calCircleArea(5)
半径为: 5，则圆的面积为:78.5
>>> geometry.rectangleArea.calRectangleArea(5,3)
长为: 5，宽为: 3，则矩形的面积为:15
>>>
```

本例中使用 import 语句导入包中模块，导入包中模块的语法与直接导入模块的语法基本一致。其语法格式如下：

```
import 包名.模块名
import 包名.模块名 as 别名
```

此外，还可以使用 from…import 语句导入包中模块。在调用模块中函数时可以省略包名，直接使用模块名。其语法格式如下：

```
from 包名 import 模块名
from 包名 import 模块名 as 别名
```

（4）使用 from…import 语句导入包中的模块，调用函数，运行结果如下：

```
>>> from geometry import circleArea
>>> from geometry import rectangleArea as rec
>>> circleArea.calCircleArea(5)
半径为: 5，则圆的面积为:78.5
>>> rec.calRectangleArea(5,3)
长为: 5，宽为: 3，则矩形的面积为:15
>>>
```

2．嵌套包结构

如图 10-2 所示，geometry 包中有两个模块和一个子包，子包中有两个模块。在导入子包中模块时，包名间使用点操作符分隔，即“包名.子包名”，多层嵌套包结构也如此。

```
geometry
  ├── circleArea.py
  ├── rectangleArea.py
  ├── perimeter
        ├── circlePerimeter.py
        ├── rectanglePerimeter.py
```

图 10-2 geometry 嵌套包结构示例

【例 10.6】嵌套包结构应用实例。

（1）perimeter 子包中 circlePerimeter 模块代码如下：

```
#geometry.perimeter.circlePerimeter.py
def calCirclePerimeter(r):
    perimeter=2*3.14*r
    print("半径为: {}，则圆的周长为:{}".format(r,perimeter))
```

（2）perimeter 子包中 rectanglePerimeter 模块代码如下：

```
#geometry.perimeter.rectanglePerimeter.py
def calRectanglePerimeter(l,w):
    perimeter=2*(l+w)
    print("长为: {}，宽为: {}，则矩形的周长为:{}".format(l,w,perimeter))
```

（3）导入包中的模块，调用函数，运行结果如下：

```
>>> import geometry.perimeter.circlePerimeter
>>> from geometry.perimeter import rectanglePerimeter
>>> geometry.perimeter.circlePerimeter.calCirclePerimeter(2.4)
半径为: 2.4，则圆的周长为:15.072
>>> rectanglePerimeter.calRectanglePerimeter(3.6,2.4)
长为: 3.6，宽为: 2.4，则矩形的周长为:12.0
>>>
```

10.3.2 包初始化

细心的读者可能会问：“在 10.3.1 小节的实例中，导入包中模块时是否可以只导入包名，而不指定具体模块？”答案是不可以的。例如：

```
>>> import geometry
>>> geometry.circleArea.calCircleArea(2.4)
```

```
Traceback (most recent call last):
  File "<pyshell#1>", line 1, in <module>
    geometry.circleArea.calCircleArea(2.4)
AttributeError: module 'geometry' has no attribute 'circleArea'
>>>
```

要想通过 import geometry 来使用包中的模块，我们需要在包中添加一个__init__.py 文件。__init__.py 文件是初始化文件，每一个作为包使用的目录必须包含一个__init__.py 文件，才会被 Python 认作一个包。geometry 完整包结构如图 10-3 所示。

```
geometry
├── __init__.py
├── circleArea.py
├── rectangleArea.py
├── perimeter
        ├── __init__.py
        ├── circlePerimeter.py
        ├── rectanglePerimeter.py
```

图 10-3　geometry 完整包结构

__init__.py 文件可以是空文件，也可以在其中写一些初始化代码（10.3.3 小节具体介绍）。当导入包时，会运行包中的__init__.py 文件。例如，在 geometry 包中有__init__.py 文件，代码如下：

```
#geometry.__init__.py
print("运行geometry包中的__init__.py文件")
```

导入 geometry 包时，运行结果如下：

```
>>> import geometry
运行geometry包中的__init__.py文件
>>>
```

说明如下。

在低版本的 Python 中，创建包必须包含__init__.py 文件；在 Python 3.3 以后的版本中，支持隐式命名空间包，允许创建没有__init__.py 文件的包。但作为初始化文件，其在包中的作用还是必不可少的。

10.3.3　包导入

前文已经介绍了使用“包名.模块名”的方式来导入包中指定模块的方法。如果只是将整个包导入，而不指定具体模块，则不能实现模块的真正导入。此时需要使用__init__.py 文件进行初始化，从而指定导入的模块。

1. import 包名

使用“import 包名”方式不能导入包中模块，此时可以在__init__.py 文件中指定导入的模块。

【例 10.7】__init__.py 文件应用实例。

（1）编写程序，输入圆的半径，调用模块求圆的面积和周长。

```
#eg1007.py
import geometry
r=float(input("请输入圆的半径："))
geometry.circleArea.calCircleArea(r)
geometry.perimeter.circlePerimeter.calCirclePerimeter(r)
```

（2）geometry 包中__init__.py 文件代码如下：

```
#geometry.__init__.py
import geometry.circleArea
import geometry.perimeter.circlePerimeter
```

（3）circleArea 模块和 circlePerimeter 模块代码与例 10.5、例 10.6 中的一致。

程序运行时输入 2.8，运行结果如下。

```
请输入圆的半径：2.8
半径为：2.8，则圆的面积为：24.6176
半径为：2.8，则圆的周长为：17.584
>>>
```

2. from 包名 import *

与“import 包名”方式一样，直接使用“from 包名 import *”方式也不会导入任何模块，需要在__init__.py文件中设置__all__属性来指定导入的模块。

【例 10.8】__all__属性应用实例。

（1）编写程序，输入矩形长和宽，调用模块求矩形的面积和周长。

```
#eg1008.py
from geometry import *
from geometry.perimeter import *
length=float(input("请输入矩形的长："))
width=float(input("请输入矩形的宽："))
rectangleArea.calRectangleArea(length,width)
rectanglePerimeter.calRectanglePerimeter(length,width)
```

（2）perimeter 包中__init__.py 文件代码如下：

```
#geometry.__init__.py
__all__=['rectangleArea']
```

（3）geometry.perimeter 包中__init__.py 文件代码如下：

```
#geometry.perimeter.__init__.py
__all__=['rectanglePerimeter']
```

（4）rectangleArea 模块和 rectanglePerimeter 模块代码与例 10.5、例 10.6 中的一致。

程序运行时分别输入 4 和 2，运行结果如下。

```
请输入矩形的长：4
请输入矩形的宽：2
长为：4.0，宽为：2.0，则矩形的面积为：8.0
长为：4.0，宽为：2.0，则矩形的周长为：12.0
>>>
```

说明如下。

__init__.py 文件的主要作用是导入该包中的模块。__all__属性无论是在模块导入中设置还是在包导入中设置，都起到限制访问的作用，只能访问__all__属性中设置的内容；区别在于，如果不指定__all__属性，模块导入会导入所有成员，而包导入则不能导入任何模块。

10.3.4 子包间相互访问

首先调整图 10-3 所示的 geometry 完整包结构，用 area 和 perimeter 分别表示计算面积与周长的子包，如图 10-4 所示。

```
geometry
├── area
│   ├── __init__.py
│   ├── circleArea.py
│   ├── rectangleArea.py
├── perimeter
│   ├── __init__.py
│   ├── circlePerimeter.py
│   ├── rectanglePerimeter.py
```

图 10-4 geometry 及其子包结构示例

子包间相互访问是指在程序中一个子包的模块导入另外一个子包中的模块，如子包 area 中的模块 rectangleArea 导入子包 Perimeter 中的模块 rectanglePerimeter。子包间访问可以使用绝对路径和相对路径两种方式。

1. 绝对路径

绝对路径是指文件本身的路径，以当前目录为起点一级一级地导入。本章前面的实例使用的都是绝对路径。

【例 10.9】通过子包间访问，输入矩形长和宽，求面积和周长。

（1）编写程序，输入矩形长和宽，调用 area 子包中 rectangleArea 模块求面积。

```
#eg1009.py
from geometry.area import rectangleArea
length=float(input("请输入矩形的长："))
width=float(input("请输入矩形的宽："))
rectangleArea.calRectangleArea(length,width)
```

（2）修改 area 子包中 rectangleArea 模块代码，能够访问 perimeter 子包中 rectanglePerimeter 模块求周长。

```
#geometry.area.rectangleArea.py
def calRectangleArea(l,w):
    area=l*w
    print("长为：{}，宽为：{}，则矩形的面积为：{}".format(l,w,area))
#绝对路径访问其他子包模块
from geometry.perimeter import rectanglePerimeter
    rectanglePerimeter.calRectanglePerimeter(l,w)
```

（3）rectanglePerimeter 模块代码与例 10.6 中的一致。

程序运行时分别输入 8 和 5，运行结果如下。

```
请输入矩形的长：8
请输入矩形的宽：5
长为：8.0，宽为：5.0，则矩形的面积为：40.0
长为：8.0，宽为：5.0，则矩形的周长为：26.0
>>>
```

2．相对路径

相对路径是相对于当前文件所在位置的路径。用“..”表示上一级目录。

【例 10.10】通过子包间访问，输入圆的半径，求面积和周长。

（1）编写程序，输入圆的半径，调用 area 子包中 circleArea 模块求面积。

```
#eg1010.py
from geometry.area import circleArea
r=float(input("请输入圆的半径："))
circleArea.calCircleArea(r)
```

（2）修改 area 子包中 circleArea 模块代码，能够访问 perimeter 子包中 circlePerimeter 模块求周长。

```
#geometry.area.circleArea.py
def calCircleArea(r):
    area=3.14*r*r
    print("半径为：{}，则圆的面积为：{}".format(r,area))
    #相对路径访问其他子包模块
    from ..perimeter import circlePerimeter
    circlePerimeter.calCirclePerimeter(r)
```

（3）circlePerimeter 模块代码与例 10.6 中的一致。

程序运行时输入 5.8，运行结果如下。

```
请输入圆的半径：5.8
半径为：5.8，则圆的面积为：105.6296
半径为：5.8，则圆的周长为：36.424
>>>
```

10.4 标准库与第三方库

在 Python 中，库是具有相关功能模块的集合。Python 库以包和模块的形式体现，具有某些功能的模块和包都可以被称作库。Python 具有强大的标准库和第三方库供用户使用。

10.4.1 标准库

Python 标准库提供了一系列 Python 核心模块，在安装 Python 环境后就可以直接使用，不需要单独安装。Python 中有 200 多个标准库，Python 常用标准库如表 10-1 所示。

表 10-1　Python 常用标准库

类型	标准库及主要功能
文本	string：通用字符串操作 re：正则表达式操作 difflib：差异计算工具 textwrap：文本填充 unicodedata：Unicode 字符数据库 stringprep：Internet 字符串准备工具 readline：GNU 按行读取接口 rlcompleter：GNU 按行读取的实现函数
数学	numbers：数值的虚基类 math：数学函数 cmath：复数的数学函数 decimal：计算定点数与浮点数 fractions：有理数 random：生成伪随机数
文件与目录	os.path：通用路径名控制 fileinput：从多输入流中遍历行 stat：解释 stat( )的结果 filecmp：文件与目录的比较函数 tempfile：生成临时文件与目录 glob：UNIX 风格路径名格式的扩展 fnmatch：UNIX 风格路径名格式的比对 linecache：文本行的随机存储 shutil：高级文件操作 macpath：macOS 路径控制函数
数据类型	datetime：基于日期与时间工具 calendar：通用月份函数 collections：容器数据类型 collections.abc：容器虚基类 heapq：堆队列算法 bisect：数组二分算法 array：高效数值数组 types：内置类型的动态创建与命名 copy：浅复制与深复制 pprint：格式化输出 reprlib：交替 repr( )的实现
导入模块	imp：访问 import 模块的内部 zipimport：从 ZIP 归档中导入模块 pkgutil：包扩展工具 modulefinder：通过脚本查找模块 runpy：定位并执行 Python 模块 importlib：import 的一种实施

Python 标准库还有很多，需要使用的读者可以登录 Python 官网查阅。下面介绍几个常用标准库。

1．math

math 库中提供了大量数学函数，math 库常用函数如表 10-2 所示。

表 10-2　math 库常用函数

函数	功能	函数	功能
ceil(x)	返回大于或等于 x 的最小整数	acos(x)	返回 x 的反余弦
fabs(x)	返回 x 的绝对值	asin(x)	返回 x 的反正弦
factorial(x)	返回 x 的阶乘	atan(x)	返回 x 的反正切
floor(x)	返回小于或等于 x 的最大整数	cos(x)	返回 x 的余弦
fmod(x, y)	返回 x 除以 y 的余数	sin(x)	返回 x 的正弦
modf(x)	返回 x 的小数和整数部分	tan(x)	返回 x 的正切
trunc(x)	返回 x 的截断整数值	degrees(x)	将 x 从弧度转换为角度
exp(x)	返回 e 的 x 次方的值	radians(x)	将 x 从角度转换为弧度
log2(x)	返回 x 的以 2 为底的对数	pi	数学常数，圆的周长与其直径之比，即圆周率（3.14159…）
pow(x, y)	返回 x 的 y 次方	e	数学常数 e（2.71828…）
sqrt(x)	返回 x 的平方根	—	—

【例 10.11】math 库函数应用实例。

```
#eg1011.py
import math
print(math.pow(2,3))      #2 的 3 次方
print(math.sqrt(2))       #2 的平方根
print(math.ceil(5.3))     #大于或等于 5.3 的最小整数
print(math.floor(5.8))    #小于或等于 5.8 的最大整数
print(math.trunc(5.8))    #返回 5.8 的截断整数值
print(math.pi)         #圆周率
print(math.e)          #数学常数 e
```

程序的运行结果如下。

```
8.0
1.4142135623730951
6
5
5
3.141592653589793
2.718281828459045
>>>
```

2．random

random 库主要用于生成随机数。随机数经常用在数学、游戏等各种算法中。random 库常用函数如表 10-3 所示。

表 10-3　random 库常用函数

函数	功能
getstate( )	返回具有随机数生成器当前内部状态的对象
setstate(state)	恢复发生器的内部状态
getrandbits(k)	返回具有 *k* 个随机位的 Python 整数
randrange(start,stop[, step])	返回范围内的随机整数
randint(a, b)	返回介于 a 和 b 之间的随机整数
choice(seq)	从非空序列返回一个随机元素
shuffle(seq)	将序列 seq 中的元素随机排列，返回打乱后的序列
sample(population, k)	返回从 population 序列中随机抽取 *k* 个元素
random( )	返回范围为[0.0,1.0]的一个随机浮点数
uniform(a, b)	返回介于 a 和 b 之间的随机浮点数
triangular(low,high,mode)	返回介于 low 和 high 之间的随机浮点数，并在边界之间指定模式

【例 10.12】输出 50 个[0,100]的随机整数。

```
#eg1012.py
import random
for i in range(1,51):
    print(random.randint(0,100), end=" ")
```

程序的运行结果如下。

```
44 58 1 44 58 14 72 85 8 68 40 74 46 92 27 100 10 41 58
2 75 7 86 5 84 51 76 73 37 47 98 29 0 35 23 4 60 52 52
97 72 25 15 22 54 17 84 68 98 67
>>>
```

3. calendar

calendar 库中是与日历有关的函数，可以生成文本形式的日历。calendar 库常用函数如表 10-4 所示。

表 10-4 calendar 库常用函数

函数	功能
calendar(year,w=2,l=1,c=5,m=4)	返回一个多行字符串格式的 year 年历，4 个月 1 行，每月间隔为 c。每日宽度为 w 字符，l 是每星期行数
firstweekday( )	返回当前每周起始日期的设置。默认返回 0，即星期一
isleap(year)	闰年返回 True，否则返回 False
leapdays(y1, y2)	返回 y1 到 y2 之间的闰年总数，包含 y1，不包含 y2
month(year, month, w=2, l=1)	返回一个多行字符串格式的 year 年 month 月的日历
monthcalendar(year,month)	一个整数的单层嵌套列表。每个子列表装载一个星期。该月之外的日期都为 0，该月之内的日期被设置为该日的日期，从 1 开始
monthrange(year, month)	返回两个整数组成的元组，第一个表示该月的第一天是星期几，第二个表示是该月的天数
setfirstweekday(weekday)	设置每周起始星期码，0（星期一）到 6（星期日）
weekday(year,month,day)	返回给定日期的星期码，0（星期一）到 6（星期日）

【例 10.13】输出 2022 年日历，4 个月为 1 行。

```
#eg1013.py
import calendar
print(calendar.calendar(2022,w=2,l=1,c=4,m=4))
```

程序的运行结果如下。

```
                                   2022
      January                February                 March                   April
Mo Tu We Th Fr Sa Su    Mo Tu We Th Fr Sa Su    Mo Tu We Th Fr Sa Su    Mo Tu We Th Fr Sa Su
                1  2        1  2  3  4  5  6        1  2  3  4  5  6                 1  2  3
 3  4  5  6  7  8  9     7  8  9 10 11 12 13     7  8  9 10 11 12 13     4  5  6  7  8  9 10
10 11 12 13 14 15 16    14 15 16 17 18 19 20    14 15 16 17 18 19 20    11 12 13 14 15 16 17
17 18 19 20 21 22 23    21 22 23 24 25 26 27    21 22 23 24 25 26 27    18 19 20 21 22 23 24
24 25 26 27 28 29 30    28                      28 29 30 31             25 26 27 28 29 30
31
        May                     June                    July                   August
Mo Tu We Th Fr Sa Su    Mo Tu We Th Fr Sa Su    Mo Tu We Th Fr Sa Su    Mo Tu We Th Fr Sa Su
                   1           1  2  3  4  5                 1  2  3     1  2  3  4  5  6  7
 2  3  4  5  6  7  8     6  7  8  9 10 11 12     4  5  6  7  8  9 10     8  9 10 11 12 13 14
 9 10 11 12 13 14 15    13 14 15 16 17 18 19    11 12 13 14 15 16 17    15 16 17 18 19 20 21
16 17 18 19 20 21 22    20 21 22 23 24 25 26    18 19 20 21 22 23 24    22 23 24 25 26 27 28
23 24 25 26 27 28 29    27 28 29 30             25 26 27 28 29 30 31    29 30 31
30 31
```

```
      September                   October                   November                  December
Mo Tu We Th Fr Sa Su      Mo Tu We Th Fr Sa Su      Mo Tu We Th Fr Sa Su      Mo Tu We Th Fr Sa Su
          1  2  3  4                      1  2          1  2  3  4  5  6                1  2  3  4
 5  6  7  8  9 10 11       3  4  5  6  7  8  9       7  8  9 10 11 12 13       5  6  7  8  9 10 11
12 13 14 15 16 17 18      10 11 12 13 14 15 16      14 15 16 17 18 19 20      12 13 14 15 16 17 18
19 20 21 22 23 24 25      17 18 19 20 21 22 23      21 22 23 24 25 26 27      19 20 21 22 23 24 25
26 27 28 29 30            24 25 26 27 28 29 30      28 29 30                  26 27 28 29 30 31
                          31
>>>
```

【例 10.14】输出 2022 年 12 月日历。

```
#eg1014.py
import calendar
calendar.setfirstweekday(0)
print(calendar.month(2022,12))
```

程序的运行结果如下。

```
   December 2022
Mo Tu We Th Fr Sa Su
          1  2  3  4
 5  6  7  8  9 10 11
12 13 14 15 16 17 18
19 20 21 22 23 24 25
26 27 28 29 30 31
>>>
```

4. datetime

datetime 库是用来处理日期、时间的标准库，主要包括以下几个类。

（1）date 类：日期类，主要用于处理年、月、日。

（2）time 类：时间类，主要用于处理时、分、秒。

（3）datetime 类：日期和时间类，可以处理年、月、日、时、分、秒。

（4）timedelta 类：时间间隔类，主要用于做时间加减。

【例 10.15】datetime.date 类应用实例。

```
#eg1015.py
from datetime import date
d1=date(2022,8,8)
print(d1)
d2=date.today()
print(d2)
print(d2.year,d2.month,d2.day)
d3=date.fromtimestamp(1668322186)
print(d3)
```

程序的运行结果如下。

```
2022-08-08
2022-08-19
2022 8 19
2022-11-13
>>>
```

▶**学习提示**

fromtimestamp 中参数(1668322186)表示自 1970-01-01 00:00:00 以来的秒数。

【例 10.16】datetime.datetime 类应用实例。

```
#eg1016.py
from datetime import datetime
dt1=datetime(2022,8,8)
```

```
print(dt1)
dt2=datetime(2022,10,11,20,50,30,323350)
print(dt2)
print(dt2.year,dt2.month,dt2.day,dt2.hour,dt2.minute,dt2.second,dt2.microsecond)
dt3=datetime.now()    #系统当前时间
print(dt3)
print(dt3.year,dt3.month,dt3.day,dt3.hour,dt3.minute,dt3.second,dt3.microsecond)
```

程序的运行结果如下。

```
2022-08-08 00:00:00
2022-10-11 20:50:30.323350
2022 10 11 20 50 30 323350
2022-08-19 16:13:25.740454
2022 8 19 16 13 25 740454
>>>
```

【例 10.17】datetime.time 类应用实例。

```
#eg1017.py
from datetime import time
t1=time()
print(t1)
t2=time(20,15,45)
print(t2)
t3=time(hour=12,minute=20,second=38)
print(t3)
t4=time(10,25,40,825015)
print(t4)
print(t4.hour,t4.minute,t4.second,t4.microsecond)
```

程序的运行结果如下。

```
00:00:00
20:15:45
12:20:38
10:25:40.825015
10 25 40 825015
>>>
```

10.4.2 第三方库

Python 的强大之处在于，可以使用第三方库来实现各种应用。据不完全统计，Python 的第三方库数在 15 万个以上。第三方库是开发者自己上传的，需要手动下载并安装后才能使用。

1. Python 第三方库简介

Python 第三方库种类很多，主要有以下几类。

（1）数据分析可视化：Matplotlib、NumPy、pyecharts、pandas、Mayavi 等。

（2）网络爬虫：requests、Scrapy、portia、cola 等。

（3）机器学习：scikit-learn、Keras、theano 等。

（4）文本处理：openpyxl、tablib、python-docx、PDFMiner 等。

（5）图像处理：Pillow、imgSeek、pygram 等。

（6）音频处理：eyeD3、pydub、PyAudio 等。

（7）数据库操作：PyMySQL、OurSQL、pymssql 等。

（8）用户图形界面：PyQt5、wxPython、Kivy、curses 等。

（9）Web 开发：Django、Pyramid、Flask、Tornado 等。

（10）游戏开发：pygame、Arcade、Panda3D、Cocos2d 等。

Python 还有很多功能完备的第三方库，其功能及使用方法可以查阅相关资料。

2．Python 第三方库的安装

第三方库需要下载后才能安装、使用，用户可以在有关网站上查询、下载和发布第三方库。在 Python 中使用包管理工具 pip 来安装第三方库，该工具提供了第三方库的安装和卸载等功能。pip 工具的常用命令如表 10-5 所示。

表 10-5　pip 工具的常用命令

命令	功能
pip install 库名	安装库
pip uninstall 库名	卸载库
pip show 库名	查看已安装库的详细信息
pip list	查看所有已安装的第三方库
pip install --upgrade 库名	更新已安装的库

【例 10.18】使用 pip install 安装 playsound 包。

（1）新建文件夹 D:\ai，下载 playsound-1.2.2-py2.py3-none-any.whl 并存放在该文件夹下。

（2）按<Windows+R>组合键，运行“cmd”命令，如图 10-5 所示，即可打开命令提示符窗口。

（3）安装 playsound-1.2.2-py2.py3-none-any.whl。在命令提示符窗口运行命令如下：

```
    C:\Users\Administrator\AppData\Local\Programs\Python\Python39\Scripts\pip install d:\ai\playsound-1.2.2-py2.py3-none-any.whl
```

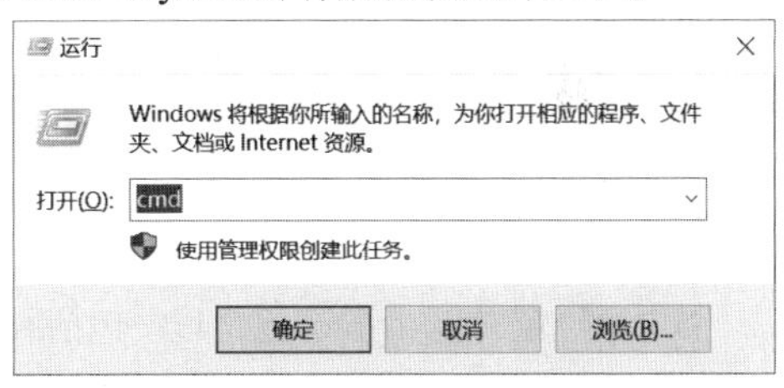

图 10-5　运行“cmd”命令

图 10-6 所示为命令提示符窗口。

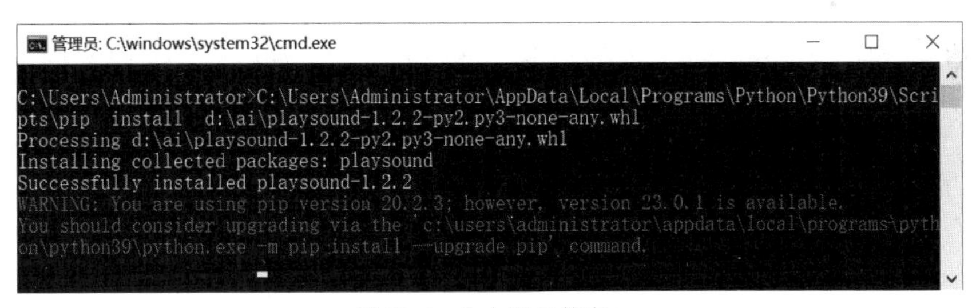

图 10-6　命令提示符窗口

（4）安装完成后即可导入 playsound 模块。

```
    >>> import playsound
    >>>
```

说明如下。

由于 pip 所在路径并未加入 Windows 的路径中，本例在安装时需要给出 pip 的绝对路径：C:\Users\Administrator\AppData\Local\Programs\Python\Python39\Scripts\pip。

习题

一、选择题

1. 以下（　　）不是模块化的优点。

   A. 功能简化　　B. 可维护　　C. 可重用　　D. 作用域不明确

2. 已经定义模块 mod.py，以下选项中，(　　)不能正确导入该模块。

A. import mod　　B. import mod as m

C. from mod import*　　D. from mod

3. 已经定义模块 exmod.py 如下：

```
#exmod.py
def fun(x,y):
    if x<y:
        return(x+y)
    else:
        return(x-y)
def fun2(x,y):
    if x<y:
        return(x*y)
    else:
        return(x//y)
```

运行以下程序的输出结果是(　　)。

```
import exmod
print(exmod.fun(6,2)+exmod.fun2(6,2))
```

A. 20　　B. 7　　C. 11　　D. 16

4. 以下说法中，错误的是(　　)。

A. 一个包就是一个文件夹　　B. 包通过点连接符定义命名空间

C. 包可以包括子包　　D. 包不可以被初始化

5. 已经定义包 myproject，其中包括两个模块 mod1.py 和 mod2.py，子包 sub1 中包括两个模块 mod3.py 和 mod4.py。(　　)是对模块 mod3.py 的正确导入。

A. import myproject.sub1.mod3　　B. import myproject.mod3

C. import sub1.mod3　　D. import mod3

6. 已经定义包 myproject，其中包括两个模块 mod1.py 和 mod2.py，子包 sub1 中包括两个模块 mod3.py 和 mod4.py。(　　)是对模块 mod2.py 的正确导入。

A. from myproject.sub1 import mod2　　B. from myproject import mod2

C. from myproject.sub1 import *　　D. from myproject.sub1.*

7. 已经定义包 myproject，其中包括两个子包 sub1 和 sub2，sub1 中包括两个模块 mod1.py 和 mod2.py，sub2 中包括两个模块 mod3.py 和 mod4.py。在 mod1 中导入 mod3 的正确语句是(　　)。

A. from myproject.sub1 import mod3　　B. from myproject.sub2 import mod3

C. from .. import mod3　　D. from myproject import mod3

8. 已经定义包 myproject，其中包括两个子包 sub1 和 sub2，sub1 中包括两个模块 mod1.py 和 mod2.py，sub2 中包括两个模块 mod3.py 和 mod4.py。在 mod3 中导入 mod1 的正确语句是(　　)。

A. from sub1 import mod1　　B. from ..sub2 import mod1

C. from .. import mod1　　D. from ..sub1 import mod1

9. 以下程序的运行结果是(　　)。

```
import math
print(math.pow(4,2))
```

A. 2　　B. 4　　C. 8　　D. 16

10. 以下程序的运行结果是(　　)。

```
import math
print(math.ceil(5.8))
```

A. 5　　B. 5.8　　C. 6　　D. 0

11. 以下程序运行时，(　　)不可能是输出结果。

```
import random
print(random.randint(0,100))
```

A. 20　　B. 30　　C. 90　　D. 111

12. 以下程序的运行结果是(　　)。

```
from datetime import date
d1=date(2022,2,16)
print(d1.year)
```

A. 2022-2-16　　B. 2022　　C. 2　　D. 16

13. 以下程序的运行结果是(　　)。

```
from datetime import datetime
b=datetime(2022,11,15,23,55,59,342380)
print(b.month)
```

A. 2022-11-15　　B. 15　　C. 11　　D. 23

14. 以下程序的运行结果是(　　)。

```
from datetime import time
d2=time(11,22,33)
print(d2.minute)
```

A. 11　　B. 22　　C. 33　　D. 66

15. 以下选项中，(　　)用于安装第三方库。

A. pip install 库名　　B. pip show 库名

C. pip uninstall 库名　　D. pip list

二、编程题

1. 定义模块 mod1.py，其中包括函数 triangle(a,b,c)，功能是返回三角形面积；函数 rectangle(a,b)，功能是返回长方形面积；函数 rectangular(a,b,c)，功能是返回长方体表面积。

编写程序，导入模块 mod1，输入三角形 3 条边长，调用函数输出三角形面积；输入长方形长和宽，调用函数输出长方形面积；输入长方体长、宽和高，调用函数输出长方体表面积。

2. 定义包 myprj、定义模块 mod1.py，包括函数 f1(x)=2x+1，f2(x)=3x+1；模块 mod2.py，包括函数 g1(x)=4x+1，g2(x)=5x+1。

编写程序，导入包 myprj 中的两个模块，输入 x，计算(f1(x)+f2(x))*(g1(x)−g2(x))。

第11章 异常处理

在开发或运行程序过程中，难免会发生一些错误，有的错误是由于开发人员疏忽造成的语法错误，有的错误可能是用户使用不当造成的运行时错误，也有一些是无法得到正确结果的逻辑错误。如果出现了错误，且这些错误得不到正确处理时，程序将会终止运行。异常处理是保证程序稳健性和提高代码容错率的重要技术，它可以在程序运行过程中捕获和处理异常，从而避免程序因意外而崩溃。

11.1 异常

程序运行时出现的错误称为异常。在 Python 中，引发错误的原因很多，例如除数为 0、索引超出序列范围、访问的文件不存在、数据类型错误等。出现异常时程序会终止，并提示一些出错信息。例如以下命令中除数 y 为 0，产生“ZeroDivisionError”错误，出现错误提示信息。

```
>>> x=10
>>> y=0
>>> z=x/y
Traceback (most recent call last):
  File "<pyshell#2>", line 1, in <module>
    z=x/y
ZeroDivisionError: division by zero
```

11.1.1 Python 内置异常

为了便于处理程序在运行中出现的异常，Python 提供了很多内置异常类型，可以准确反馈出错信息。一些常见的内置异常及错误原因，如表 11-1 所示。

表 11-1 常见的内置异常及错误原因

异常	错误原因
AssertionError	当 assert 语句后边的表达式为 False 时引发
AttributeError	当访问对象的属性不存在时引发
EOFError	当 input()函数没有读取任何数据就结束时引发
FileNotFoundError	文件未找到时引发
FloatingPointError	当浮点运算失败时引发
ImportError	在找不到导入的模块时引发
IndexError	当序列的索引超出范围时引发
KeyError	在字典中找不到键时引发
KeyboardInterrupt	当用户按下中断键（<Ctrl＋C>或<Delete>）时引发
MemoryError	在内存不足时引发

续表

异常	错误原因
NameError	在本地或全局范围内找不到变量时引发
NotImplementedError	有尚未实现的方法时引发
OSError	在系统函数返回系统相关的错误时引发
OverflowError	当算术运算的结果太大而无法表示时引发
ReferenceError	在使用弱引用访问已被垃圾收集的引用对象时引发
RuntimeError	当检测到的错误不属于任何类别时引发
SyntaxError	遇到语法错误时由解析器引发
IndentationError	缩进不正确时引发
TabError	当缩进由不一致的制表符和空格组成时引发
SystemError	在解释器检测到内部错误时引发
SystemExit	由 sys.exit( )功能引发
TypeError	不同类型数据之间进行无效运算时引发
UnboundLocalError	在对函数或方法中的局部变量进行引用但没有值被绑定到该变量时引发
UnicodeError	在发生与 Unicode 相关的编码或解码错误时引发
UnicodeEncodeError	在编码过程中发生与 Unicode 相关的错误时引发
UnicodeDecodeError	在解码期间发生与 Unicode 相关的错误时引发
UnicodeTranslateError	在翻译过程中发生 Unicode 相关错误时引发
ValueError	当函数参数值的类型正确，但参数值不正确时引发
ZeroDivisionError	当除法或模运算的第二个操作数为零时引发

11.1.2 常见异常

为方便读者更好地理解异常，下面介绍 Python 的几种常见异常。

1. AssertionError

断言语句错误异常，assert 语句后边的表达式为 True 时没有异常，当 assert 语句后边的表达式为 False 时抛出该异常。例如：

```
>>> x=10
>>> assert x<20
>>> assert x<5
Traceback (most recent call last):
  File "<pyshell#2>", line 1, in <module>
    assert x<5
AssertionError
```

2. AttributeError

属性错误异常，当试图访问的对象的属性不存在时抛出该异常。例如：

```
>>> list1=[11,12,13,14,15]
>>> len(list1)
5
>>> list1.len
Traceback (most recent call last):
  File "<pyshell#2>", line 1, in <module>
    list1.len
AttributeError: 'list' object has no attribute 'len'
```

3. FileNotFoundError

文件未找到错误异常，当试图打开的文件未找到时抛出该异常。例如：

```
>>> file=open("探月工程.txt", "r", encoding="UTF-8")
Traceback (most recent call last):
```

```
  File "<pyshell#0>", line 1, in <module>
    file=open("探月工程.txt", "r", encoding="UTF-8")
FileNotFoundError: [Errno 2] No such file or directory: '探月工程.txt'
>>>
```

4. IndexError

索引错误异常，当索引超出序列范围时抛出该异常。例如：

```
>>> list1=[11,12,13,14,15]
>>> print(list1[4])
15
>>> print(list1[5])
Traceback (most recent call last):
  File "<pyshell#2>", line 1, in <module>
    print(list1[5])
IndexError: list index out of range
```

5. KeyError

关键字错误异常，当在字典中查找一个不存在的关键字时抛出该异常。例如：

```
>>> dict1={"Elsa":95,"Lisa":90,"Rose":89,"Paul":70}
>>> print(dict1["Lisa"])
90
>>> print(dict1["Lucy"])
Traceback (most recent call last):
  File "<pyshell#2>", line 1, in <module>
    print(dict1["Lucy"])
KeyError: 'Lucy'
```

6. NameError

名称错误异常，访问一个不存在的变量时抛出该异常。例如：

```
>>> print(xxx)
Traceback (most recent call last):
  File "<pyshell#0>", line 1, in <module>
    print(xxx)
NameError: name 'xxx' is not defined
```

7. SyntaxError

语法错误异常，程序运行过程中发生语法错误时抛出该异常。例如：

```
>>> input "x"
SyntaxError: invalid syntax
>>> print "x"
SyntaxError: Missing parentheses in call to 'print'. Did you mean
print("x")?
```

8. TypeError

类型错误异常，不同类型数据之间进行无效运算时抛出该异常。例如：

```
>>> a=100+"200"
Traceback (most recent call last):
  File "<pyshell#0>", line 1, in <module>
    a=100+"200"
TypeError: unsupported operand type(s) for +: 'int' and 'str'
```

9. ValueError

值错误异常，当函数参数值的类型正确，但参数值不正确时抛出该异常。例如：

```
>>> list1=[11,12,13,14,15]
>>> list1.index(13)
2
>>> list1.index(16)
Traceback (most recent call last):
```

```
  File "<pyshell#2>", line 1, in <module>
    list1.index(16)
ValueError: 16 is not in list
```

10. ZeroDivisionError

除数为零错误异常，除数为 0 时抛出该异常。例如：

```
>>> a=5/0
Traceback (most recent call last):
  File "<pyshell#0>", line 1, in <module>
    a=5/0
ZeroDivisionError: division by zero
```

11.2 异常捕获与处理

当程序出现异常时，代表该程序在运行时出现了错误，无法继续执行，默认情况下程序会终止。我们可以使用捕获异常的方式来处理出现的异常，使得程序能继续执行，而不是意外终止。异常处理可以把难以理解的错误提示信息转换为易于理解的提示信息显示给用户，也可以转而执行处理异常的代码。

在 Python 中使用 try 语句来捕获和处理异常，主要包括 try…except…、try…except…else…、try…except…else…finally…等几种形式。

11.2.1 简单异常处理

try…except…是异常处理中非常简单、常见的结构，基本语法格式如下：

```
try:
    可能出现异常的代码
except  [Exception[as reason]]:
    出现异常后的处理代码
```

说明如下。

（1）try 子句用来检测代码中的异常，except 子句用来捕获并处理异常。如果出现异常并被 except 子句捕获，则执行异常处理代码；如果出现异常并没有被 except 子句捕获，则继续往外层抛出，如果所有层都没捕获并处理该异常，则程序终止运行并反馈该异常；如果未发生异常，则不执行 except 子句。

（2）Exception 代表要捕获的异常名称，如果省略，则捕获全部异常。

（3）reason 代表出现异常的原因的提示信息。

【例 11.1】输入两个数，输出它们的商。

（1）简单捕获异常，编写程序如下：

```
#eg1101-1.py
try:
    var1,var2=map(float,input("输入两个数字：").split())
    result=var1/var2
    print("结果为：{}".format(result))
except:
    print("发现错误！")
```

① 程序运行时输入 62，运行结果如下。

```
输入两个数字：62
发现错误!
>>>
```

② 程序运行时输入 6、two，运行结果如下。

```
输入两个数字：6 two
发现错误!
>>>
```

③ 程序运行时输入 6、0，运行结果如下。

```
输入两个数字：6 0
发现错误!
>>>
```

可以看到，此程序仅能捕获异常，但不能识别异常的类型。

（2）输出异常信息，编写程序如下：

```
#eg1101-2.py
try:
    var1,var2=map(float,input("输入两个数字：").split())
    result=var1/var2
    print("结果为：{}".format(result))
except Exception as reason:
    print("发现错误：{}".format(reason))
```

① 程序运行时输入 62，运行结果如下。

```
输入两个数字：62
发现错误：not enough values to unpack(expected 2,got 1)
>>>
```

② 程序运行时输入 6、two，运行结果如下。

```
输入两个数字：6 two
发现错误：could not convert string to float:'two'
>>>
```

③ 程序运行时输入 6、0，运行结果如下。

```
输入两个数字：6 0
发现错误：float division by zero
>>>
```

可以看到，此程序能输出异常提示信息，但用户难以理解。

▶学习提示

Exception 不区分异常类型，能处理任何错误。reason 用于获取错误的提示信息。

11.2.2　多种异常处理

通过例 11.1 可看到，同一个程序面对不同的输入可能产生不同类型的异常，需要针对不同的异常做出不同的处理。此时可以使用多个 except 子句捕获不同的异常来进行处理，基本语法格式如下：

```
try:
    可能出现异常的代码
except Exception1:
    处理异常 1 的代码
[except Exception2:
    处理异常 2 的代码]
    …
[except Exception as reason:
     处理其他异常的代码]
[else:
     处理没有异常的代码]
```

说明如下。

（1）多个 except 子句用来指明要捕获的具体异常类型名称，一旦出现了异常，Python 解释器就会根据该异常类型来决定使用哪个 except 子句块来处理该异常。一旦某个 except 捕获了异常，后面剩余的 except 子句将不会执行。

（2）Exception 用来处理未被前面 except 子句捕获的异常，此部分可以省略。

（3）如果没有出现异常将执行 else 子句，此部分可以省略。

【例 11.2】多种异常处理——输入两个数，输出它们的商。

```
#eg1102.py
try:
    var1, var2=map(float,input("输入两个数字：").split())
    result=var1/var2
    print("结果为：{}".format(result))
except ValueError:
    print("您输入了错误的数字！")
except ZeroDivisionError:
    print("除数不能为 0！")
except Exception as reason:
    print("其他错误：{}".format(reason))
else:
    print("没有错误！")
```

（1）程序运行时输入 6、two，运行结果如下。

```
输入两个数字：6 two
您输入了错误的数字!
>>>
```

（2）程序运行时输入 6、0，运行结果如下。

```
输入两个数字：6 0
除数不能为 0!
>>>
```

（3）程序运行时输入 6、2，运行结果如下。

```
输入两个数字：6 2
结果为：3.0
没有错误!
>>>
```

11.2.3　合并异常处理

在一个 except 子句中，使用圆括号将多个异常括起来，中间用逗号隔开，即可同时处理多个异常。

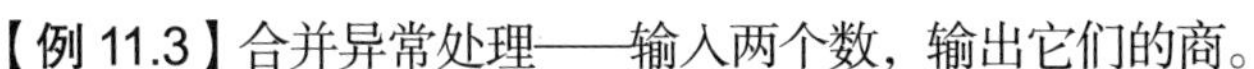

【例 11.3】合并异常处理——输入两个数，输出它们的商。

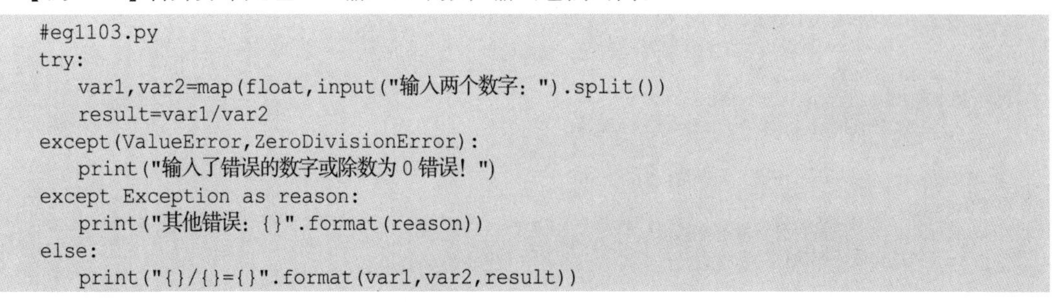

```
#eg1103.py
try:
    var1,var2=map(float,input("输入两个数字：").split())
    result=var1/var2
except(ValueError,ZeroDivisionError):
    print("输入了错误的数字或除数为 0 错误！")
except Exception as reason:
    print("其他错误：{}".format(reason))
else:
    print("{}/{}={}".format(var1,var2,result))
```

（1）程序运行时输入 6、two，运行结果如下。

```
输入两个数字：6 two
输入了错误的数字或除数为 0 错误!
>>>
```

（2）程序运行时输入 6、0，运行结果如下。

```
输入两个数字：6 0
输入了错误的数字或除数为 0 错误!
>>>
```

（3）程序运行时输入 6、2，运行结果如下。

```
输入两个数字：6 2
6.0/2.0=3.0
>>>
```

11.2.4 完整的异常捕获

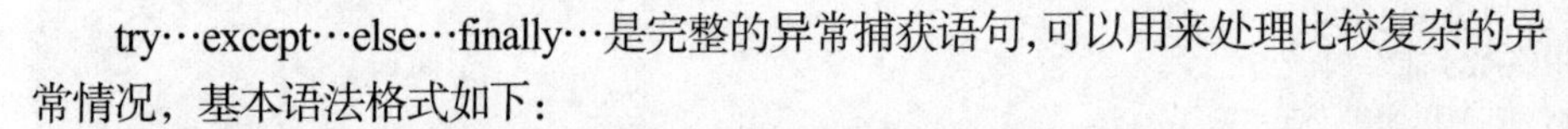

try…except…else…finally…是完整的异常捕获语句，可以用来处理比较复杂的异常情况，基本语法格式如下：

```
try:
    可能出现异常的代码
except Exception1:
    处理异常 1 的代码
[except Exception2:
    处理异常 2 的代码]
[except (Exception3,Exception4,…):
    处理异常 3、异常 4 等的代码]
    …
[except Exception as reason:
    处理其他异常的代码]
[else:
    处理没有异常的代码]
[finally:
    最终都要执行的代码]
```

说明如下。

（1）无论 try 语句块是否出现异常，最终都要执行 finally 语句块中的代码。

（2）finally 语句块中的代码常用于一些收尾工作，例如关闭文件、释放资源等。

【例 11.4】完整的异常捕获——输入两个数，输出它们的商。

```
#eg1104.py
try:
    var1,var2=map(float,input("输入两个数字：").split())
    result=var1/var2
    print("{}/{}={}".format(var1,var2,result))
except ValueError:
    print("您输入了错误的数字！")
except ZeroDivisionError:
    print("除数不能为 0！")
except Exception as reason:
    print("其他错误：{}".format(reason))
else:
    print("程序运行正确，无异常！")
finally:
    print("无论是否有异常都要执行！")
print("这句话还要执行！")
```

（1）程序运行时输入 6、0，运行结果如下。

```
输入两个数字：6 0
除数不能为 0!
无论是否有异常都要执行!
这句话还要执行!
>>>
```

（2）程序运行时输入 6、2，运行结果如下。

```
输入两个数字：6 2
6.0/2.0=3.0
程序运行正确，无异常！
无论是否有异常都要执行！
这句话还要执行！
>>>
```

11.2.5 异常的传递

在实际应用开发中，大多数功能的实现都会被封装成函数或方法。当函数或方法在执行过程中出现异常时，首先将异常传给该函数或方法的调用方，调用方再向外层传给其调用者；如果在这个过程中该异常没有被捕获处理，则该异常会被传给 Python 解释器，程序将终止运行。

【例 11.5】异常的传递——输入两个数，输出它们的商。

```
#eg1105.py
def fun(a,b):
    c=a/b
    return c
try:
    var1, var2=map(float,input("输入两个数字：").split())
    result=fun(var1,var2)
    print("{}/{}={}".format(var1,var2,result))
except Exception as reason:
    print("发现错误：{}".format(reason))
finally:
    print("程序结束了！")
```

（1）程序运行时输入 6、2，运行结果如下。

```
输入两个数字：6 2
6.0/2.0=3.0
程序结束了！
>>>
```

（2）程序运行时输入 6、0，运行结果如下。

```
输入两个数字：6 0
发现错误：float division by zero
程序结束了！
>>>
```

11.3 抛出异常

在程序设计过程中，开发者往往需要抛出自定义的异常来实现程序设计的功能。例如，希望在某些逻辑设计的环节上，虽然没有语法错误，但是可以通过主动报错的方式来避免按照错误的逻辑继续执行下去。

在 Python 中，抛出异常可以通过 raise 语句抛出一个 Exception 对象或其子类对象来实现，其基本语法格式如下：

```
raise [ExceptionName(reason)]
```

说明如下。

（1）ExceptionName 可以是 Exception 或其子类名称，是可选项。

（2）reason 表示异常的信息描述。

【例 11.6】抛出异常——输入半径，计算圆的面积。

```
#eg1106.py
def area():
    r=float(input("请输入圆的半径："))
    if r>0:
        return 3.14*r*r
    else:
        print("抛出异常")
        ex=Exception("输入的半径存在异常！")
        raise ex
try:
    print("圆的面积为：{}".format(area()))
except Exception as reason:
    print("错误信息：{}".format(reason))
```

（1）程序运行时输入 5，运行结果如下。

```
请输入圆的半径：5
圆的面积为：78.5
>>>
```

（2）程序运行时输入-5，运行结果如下。

```
请输入圆的半径：-5
抛出异常
错误信息：输入的半径存在异常！
>>>
```

习题

一、选择题

1. 以下程序在运行时，会出现（　　）异常。

```
x=100
assert x<50
```

A. AssertionError　B. AttributeError　C. IndexError　D. KeyError

2. 以下程序在运行时，会出现（　　）异常。

```
L1=['a','b','a']
print(L1.len())
```

A. AssertionError　B. AttributeError　C. IndexError　D. KeyError

3. 以下程序在运行时，会出现（　　）异常。

```
L1=['a','a','c','a']
print(L1[4])
```

A. AssertionError　B. AttributeError　C. IndexError　D. KeyError

4. 以下程序在运行时，会出现（　　）异常。

```
d1={'a':1,'b':2,'c':3}
print(d1['x'])
```

A. AssertionError　B. AttributeError　C. IndexError　D. KeyError

5. 以下程序在运行时，会出现（　　）异常。

```
abc=3
print(ABC)
```

A. OSError　B. NameError　C. SyntaxError　D. TypeError

6. 以下程序在运行时，会出现（　　）异常。

```
b=10
Print(b)
```

A. OSError　　B. NameError　　C. SyntaxError　　D. TypeError

7. 以下程序在运行时，会出现（　　）异常。

```
input "a="
```

A. OSError　　B. NameError　　C. SyntaxError　　D. TypeError

8. 以下程序在运行时，会出现（　　）异常。

```
a="10"
b=10+a
print(b)
```

A. OSError　　B. NameError　　C. SyntaxError　　D. TypeError

9. 以下程序在运行时，会出现（　　）异常。

```
a=10
b=5-5
print(a/b)
```

A. ZeroDivisionError　　B. NameError　　C. SyntaxError　　D. TypeError

10. 以下说法中，错误的是（　　）。

A. try 语句中的 except 可以有一个或多个　　B. else 语句块当程序没有错误时运行

C. 程序出现异常时，多个 except 都会执行　　D. finally 语句块总是执行

11. 以下程序的运行结果是（　　）。

```
try:
    m=9/0
    print(m)
except:
    print("引发异常")
```

A. 9.0　　B. 引发异常　　C. None　　D. 9

12. 以下程序的运行结果是（　　）。

```
try:
    m=9/10
    print(m,end=" ")
except:
    print("引发异常",end=" ")
else:
    print("end")
```

A. 0.9　end　　B. 引发异常　　C. 引发异常 end　　D. end

13. 以下程序的运行结果是（　　）。

```
try:
    m=9/10
    print(m,end=" ")
except:
    print("引发异常",end=" ")
else:
    print("end",end=" ")
finally:
    print("finally")
```

A. 0.9　end　finally　　B. 引发异常　finally

C. 0.9　finally　　D. finally

14. 以下程序的运行结果是（　　）。

```
c=0
try:
    a=10
    b=0
    c=a/b
except ZeroDivisionError:
    c=1
else:
    c=2
finally:
    c=3
print(c)
```

A. 0　　B. 1　　C. 2　　D. 3

15. 以下程序的运行结果是（　　）。

```
c=0
try:
    a=int("abc")
    b=0
    c=a/b
except ValueError:
    c=1
except ZeroDivisionError:
    c=2
else:
    c=3
print(c)
```

A. 0　　B. 1　　C. 2　　D. 3

16. 以下程序的运行结果是（　　）。

```
c=0
try:
    a=int("10")
    b=5
    c=a/b
except ValueError:
    c=1
except ZeroDivisionError:
    c=2
else:
    c=3
print(c)
```

A. 0　　B. 1　　C. 2　　D. 3

17. 以下程序的运行结果是（　　）。

```
c=0
try:
    a=10
    b=0
    c=a/b
except ValueError:
    c=1
except Exception as result:
    c=2
else:
    c=3
print(c)
```

A. 0　　B. 1　　C. 2　　D. 3

18. 以下程序的运行结果是（　　）。

```
try:
    m=10
    if m%5==0:
        raise
        Print(10)
    Print(0)
except:
    print("引发异常")
```

A. 10　　B. 引发异常　　C. None　　D. 0

二、编程题

1. 编写程序，输入三角形的 3 条边长，求面积。要求正确地处理所有可能出现的异常。

2. 编写程序，输入文件名，打开文件，读取文件内容并输出到屏幕。要求正确地处理所有可能出现的异常。

第12章 Tkinter 图形界面程序设计

前文讲解了 Python 的主要语法知识以及如何在 IDE 中编写和调试程序，程序的输入和输出都是文本界面，没有可视化的图形界面。Python 提供了多个图形界面编程库，包括 Tkinter、wxPython、PyQt 等。本章主要介绍使用 Tkinter 可视化编程库编写图形界面的程序。

12.1 GUI 库

1．GUI 简介

GUI 全称为"Graphical User Interface"，即图形用户界面。它是指采用图形方式显示的计算机操作用户界面。

GUI 不仅包含图形界面，还包含用户输入、对输入数据的处理以及处理结果的呈现。图 12-1 所示为一个简单的 GUI，其中包括输入、处理和输出 3 个图形界面的要素。

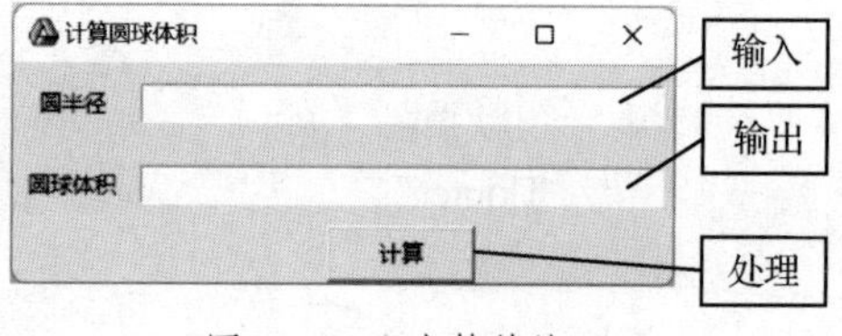

图 12-1　一个简单的 GUI

2．Python 的 GUI 库

Python 提供丰富的 GUI 库供用户选择，主要包含以下几个。

（1）Tkinter 库：Python 自带的标准 GUI 库，可用于多种操作系统，具有跨平台的特点。

（2）wxPython 库：具有跨平台的特点，属于开源工具包，创建 GUI 程序相对简单，是目前非常流行的 GUI 库。

（3）PyQt 库：Qt 库的 Python 版本，支持跨平台。

（4）Kivy 库：主要用于移动应用程序开发，属于开源工具包。

12.2 Tkinter 简介

Tkinter 是 Python 内置的标准 GUI 库，可用于开发跨平台图形界面。使用 Tkinter 开发图形界面不需要再安装其他第三方库，通用性高。

使用 Tkinter 开发图形界面，其开发过程与很多编程语言的开发过程类似，通过创建窗体容器，并在容器中放置相应控件，就可以实现所需界面。Tkinter 中提供了丰富的图形化控件，包括文本框、按钮、列表框、单选按钮、复选框等，这些控件基本可以满足大部分开发者的要求。

Python 图形界面开发不同于.NET 的图形界面开发。因为 Tkinter 没有可视化编程界面，所以无法做到所见即所得。其界面设计需要通过代码实现添加各控件，无法提供可视化拖曳控件的功能，因此与传统图形界面开发相比还是有些烦琐。

在 Python 中进行图形界面开发前需要通过 import 方式导入 Tkinter 库，导入 Tkinter 库的方式分为如下两种。

（1）直接使用 import 方式进行导入，在程序文件开头添加如下代码。

```
import tkinter as tk
```

为了简化程序中使用 Tkinter 库中相应函数的代码编写，这里使用 tk 作为别名。

（2）使用 from…import 方式进行导入，在程序文件开头添加如下代码。

```
from tkinter import *
```

与第一种导入方式的区别在于，在程序中使用 Tkinter 库中相应函数时不需要使用前缀，即直接使用相应函数名称即可。

12.3 创建图形界面

12.3.1 图形界面程序基本结构

一个图形界面程序包含一个窗体和放置在窗体中的若干个控件，以及循环事件。图形界面程序的工作过程如图 12-2 所示。窗体中包含若干控件，各控件可以接收用户输入或操作，循环事件根据用户输入和操作进行相应处理和响应，将响应结果返回给窗体，并显示结果。

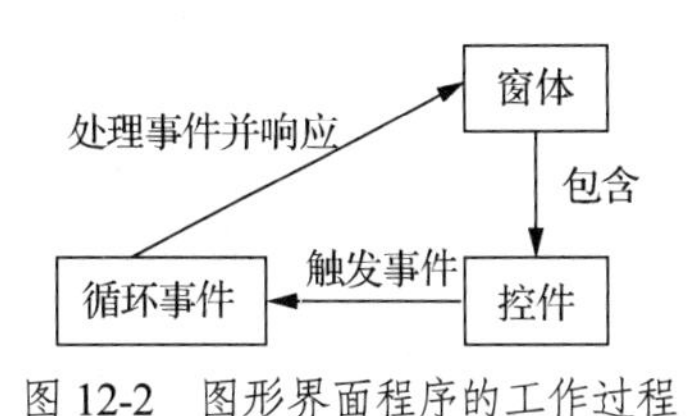

图 12-2 图形界面程序的工作过程

12.3.2 创建图形界面程序

创建一个图形界面程序主要包括以下 3 个步骤。

（1）导入 Tkinter 库。

```
from tkinter import *
```

（2）创建窗体实例。

```
app=Tk()
```

（3）进入循环事件。

```
app.mainloop()
```

以上 3 个步骤是创建每个图形界面程序所必需的步骤，但是当界面比较复杂时，就需要添加其他如窗体属性设置、控件、控件响应事件等。

【例 12.1】创建一个窗体。

```
#导入 tkinter 模块
from tkinter import *
#创建一个窗体对象
root = Tk()
#启动主窗体
root.mainloop()
```

程序运行时会显示一个简单窗体，Tkinter 默认窗体尺寸为 200 像素×200 像素，默认标题为 tk，如图 12-3 所示。

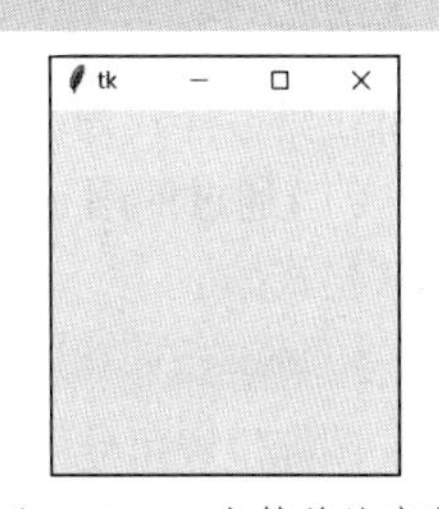

图 12-3 一个简单的窗体

12.3.3 设置窗体属性

在创建窗体时，默认窗体比较简单，无法满足用户需要，因此还需要设置窗体的外观，如宽度、高度、标题栏文字等属性。

1. 设置窗体宽度和高度

在 Tkinter 中通过使用 geometry( )函数设置窗体的宽度和高度，以及窗体在桌面上显示的位置。geometry( )函数语法格式如下：

```
geometry("width x height + x + y")
```

参数说明如下。

（1）width：窗体的宽度。

（2）height：窗体的高度。

（3）x：窗体的左上角距离桌面左上角(0,0)向右的 *x* 轴长度。

（4）y：窗体的左上角距离桌面左上角(0,0)向下的 *y* 轴长度。

（5）特别注意 width 与 height 之间为字母“x”，不是乘号。

【例 12.2】设置窗体的宽度和高度以及显示位置。

```
from tkinter import *
root = Tk()
root.geometry("300x200+700+300")
root.mainloop()
```

程序运行时会显示一个指定宽度、高度和初始位置的窗体，如图 12-4 所示。

说明如下。

（1）窗体高度为 300 像素，宽度为 200 像素。

（2）窗体的左上角位置距离桌面的左上角 *x* 轴和 *y* 轴长度分别为 700 像素和 300 像素。

图 12-4　指定宽度、高度和初始位置的窗体

2. 设置窗体标题

除设置窗体的尺寸和位置以外，还可以设置窗体标题。窗体标题是显示在窗体标题栏中的文字。在 Python 中可以通过使用 title( )函数设置窗体标题，title( )函数语法格式如下：

```
title(标题名称)
```

参数说明如下。

标题名称：显示在窗体标题栏中的文字。

【例 12.3】设置窗体标题。

```
from tkinter import *
root = Tk()
root.geometry("300x300+700+300")
root.title("窗体标题设置")
root.mainloop()
```

程序运行时，窗体标题栏的文字为“窗体标题设置”，如图 12-5 所示。

图 12-5　指定标题栏文字的窗体

3. 其他窗体设置

Tkinter 库还可以设置窗体的其他属性，包括图标、背景颜色、顶部工具栏样式等。

（1）通过使用 iconbitmap( )函数设置窗体图标，iconbitmap( )函数语法格式如下：

```
iconbitmap(图标位置)
```

图标位置可使用相对路径或绝对路径。

（2）通过设置 background 属性设置窗体背景颜色，语法格式如下：

```
["background"]="颜色值"
```

颜色值可以是十六进制颜色值或颜色单词。

（3）通过 attributes( )函数设置顶部工具栏样式，语法格式如下：

```
attributes("-toolwindow", True|False)
```

True 代表只有退出按钮，没有图标，可理解为简化窗体样式；False 代表正常窗体样式，包括图标及最小化按钮、最大化按钮、退出按钮。

【例 12.4】其他窗体设置。

```
from tkinter import *
root = Tk()
root.geometry("400x300")
root.title("窗体设置")    #设置窗体标题
root["background"] = "#C1FFC1"  #设置窗体背景颜色
root.attributes("-toolwindow", False)   #设置顶部工具栏样式
root.mainloop()
```

程序运行时，显示的窗体背景颜色值为#C1FFC1，顶部工具栏为正常窗口样式，如图 12-6 所示。

图 12-6　样式丰富的窗体

12.4 布局与常用控件

12.4.1　布局

在窗体中放置控件时，不仅需要考虑控件的大小，还需要考虑控件在窗体中该如何排列，也就是控件的布局。Tkinter 库为窗体提供以下 3 种控件布局方式。

（1）pack 布局：自动布局，采用块的方式组织子控件。

（2）grid 布局：网格布局，采用表格结构组织子控件。

（3）place 布局：绝对定位布局，指定子控件的绝对位置。

1．pack 布局

pack 布局是指当向窗体中添加控件时，新的控件会依次排列在前一个控件的后边。其排列方向可以是水平方向或垂直方向，默认方式是从上至下布局，系统会自动给控件安排合适的位置。

通过使用 pack( )函数指定控件放在窗体中的位置，其语法格式如下：

```
pack(expand, fill, side)
```

参数说明如下。

（1）expand：设置为布尔值，指定当父容器增大时是否拉伸控件，若设置为 False 则不会拉伸控件。

（2）fill：设置新控件的填充方向，可以设置为 X、Y、BOTH 和 NONE，分别代表水平方向填充、垂直方向填充、水平和垂直方向填充、不填充。

（3）side：设置控件的停靠方向，可以设置为 LEFT、TOP、RIGHT 和 BOTTOM，分别代表向左停靠、向上停靠、向右停靠、向下停靠。

【例 12.5】pack 布局。

```
from tkinter import *
root = Tk()
root.geometry("300x300+700+300")
root.title("pack 布局")
```

```
label1 = Label(root, text = "第一个标签", bg = "#87CEEB")
label2 = Label(root, text = "第二个标签", bg = "#3CB371")
label3 = Label(root, text = "第三个标签", bg = "#CDAD00")
label1.pack(side = LEFT, fill = Y)
label2.pack(side = TOP, fill = BOTH, expand = True)
label3.pack(side = TOP, fill = X)
root.mainloop()
```

程序运行时会显示一个 pack 布局的窗体，如图 12-7 所示。

说明如下。

（1）窗体中放置了 3 个标签控件 label1、label2 和 label3，为了便于显示，将 3 个标签设置成不同颜色。

（2）label1 靠左显示，且在垂直方向填充。

（3）label2 靠上显示，且在垂直和水平两个方向填充，并且当调整窗体时控件大小跟随变化。

（4）label3 在第二个标签后靠上显示，且在水平方向填充。

图 12-7　pack 布局的窗体

2．grid 布局

grid 布局是指将控件依照表格方式放置，即将窗体划分成 *M* 行 *N* 列的表格，将各控件放置在相应格子中。相较于 pack 布局，grid 布局更易于理解。grid 布局无法与 pack 布局一起使用，我们只能选择其中一种布局。

通过使用 grid( )函数指定控件放到窗体中的位置，其语法格式如下：

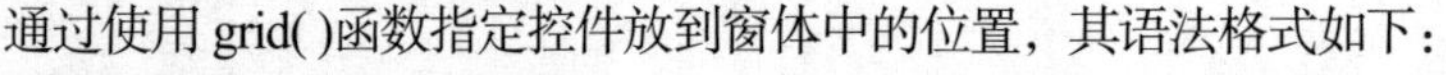

```
grid(row, column, rowspan, columnspan)
```

参数说明如下。

（1）row：设置控件在表格第几行，从 0 开始计数。

（2）column：设置控件在表格第几列，从 0 开始计数。

（3）rowspan：设置控件占表格多少行。

（4）columnspan：设置控件占表格多少列。

【例 12.6】grid 布局。

```
from tkinter import *
root = Tk()
root.geometry("300x200+700+300")
root.title("grid 布局")
label1 = Label(root, text = "第一个标签", bg = "#87CEEB")
label2 = Label(root, text = "第二个标签", bg = "#3CB371")
label3 = Label(root, text = "第三个标签", bg = "#CDAD00")
label1.grid(row = 0, column = 0)
label2.grid(row = 0, column = 1)
label3.grid(row = 1, column = 0, columnspan = 2)
root.mainloop()
```

程序运行时会显示一个 grid 布局的窗体，如图 12-8 所示。

图 12-8　grid 布局的窗体

说明如下。

（1）窗体中放置了 3 个标签 label1、label2 和 label3。

（2）label1 占第 1 行第 1 列的位置。

（3）label2 占第 1 行第 2 列的位置。

（4）label3 占第 2 行第 1 列的位置，且横跨两列。

3．place 布局

place 布局是 3 种布局方式中最简单的一种。place 布局指定控件的绝对位置或相对于其他控件的位置，布局精准，但使用过程比较麻烦，需要设置每个控件的位置

坐标，而且改变窗体大小时控件不能随之改变大小。

通过使用 place( )函数指定控件放到窗体中的位置，其语法格式如下：

```
place(x, y)
```

参数说明如下。

（1）x：设置控件的 *x* 轴坐标，x 为 0 代表位于最左边。

（2）y：设置控件的 *y* 轴坐标，y 为 0 代表位于最上边。

【例 12.7】place 布局。

```
from tkinter import *
root = Tk()
root.geometry("300x200+700+300")
root.title("place 布局")
label1 = Label(root, text = "第一个标签", bg = "#87CEEB")
label2 = Label(root, text = "第二个标签", bg = "#3CB371")
label3 = Label(root, text = "第三个标签", bg = "#CDAD00")
label1.place(x = 20, y = 10)
label2.place(x = 60, y = 80)
label3.place(x = 20, y = 150)
root.mainloop()
```

程序运行时会显示一个 place 布局的窗体，如图 12-9 所示。

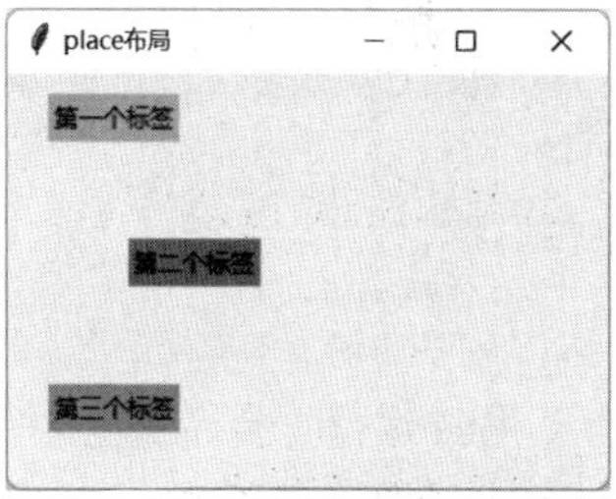

说明如下。

（1）label1 设置 x 为 20，y 为 10。

（2）label2 设置 x 为 60，y 为 80。

（3）label3 设置 x 为 20，y 为 150。

图 12-9　place 布局的窗体

12.4.2　常用控件

创建完窗体后，还需要在窗体上放置构成界面的相应控件，通过这些控件可以实现用户与程序的交互。Tkinter 库中提供了很多控件，包括标签、文本框、按钮、列表框等。表 12-1 列出了 Tkinter 库的常用控件。

表 12-1　Tkinter 库的常用控件

控件	描述
Label	标签控件，用于显示文本和位图
Button	按钮控件，用于显示按钮
Entry	单行文本框控件，用于显示简单的单行文本内容
messagebox	消息框控件，用于显示消息框
Listbox	列表框控件，用来显示一个字符串列表
Text	多行文本框控件，用于显示多行文本
Radiobutton	单选按钮控件，显示一个单选按钮的状态
Checkbutton	多选框控件，用于在程序中提供多项选择框
Scale	范围控件，显示一个数值刻度
Scrollbar	滚动条控件，当内容超过可视化区域时使用，如列表框
Frame	框架控件，在屏幕上显示一个矩形区域，用来作为容器
Menu	菜单控件，显示菜单栏、下拉菜单和弹出菜单
Canvas	画布控件，显示图形元素，如线条或文本
filedialog	文件对话框控件，用于显示文件打开、保存等对话框

下面介绍主要的几种控件。

1. Label控件

Label控件也称为标签控件，主要用来在窗体上显示静态文字或图片，用户在窗体上操作时无法直接修改Label中显示的内容。

通过使用Label( )函数设置标签样式，其语法格式如下：

```
Label(master, text, width, height, fg, font)
```

参数说明如下。

（1）master：父框架名称。

（2）text：标签中显示的文本，文字中可以包含换行符。

（3）width：标签的宽度。

（4）height：标签的高度。

（5）fg：标签中显示的文字颜色，颜色值可以是十六进制颜色值或颜色单词。

（6）font：标签中显示的文字字体。

【例12.8】在窗体中添加标签。

```
from tkinter import *
root = Tk()
root.geometry("300x200+700+300")
root.title("Label标签")
label = Label(root, text = "一个简单的标签", width = 20, height = 2, fg = "red", font=
("微软雅黑", 10), bg = "#87CEEB")
label.pack()
root.mainloop()
```

程序运行时会显示包含一个标签的窗体，如图12-10所示。标签中显示的文字是“一个简单的标签”，标签宽度为20、高度为2、文字颜色为红色、文字字体为微软雅黑、背景色为#87CEEB。

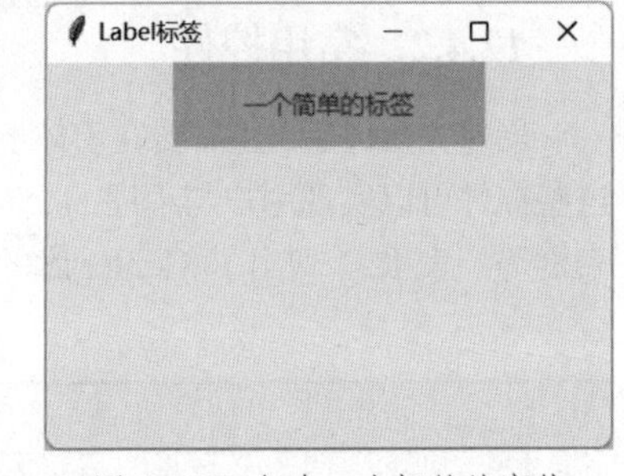

图12-10　包含一个标签的窗体

2. Button控件

Button控件也称为按钮控件，用来在窗体上显示按钮，按钮上可显示文字或图片。按钮可以监听用户行为，与一个Python函数关联，当按钮被单击时会自动调用该函数。

通过使用Button( )函数设置按钮样式，其语法格式如下：

```
Button(master, text, command)
```

参数说明如下。

（1）master：父框架名称。

（2）text：按钮中显示的文本。

（3）command：关联函数，当按钮被单击时，执行该函数。

【例12.9】窗体中添加按钮。

```
from tkinter import *
root = Tk()
root.geometry("300x200+700+300")
root.title("Button按钮")
button = Button(root, text = "单击按钮", width = 20, height = 2)
button.pack()
root.mainloop()
```

程序运行时会显示包含一个按钮的窗体，如图 12-11 所示。按钮中显示的文字是“单击按钮”，按钮宽度为 20、高度为 2。由于没有编写单击按钮的关联函数，因此单击按钮不会有任何响应。

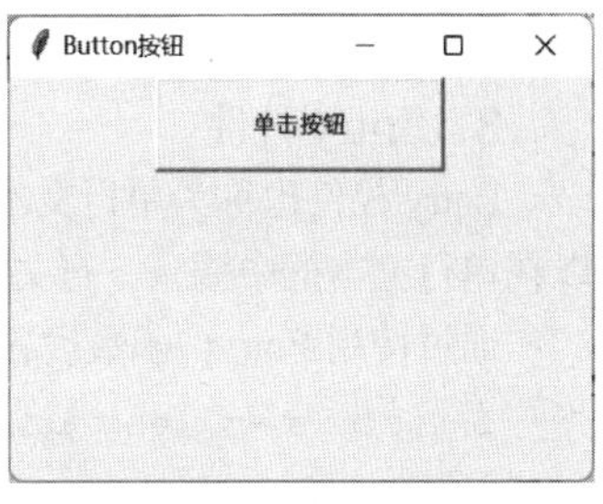

图 12-11　包含一个按钮的窗体

Tkinter 库支持控件与变量的双向绑定。双向绑定是指某一变量与控件的某一属性存在联动，即当控件属性发生变化时，变量会随之变化，而变量值发生变化时，控件属性也随之改变，形成一种联动机制。

一般通过设置控件的 variable（或类似）属性进行控件与变量的双向绑定。Tkinter 库并不能将某一变量名直接与控件的属性绑定，只能使用 variable 类的 4 个子类定义的变量与控件属性进行绑定。

（1）StringVar( )：用于存放字符串类型的变量。

（2）IntVar( )：用于存放整型的变量。

（3）DoubleVar( )：用于存放浮点型的变量。

（4）BoolVar( )：用于存放布尔型的变量。

要操作以上 4 个子类中保存的数据，还需要使用 set( )和 get( )方法。

（1）set( )方法：设定变量的值。

（2）get( )方法：获得变量的值。

【例 12.10】窗体中添加控件与变量双向绑定。

```
from tkinter import *
root = Tk()
root.geometry("300x200+700+300")
root.title("Button 按钮")
#关联函数
def showText():
    strVar.set("按钮被单击")
#创建一个 Label 和一个 Button
strVar = StringVar()   #Label 的关联变量
strVar.set("标签文字")
label = Label(root, width = 20, height = 2, font = ("微软雅黑", 10), textvariable = strVar)
button = Button(root, text = "单击按钮", width = 20, height = 2, command = showText)
label.pack()
button.pack()
root.mainloop()
```

程序运行时单击按钮会修改标签中显示的文字，如图 12-12 所示。

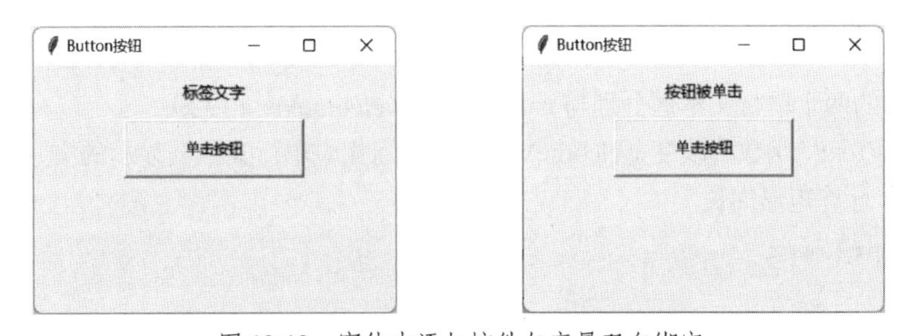

图 12-12　窗体中添加控件与变量双向绑定

说明如下。

（1）窗体中标签显示的文字与 StringVar( )创建的变量相关联，即该变量改变时标签中显示的文字发生变化。

（2）窗体中的 button 设置关联函数为 showText( )，当单击按钮时会触发 showText( )函数。

（3）showText( )函数中修改 StringVar( )创建的变量值，同时标签中显示的文字也会随之发生变化。

3．Entry 控件

Entry 控件也称为单行文本框控件，主要用来在窗体上显示单行文本框。用户可以在单行文本框中输入一行文本字符串。

通过使用 Entry( )函数设置单行文本框，其语法格式如下：

```
Entry(master, textvariable)
```

参数说明如下。

（1）master：父框架名称。

（2）textvariable：单行文本框的值，它是一个 StringVar( )对象。

【例 12.11】窗体中添加单行文本框。

```
from tkinter import *
root = Tk()
root.title("Entry控件")
def showText():
    name = nameVar.get()
    welcomeVar.set("hello," + name)
nameVar = StringVar()
welcomeVar = StringVar()
label_r = Label(root, text = "姓名",)
entry_r = Entry(root, width = 40, textvariable = nameVar)
label_v = Label(root, text = "欢迎",)
entry_v = Entry(root, width = 40, textvariable = welcomeVar)
label_r.grid(row = 0, column = 0, padx = 5, pady = 10)
entry_r.grid(row = 0, column = 1, padx = 5, pady = 10)
label_v.grid(row = 1, column = 0, padx = 5, pady = 10)
entry_v.grid(row = 1, column = 1, padx = 5, pady = 10)
button = Button(root, text = "欢迎", width = 10, height = 1, command = showText)
button.grid(row = 2, column = 1, padx = 10)
root.mainloop()
```

程序运行时输入姓名，单击按钮会显示欢迎信息，如图 12-13 所示。

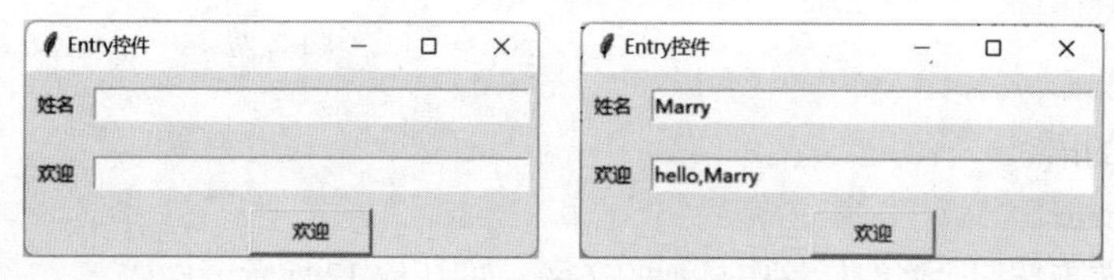

图 12-13　包含单行文本框的窗体

说明如下。

（1）窗体中的两个单行文本框分别与 nameVar 和 welcomeVar 相关联。

（2）在 showText( )函数中改变 welcomeVar 的值，则相应单行文本框显示的文字也发生变化。

【例 12.12】计算矩形周长。

```
from tkinter import *
root = Tk()
root.title("计算矩形周长")
def calculate():
    a = int(aVar.get())
    b = int(bVar.get())
    l = 2 * (a+b)
    lVar.set(l)

aVar = StringVar()
bVar = StringVar()
```

```
    lVar = StringVar()
    label_a = Label(root, text = "矩形长",)
    entry_a = Entry(root, width = 40, textvariable = aVar)
    label_b = Label(root, text = "矩形宽",)
    entry_b = Entry(root, width = 40, textvariable = bVar)
    label_l = Label(root, text = "矩形周长",)
    entry_l = Entry(root, width = 40, textvariable = lVar)
    label_a.grid(row = 0, column = 0, padx = 5, pady = 10)
    entry_a.grid(row = 0, column = 1, padx = 5, pady = 10)
    label_b.grid(row = 1, column = 0, padx = 5, pady = 10)
    entry_b.grid(row = 1, column = 1, padx = 5, pady = 10)
    label_l.grid(row = 2, column = 0, padx = 5, pady = 10)
    entry_l.grid(row = 2, column = 1, padx = 5, pady = 10)
    button = Button(root, text = "计算", width = 10, height = 1, command = calculate)
    button.grid(row = 3, column = 1, padx = 10)
    root.mainloop()
```

程序运行时输入矩形长和矩形宽，单击按钮会显示矩形周长，如图 12-14 所示。

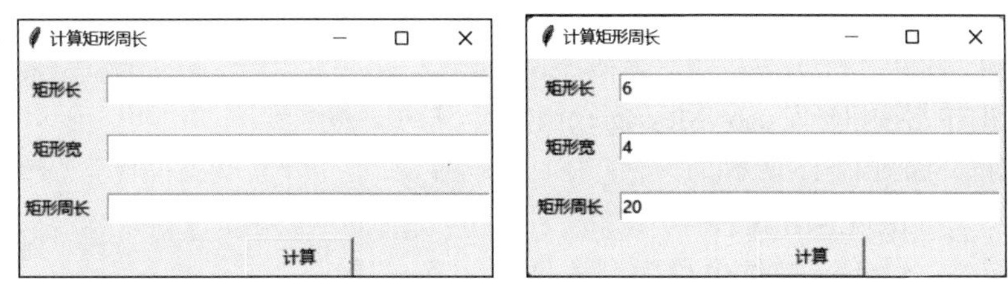

图 12-14 计算矩形周长的窗体

说明如下。

（1）窗体中的 3 个单行文本框分别与 aVar、bVar 和 lVar 相关联。

（2）在 calculate( )函数中获取矩形的长和宽，计算矩形周长，并改变 lVar 的值，则矩形周长显示于 entry_l 单行文本框中。

4．messagebox 控件

messagebox 控件也称为消息框控件，主要用来在窗体上显示一个消息框。

通过使用 messagebox 模块的消息框函数设置显示不同类型的消息框样式，messagebox 模块的语法格式如下：

```
import tkinter.messagebox
tkinter.messagebox.XXX(title, message)
```

说明如下。

（1）必须在使用 messagebox 模块前添加 import 语句。

（2）XXX：代表显示的消息框类型。不同类型消息框使用的函数不相同，如表 12-2 所示。

（3）title：消息框标题文字。

（4）message：消息框显示的提示信息。

表 12-2 不同类型消息框对应的函数

函数	说明	返回值
showinfo( )	提示消息框	—
showwarning( )	警告消息框	—
showerror( )	错误消息框	—
askquestion( )	是否对话框	按钮：是/否；返回值：字符串 “yes” / “no”
askokcancel( )	确定取消对话框	按钮：确定/取消；返回值：True/False

续表

函数	说明	返回值
askretrycancel( )	重试取消对话框	按钮：重试/取消；返回值：True/False
askyesno( )	是否对话框	按钮：是/否；返回值：True/False
askyesnocancel( )	是否和取消对话框	按钮：是/否/取消；返回值：True/False/None

【例 12.13】窗体中显示消息框。

```
from tkinter import *
import tkinter.messagebox
root = Tk()
root.geometry("300x200+300+300")
root.title("messagebox 消息框")
def showMessage():
    tkinter.messagebox.showinfo("消息框标题", "消息框提示内容")
button = Button(root, text = "单击按钮", width = 20, height = 2, command = showMessage)
button.pack()
root.mainloop()
```

程序运行时单击按钮触发 showMessage( )函数，显示一个消息框，如图 12-15 所示。

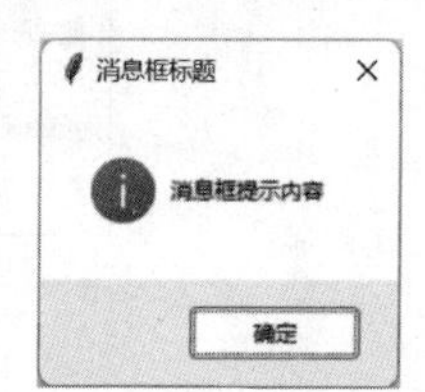

图 12-15　显示消息框

5. Listbox 控件

Listbox 控件也称为列表框控件，主要用来在窗体上显示列表框。通过使用 Listbox( )函数设置列表框样式，其语法格式如下：

```
Listbox(master, listvariable, selectmode)
```

参数说明如下。

（1）master：父框架名称。

（2）listvariable：设置列表框显示的值，它是一个 StringVar( )对象，用空格分隔每一项。

（3）selectmode：设置列表框的种类，可以是 SINGLE、EXTENDED、MULTIPLE 或 BROWSE。

我们可以通过调用以下 Listbox 控件的操作函数来设置列表框内容。

（1）delete(row [, lastrow])：删除指定行，或者删除 row 到 lastrow 之间的行。

（2）curselection( )：被选中项的索引。

（3）insert(row, string)：在指定行插入字符串。

（4）get(row)：取得指定行对应的字符串。

【例 12.14】显示列表框中选择项的文字。

```
from tkinter import *
import tkinter.messagebox
root = Tk()
root.geometry("300x200+300+300")
root.title("列表框")
#获取选中行的数据
def getSelect():
    tkinter.messagebox.showinfo("选中项", listbox.get(listbox.curselection()))
listbox = Listbox(root, width = 20, height = 8)
buttonGetSelect = Button(root, text = "获取选中行", command = getSelect)
#通过循环向 Listbox()添加数据
for i in range(0,5):
    listbox.insert(i, "第" + str(i) + "行")
```

```
listbox.pack()
buttonGetSelect.pack()
root.mainloop()
```

程序运行时，选中列表框中某一项并单击“获取选中行”按钮会显示一个消息框，如图 12-16 所示。

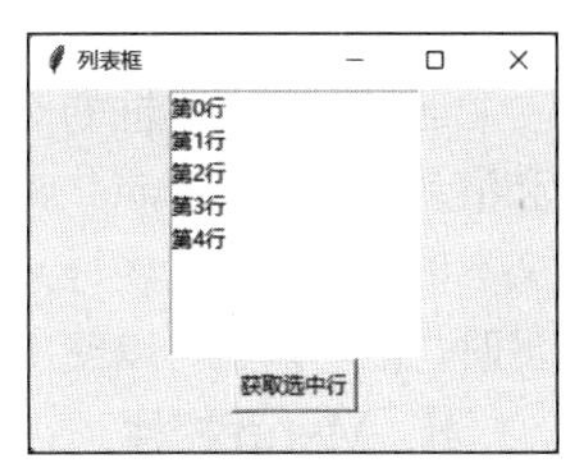

图 12-16　获取列表框中某一项

说明如下。

（1）通过循环向列表框中添加 5 项数据。

（2）通过 curselection( )函数获得列表框中选中项的下标，通过 get( )函数获得该对应下标的列表项内容。

6. Text 控件

Text 控件也称为多行文本框控件，主要用来在窗体上显示多行文本框。在多行文本框中可以通过换行输入多行数据。

通过使用 Text( )函数设置多行文本框控件的样式，其语法格式如下：

```
Text(master, width, height)
```

参数说明如下。

（1）master：父框架名称。

（2）width：设置多行文本框的宽度。

（3）height：设置多行文本框的高度。

Text 控件还提供了以下操作函数，可以对多行文本框内容进行设置。

（1）insert(index,string)：在给定索引处插入指定字符串。

（2）get(startindex,endindex)：返回指定范围内的字符串。

（3）delete(startindex,endindex)：删除指定范围的字符串。

7. Scrollbar 控件

Scrollbar 控件也称为滚动条控件，主要用来在窗体上显示滚动条。根据滚动方向可分为垂直滚动条和水平滚动条，一般与列表框或多行文本框结合使用。

通过使用 Scrollbar( )函数设置列表框样式，Scrollbar( )函数语法格式如下：

```
Scrollbar(master)
```

参数说明如下。

master：父框架名称。

将 Scrollbar 与其他控件结合使用时，需进行如下相应设置。

（1）设置 Scrollbar 所在控件的 yscrollcommand 属性为 Scrollbar.set( )方法。

（2）设置 Scrollbar 的 command 属性为 Scrollbar 所在控件的 yview( )方法。

【例 12.15】带垂直滚动条的多行文本框。

```
from tkinter import *
root = Tk()
root.title("带垂直滚动条的文本框")
scrollbar = Scrollbar(root)
scrollbar.pack(side = RIGHT, fill = Y)
text = Text(root, width = 60, height =30)
text.pack(side = LEFT, fill = Y)
#设置 Text 的 yscrollcommand 属性为 Scrollbar 的 set()方法
text.config(yscrollcommand = scrollbar.set)
#设置 Scrollbar 的 command 属性为 Text 的 yview()方法
scrollbar.config(command = text.yview)
root.mainloop()
```

程序运行时选中列表框中某一项并单击按钮会显示一个带垂直滚动条的多行文本框，如图 12-17 所示。

说明如下。

通过设置文本框的 yscrollcommand 属性和滚动条的 command 属性将滚动条和多行文本框相关联，当多行文本框中文字内容较多时，滚动条就可以使用了。

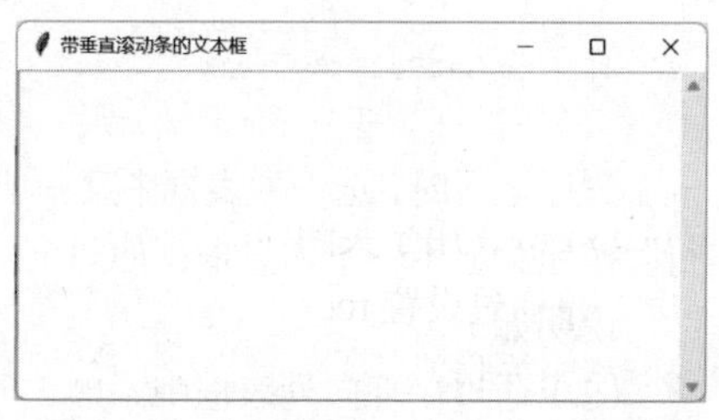

图 12-17 带垂直滚动条的多行文本框

8. Menu 控件

Menu 控件也称为菜单控件，主要用来在窗体上显示顶部菜单栏。菜单分为顶级菜单、下拉菜单和弹出菜单，其中顶级菜单显示在窗体标题栏的下方。

通过使用 Menu( )函数设置菜单样式，Menu( )函数语法格式如下：

```
Menu(master, label, command, tearoff)
```

参数说明如下。

（1）master：父框架名称。

（2）labcl：设置菜单项中显示的文字。

（3）command：设置单击菜单项后的关联函数。

（4）tearoff：可以设置为 0 或 1，设置为 1 时菜单项可以从窗体脱离，设置为 0 时菜单项不可以从窗体脱离。

Menu 控件还可以使用不同函数设置不同菜单项，如表 12-3 所示。

表 12-3 Menu 控件可用函数

函数	说明
add_command(**options)	添加一个普通的命令菜单项
Add_cascade(**options)	添加一个父菜单
add_separator(**options)	添加一条分隔线
delete(index1, index2=None)	删除 index1 到 index2 之间的所有菜单项，如果省略 index2，则删除 index1 指向的菜单项
add_checkbutton(**options)	添加一个复选框的菜单项
add_radiobutton(**options)	添加一个单选按钮的菜单项
entrycget(index, option)	获得指定菜单项的某选项的值
entryconfig(index, **options)	设置指定菜单项的选项

【例 12.16】窗体中添加 Menu 控件。

```
from tkinter import *
import tkinter.messagebox
root = Tk()
root.geometry("300x200+300+300")
root.title("菜单")
def helloMessage():
   tkinter.messagebox.showinfo("hello! ", "单击hello菜单项")
menu = Menu(root)
menu.add_command(label = "Hello", command = helloMessage)
menu.add_command(label = "退出", command = root.destroy)
#将创建的菜单绑定到窗体中
root.config(menu = menu)
root.mainloop()
```

程序在运行时会在窗体标题栏下显示两个菜单项，单击“hello”菜单项会弹出一个消息框，单击“退出”菜单项会关闭窗体，如图 12-18 所示。

说明如下。

（1）将退出菜单的 command 属性设置为 root.destroy，用于关闭当前窗体。

（2）通过设置 root 的 menu 属性将菜单控件与当前窗体相关联。

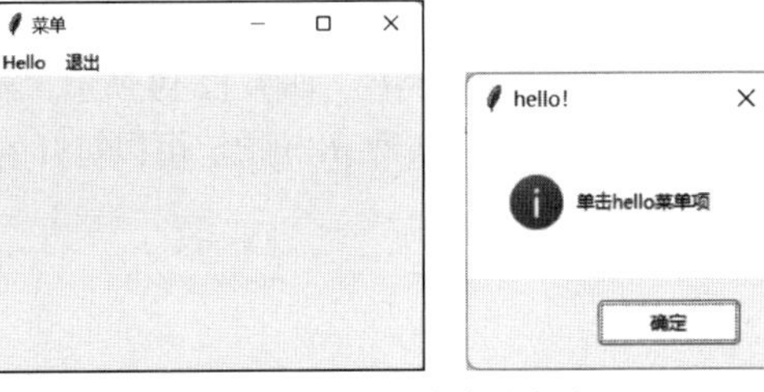

图 12-18 带有菜单的窗体

9．filedialog 控件

filedialog 控件也称为文件对话框控件，主要用来在窗体上显示一个文件对话框，用于选择要保存或打开的文件。

通过使用 filedialog 模块设置文件对话框的类型，其语法格式如下：

```
import tkinter.filedialog
tkinter.filedialog.XXX(defaultextension, filetypes, initialdir, title)
```

说明如下。

（1）必须在使用 filedialog 模块前添加 import 语句。

（2）XXX：代表显示的文件对话框类型。不同类型的文件对话框使用的函数不相同，如表 12-4 所示。

（3）defaultextension：指定文件扩展名，如果用户输入的文件名包含扩展名，则该选项无效。

（4）filetypes：指定筛选文件类型的下拉菜单选项，由类型名和扩展名构成。例如：

```
filetypes=[("PNG", ".png"), ("JPG", ".jpg"), ("GIF", ".gif")]
```

（5）initialdir：指定打开/保存文件的默认路径，默认为当前文件夹。

（6）title：指定文件对话框的标题栏文字。

表 12-4 对话框与对应函数

函数	返回值	说明
asksaveasfilename( )	文件完整路径，包含文件名	另存为文件对话框
asksaveasfile( )	文件流对象	另存为文件对话框
askopenfilename( )	文件完整路径，包含文件名	打开文件对话框
askopenfile( )	文件流对象	打开文件对话框
askdirectory( )	目录名称	选择文件对话框
askopenfilenames( )	包含多个文件路径的元组	打开多个文件对话框
askopenfiles( )	包含多个文件流对象的列表	打开多个文件对话框

【例 12.17】使用文件对话框。

```
from tkinter import *
import tkinter.filedialog
import tkinter.messagebox
root = Tk()
root.geometry("300x200+300+300")
root.title("文件对话框")
def askopenfilenameDlg():
    #指定文件扩展名为.txt 和.py，并设置对话框标题，返回文件名
    r = tkinter.filedialog.askopenfilename(
        filetypes = [("文本文件", "*.txt"), ("Python 文件", "*.py")],
        title = "打开文本文件和 Python 文件")
    tkinter.messagebox.showinfo("打开文件", r)
menu = Menu(root)
menu.add_command(label = "打开文件", command = askopenfilenameDlg)
menu.add_command(label = "退出", command = root.destroy)
root.config(menu = menu)
root.mainloop()
```

程序在运行时单击“打开文件”菜单项，弹出“打开文件”对话框，选中文件后，弹出一个消息框显示选中文件的完整路径，如图 12-19 所示。askopenfilename( )函数中通过设置 filetypes = [("文本文件", "*.txt"), ("Python 文件", "*.py")]指定可以打开的文件类型为 TXT 文件和 Python 文件。

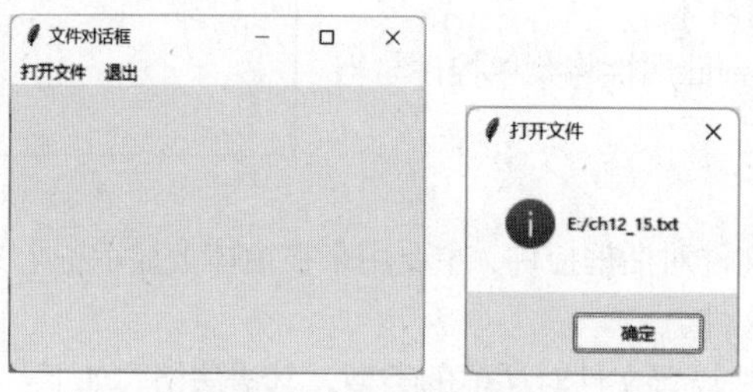

图 12-19 打开文件对话框

12.5 事件处理

窗体在显示后等待用户操作，当用户对控件进行诸如输入、单击等操作后，窗体响应用户的操作，响应的过程称为事件处理。事件处理是开发图形界面程序的重要部分，可以实现用户与窗体的交互。

在 Tkinter 图形界面编程中，事件处理常通过以下两种方式实现。

1．设置 command 属性

command 属性是控件中一个非常重要的属性，主要用于将控件操作与函数进行绑定，以实现交互操作。command 属性的设置方式如下：

```
command = 函数名
```

当触发控件事件（如 Button 的单击、Menu 的单击）时会触发相应函数，实现用户交互。

2．事件绑定

通过使用 bind( )函数将控件的事件与相应函数绑定，其语法格式如下：

```
控件名.bind(event, handler)
```

参数说明如下。

（1）event：Tkinter 已经定义好的控件事件，主要包括鼠标指针单击事件（<Button>）、鼠标指针在某个按键被按下后的移动事件（<Motion>）、按钮单击释放事件（<ButtonRelease>）、鼠标指针进入/离开控件事件（<FocusIn>、<FocusOut>）、键盘响应事件（<Key>）、指定按键操作（<KeyPress>）等。

（2）handler：处理函数，即控件事件被触发后的处理函数。

【例 12.18】事件绑定。

```
from tkinter import *
import tkinter.messagebox
root = Tk()
root.geometry("300x200+700+300")
root.title("事件绑定")
def LClick(event):
    tkinter.messagebox.showinfo("bind 函数", "单击鼠标左键")
def RClick(event):
    tkinter.messagebox.showinfo("bind 函数", "单击鼠标右键")
button = Button(root, text = "单击按钮", width = 20, height = 2)
button.bind("<Button-1>", LClick)
button.bind("<Button-3>", RClick)
button.pack()
root.mainloop()
```

程序在运行时，在按钮上分别单击鼠标左键和右键会显示不同的提示消息框，如图 12-20 所示。bind( )函数中<Button-1>代表单击鼠标左键事件，<Button-3>代表单击鼠标右键事件。

图 12-20　事件绑定

12.6 综合案例

在前文中讲解了窗体和常用控件的基本用法。本节通过一个综合案例，设计一个简易文本编辑器，综合应用前文中所学内容。

简易文本编辑器的主要功能包括打开文件、保存文件、退出程序 3 个基本功能，主要控件包括多行文本框、滚动条、菜单、文件对话框等。

1．设计窗体主界面

窗体主界面中包含菜单、多行文本框和滚动条 3 个控件，菜单中又包括 3 个选项，即打开文件、保存文件、退出程序。

窗体主界面设计代码如下：

```
from tkinter import *
from tkinter import filedialog, messagebox
root = Tk()
root.title("简易文本编辑器")    #设置窗体标题
root.geometry("800x700")     #设置窗体尺寸
root.resizable(width = False, height = False)  #设置宽、高为不可变

menu = Menu(root)
menu.add_command(label = "打开文件", command = openFile)
menu.add_command(label = "保存文件", command = saveFile)
menu.add_command(label = "退出程序", command = root.destroy)  #关闭当前窗体
root.config(menu = menu)

scrollbar = Scrollbar(root)
scrollbar.pack(side = RIGHT, fill = Y)
text = Text(root, font = ("微软雅黑", 12))
text.pack(side = LEFT, fill = BOTH, expand = True)
text.config(yscrollcommand = scrollbar.set)
scrollbar.config(command = text.yview)
root.mainloop()
```

程序运行时显示窗体主界面，如图 12-21 所示。

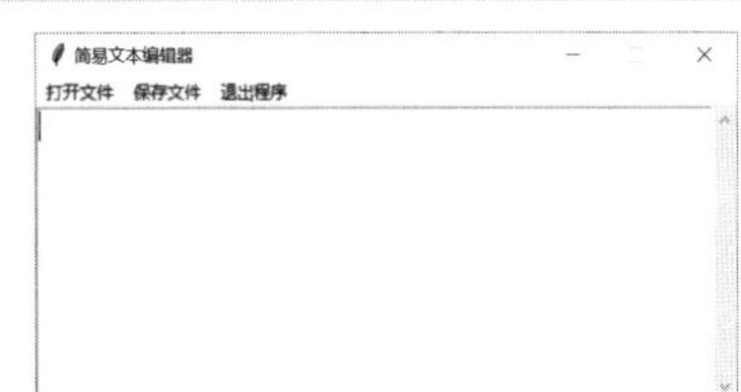

图 12-21　窗体主界面

2．设计打开文件功能

单击窗体主界面中的“打开文件”菜单项会打开“打开文件”对话框，选中相应文件后，文件中的内容将显示在主窗体的多行文本框中。

“打开文件”菜单对应函数实现如下：

```
def openFile():
    global text  #需要使用主界面中的多行文本框
    #弹出“打开文件”对话框，读取文件内容并显示在文本框中
    filename = filedialog.askopenfilename(filetypes = [('文本文件', 'txt')])
    if filename != "":  #如果文件名不为空则读取文件内容
        text.delete(1.0, END)  #首先清空文本框内容
        fo = open(filename, "r+", encoding='UTF-8')
        str = fo.read()
        text.insert(INSERT, str)
        fo.close()
```

打开文件后的窗体主界面如图 12-22 所示。

3．设计保存文件功能

单击窗体主界面中的“保存文件”菜单项会打开“保存文件”对话框，输入保存的文件名称后，多行文本框中的内容会被保存至相应文件中。

“保存文件”菜单对应函数实现如下：

```
    def saveFile():
        global text
        filename = filedialog.asksaveasfilename(defaultextension='.txt', filetypes = [('文
本文件', 'txt')])
        if filename != "":  #如果文件名不为空则保存文件内容
            content = text.get(1.0, END).strip()
            fo = open(filename, "w", encoding='UTF-8')
            fo.write(content)
            fo.close()
            messagebox.showinfo('提示', '保存成功')
```

保存文本文件成功后会弹出消息框，如图 12-23 所示。

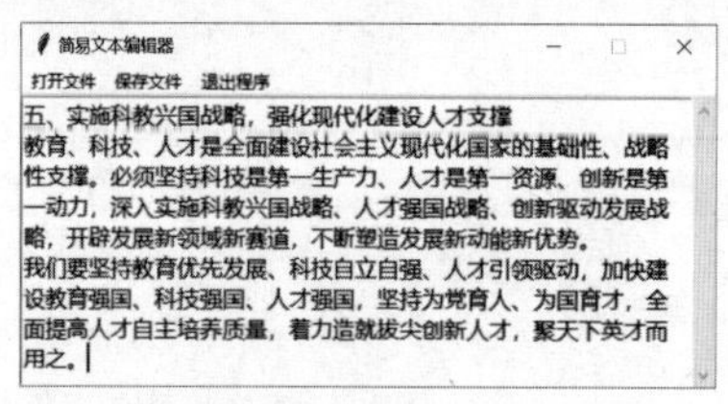

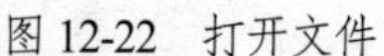
图 12-22　打开文件

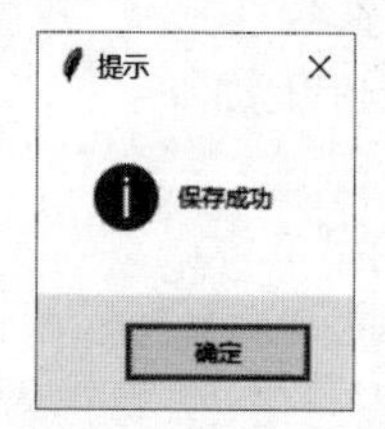

图 12-23　保存文件成功

以上就是一个简单文本编辑器的设计过程。其整体功能并不复杂，但读者通过这一综合实例可以进一步理解如何设计图形界面程序，以及如何将函数与界面操作相结合。

习题

一、选择题

1. 以下选项中，(　　) 不是 Python 的常用 GUI 库。
   A. Tkinter　　B. wxPython　　C. PyQt　　D. Opencv
2. 以下选项中，(　　) 不是 Tkinter 的特点。
   A. Python 自带库，无须下载安装　　B. 图形界面简单
   C. 通用性高　　D. 自带可视化设计工具
3. 设置窗体启动时尺寸的函数是（　　）。
   A. SetSize( )　　B. Size( )　　C. geometry( )　　D. Resize( )
4. 设置 Label 控件显示文字的属性是（　　）。
   A. text　　B. font　　C. label　　D. content
5. 以下选项中，(　　) 不是 Tkinter 的常用布局。
   A. pack　　B. grid　　C. web　　D. Place
6. grid 布局中 rowspan 属性的含义是（　　）。
   A. 在第几行　　B. 纵向跨越几行　　C. 横向跨越几列　　D. 在第几列
7. Button 控件中设置关联函数的属性是（　　）。
   A. function　　B. def　　C. command　　D. include

8. config( )函数的作用是（　　）。

A. 配置窗体中控件属性　　B. 配置窗体自身属性

C. 配置编辑环境属性　　D. 获取窗体信息

9. 以下选项中，（　　）函数用于显示确定取消对话框。

A. showinfo　　B. askyesno　　C. askretrycancel　　D. askokcancel

10. Listbox 控件中，（　　）属性用于设置列表框的值。

A. text　　B. value　　C. listvariable　　D. variable

11. Listbox 控件要设置为多选，需要设置 selectmode 属性值为（　　）。

A. SINGLE　　B. EXTENDED　　C. MULTIPLE　　D. BROWSE

12. 使用（　　）语句可以删除 Text 控件中的所有内容。

A. delete(1.0, END)　　B. delete(0, END)　　C. delete(ALL)　　D. delete(0)

13. Menu 控件中 add_separator(**options)函数的作用是（　　）。

A. 添加一个命令菜单项　　B. 添加一个父菜单

C. 添加一条分隔线　　D. 获得指定菜单项的某选项的值

14. filedialog.askopenfilename( )函数的作用是（　　）。

A. 获取打开文件的文件流　　B. 获取打开文件的文件名

C. 获取另存为文件的文件流　　D. 获取另存为文件的文件名

二、编程题

1. 编写程序并设计界面如图 12-24 所示，输入华氏温度 F，转换并输出摄氏温度 C，公式为：$C=\frac{5}{9}(F-32)$。

2. 编写程序并设计界面如图 12-25 所示，输入三角形的 3 条边长，根据三角形面积公式计算并输出三角形面积。

3. 编写程序并设计界面如图 12-26 所示，输入体重（kg）和身高（m），计算 BMI，并根据 BMI 得出相应结论。BMI = 体重/身高 ^{2}。判断情况如下。

（1）BMI 低于 18.5：偏瘦。

（2）BMI 为 18.5～24（不含 24）：正常。

（3）BMI 为 24～28（不含 28）：偏胖。

（4）BMI 高于 28（含 28）：肥胖。

4. 编写程序并设计界面如图 12-27 所示，求出所有的水仙花数，并输出到列表框中。

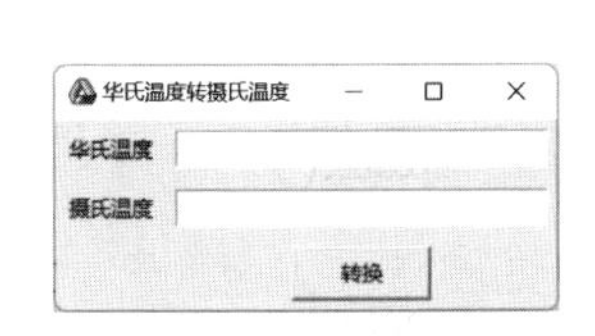

图 12-24　华氏温度转摄氏温度

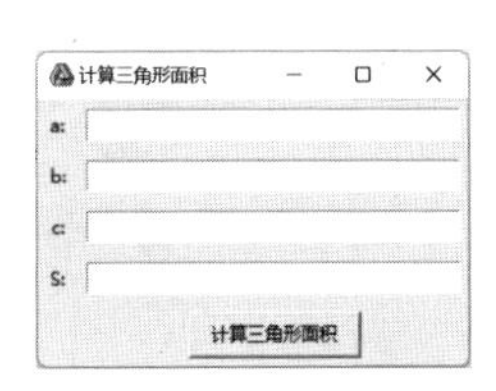

图 12-25　计算三角形面积

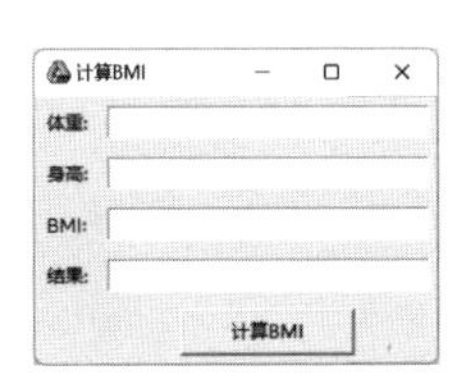

图 12-26　计算 BMI

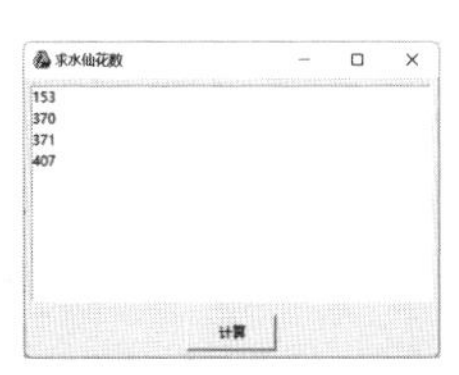

图 12-27　求水仙花数

5. 编写程序并设计界面，实现一个简单的计算器。

第13章 数据库程序设计

数据除可以存储在文件中以外，还可以存储于数据库中。相比于文件，数据库具有数据安全性高、数据格式规范、易于管理等优点。数据库是存储数据、管理数据和共享数据的重要技术。本章主要介绍SQLite内置数据库以及如何使用Python操作SQLite数据库。

13.1 SQLite数据库

1．SQLite简介

SQLite是Python自带的一款轻量级的关系数据库系统。与MySQL、SQL Server等其他关系数据库管理系统不同，SQLite并不是传统的客户端/服务器工作模式，而是一种嵌入式数据库，即通过将数据保存在一个数据库文件中，实现对数据库的操作就是对数据库文件的操作。SQLite主要应用于手机以及小型桌面软件。Python中内置SQLite3数据库，用户可以在Python中直接使用它，不需要安装任何模块。

2．SQLite可视化管理工具

通常情况下，不安装SQLite可视化管理工具也可以进行SQLite操作，但是可视化管理工具可以提高数据库的管理和操作效率。Navicat for SQLite就是管理SQLite数据库的一种可视化管理工具。读者可以在官网下载并安装Navicat for SQLite，其界面如图13-1所示。

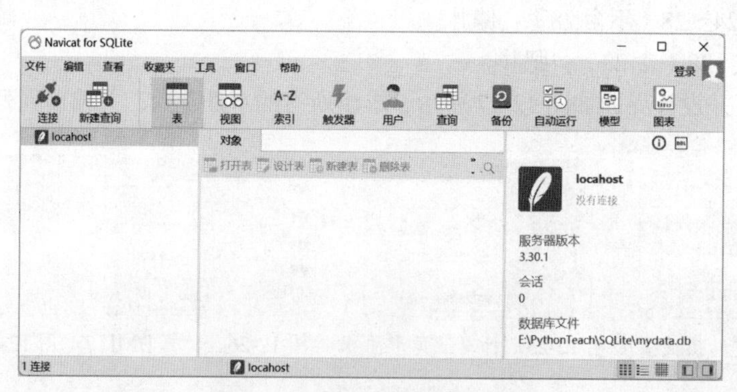

图13-1 Navicat for SQLite界面

使用Navicat for SQLite创建数据库和表的步骤如下。

（1）创建数据库连接，打开Navicat后单击工具栏中的“连接”按钮，打开“新建连接”对话框，填写新连接名称，并选择数据库文件存放位置，将保存数据库文件的文件夹命名为Mydata，如图13-2所示。

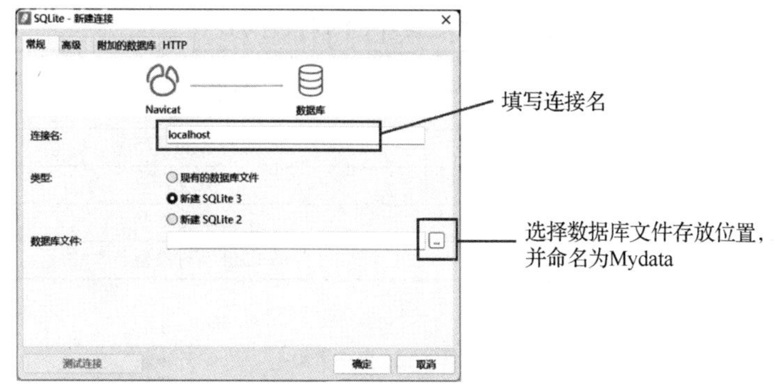

图 13-2　创建数据库连接

（2）右击左侧列表中“表”，在弹出的快捷菜单中选择“新建表”命令，在窗口中新建表，并填写表的字段名称和字段类型，如图 13-3 所示。单击“保存”按钮，保存表。

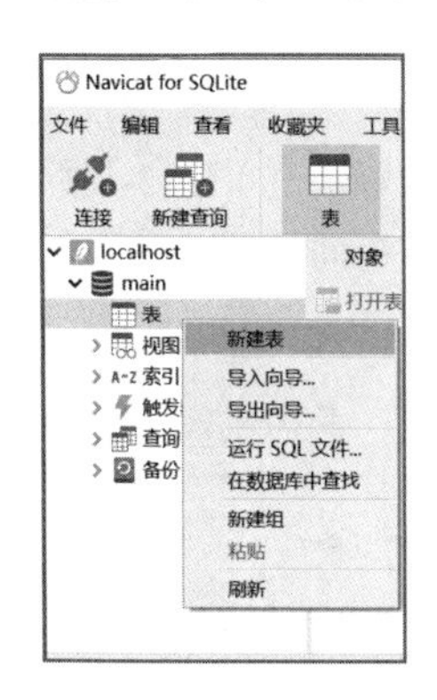

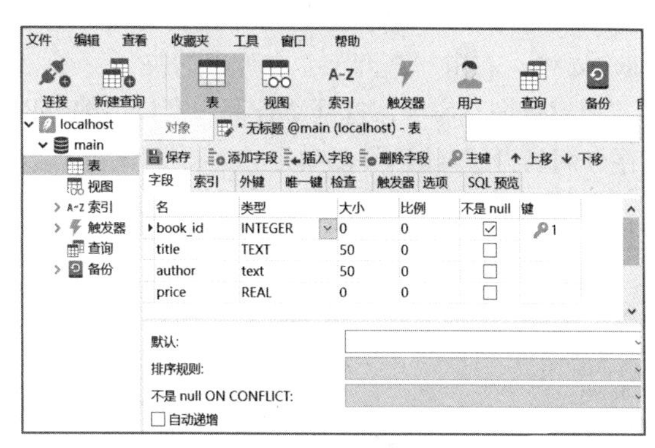

图 13-3　新建表

13.2 SQL 语句简介

结构化查询语言（Structured Query Language，SQL）是一种通用且功能强大的关系数据库操作语言，具有数据定义、数据处理、数据控制等功能。SQL 包含以下三大类语句。

（1）数据定义语言（Data Definition Language，DDL）：用于定义和建立数据库的表、索引等。

（2）数据处理语言（Data Manipulation Language，DML）：用于处理数据，如查询、插入、删除和修改等。

（3）数据控制语言（Data Control Language，DCL）：用于控制数据库权限。

1. 创建表语句

使用 CREATE TABLE 语句定义表。其语法格式为：

```
CREATE TABLE <表名>
  ( <字段名 1> <数据类型 1>[(<大小>)] [NOT NULL] [PRIMARY KEY | UNIQUE ]
  [,<字段名 2> <数据类型 2>[(<大小>)] [NOT NULL] [PRIMARY KEY | UNIQUE ]
  [,…] )
```

字段的数据类型用字符表示。定义单字段或多字段作为主键或唯一键时可以直接在字段名后加上 PRIMARY KEY 或 UNIQUE 子句；NOT NULL 子句表示字段不允许为空。大小表示字段的长度。

SQLite 中提供 5 种数据类型，如表 13-1 所示。

表 13-1　SQLite 中的 5 种数据类型

数据类型	含义
NULL	空值型
INTEGER	带符号的整型
REAL	浮点型
TEXT	字符串文本型
BLOB	二进制对象型

【例 13.1】创建 book 表。

在数据库中创建 book 表，包含字段如图 13-4 所示，其中 book_id 字段为 book 表主键。

使用 SQL 语句创建 book 表，代码如下：

```
CREATE TABLE book ( book_id INTEGER PRIMARY KEY,
title TEXT, author TEXT, price REAL, publisher TEXT,
isbn TEXT, remark TEXT )
```

名	类型	大小	比例	不是 null	键
book_id	INTEGER			☑	1
title	TEXT	50		☐	
author	TEXT	50		☐	
price	REAL			☐	
publisher	TEXT			☐	
isbn	TEXT	50		☐	
remark	TEXT	100		☐	

图 13-4　book 表各字段

（1）在 Navicat 中，右击“查询”，在弹出的快捷菜单中选择“新建查询”命令，打开“查询”窗口，编写以上代码，如图 13-5 所示，单击“保存”按钮，保存查询名为“查询 1”。单击“运行”按钮，运行该查询，可以看见在左侧栏中增加了 book 表。

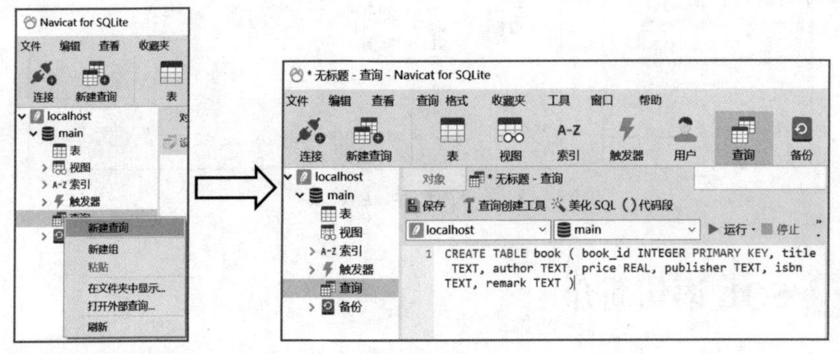

图 13-5　创建查询

▶学习提示

在创建的查询中，编写和运行 SQL 语句的方法同样适用于后边所讲述的 SQL 语句。

（2）查看和修改表结构。右击表名“book”，在弹出的快捷菜单中选择“设计表”命令，可以查看或修改表结构，如图 13-6 所示。

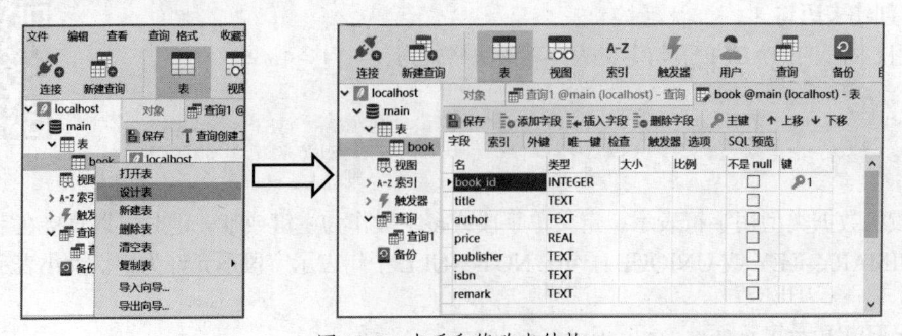

图 13-6　查看和修改表结构

（3）查看和修改表中的数据。双击表名“book”，或者右击表名“book”并在弹出的快捷菜单中选择“打开表”命令，打开表，如图 13-7 所示。在其中可以查看和修改表中的数据。

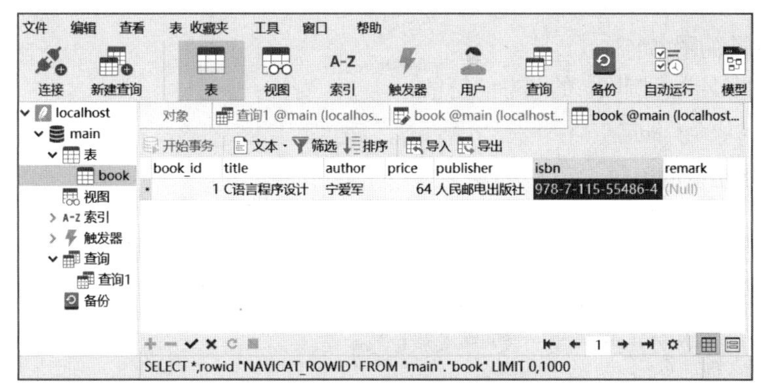

图 13-7　查看和修改表中的数据

2．插入数据记录的语句

使用 INSERT INTO 语句将数据插入表中。其语法格式为：

```
INSERT INTO <表名> [(<字段名 1>[,<字段名 2>[,…]])]
VALUES (<表达式 1>[,<表达式 2>[,…]])
```

如果 INTO 后省略字段名，则必须为新记录中的所有字段赋值，且使各项数据和表定义的字段顺序一一对应。

【例 13.2】向 book 表中添加一条记录。

向 book 表中添加一本新的图书信息的 SQL 代码如下：

```
INSERT INTO book (title, author, price, publisher, isbn, remark) VALUES('信息与智能科学导论', '宁爱军等', 50, '人民邮电出版社', '9787115514660', '无')
```

3．修改表中数据的语句

使用 UPDATE 语句修改表中数据。其语法格式为：

```
UPDATE <表名> SET <字段名 1>=<表达式 1>
[,<字段名 2>=<表达式 2>[,…]]  [WHERE <条件>]
```

如果不带 WHERE 子句，则更新表中所有的记录；如果带 WHERE 子句，则只更新表中满足条件的记录。

【例 13.3】修改 book 表中某一本图书的价格。

修改 book 表中某一本图书的价格的通用代码如下：

```
UPDATE book SET price = {价格} WHERE title = {书名}
```

其中书名和价格根据修改的数据给出相应值。

例如，修改书名为《围城》的图书的价格为 59（单位：元）。

```
UPDATE book SET price = 59 WHERE title = '围城'
```

4．删除表中数据的语句

使用 DELETE 语句删除表中数据。其语法格式如下：

```
DELETE FROM <表名> [WHERE <条件>]
```

如果不带 WHERE 子句，则删除表中所有记录，该表对象仍保留在数据库中。如果带 WHERE 子句，则只删除表中满足条件的记录。

【例 13.4】删除 book 表中某一本图书的信息。

根据书名删除 book 表中某一本图书的信息的通用代码如下：

```
DELETE FROM book WHERE title = {书名}
```

其中书名为要删除的图书名称。

例如，删除书名为《围城》的图书的信息。

```
DELETE FROM book WHERE title = '围城'
```

5．查询表中数据的语句

使用 SELECT 语句查询表中数据。其语法格式如下：

```
SELECT [ALL|DISTINCT] [TOP <数值> [PERCENT]] <目标列> [[AS] <列标题>]
FROM <表或查询 1>[[AS] <别名 1>],<表或查询 2>[[AS]<别名 2>]
[ WHERE <联接条件> AND <筛选条件> ]
[ GROUP BY <分组项> [ HAVING <分组筛选条件>] ]
[ ORDER BY <排序项> [ ASC|DESC ] ]
```

通过 WHERE、GROUP BY、ORDER BY 等关键字限定查询条件，说明如下。

（1）WHERE 子句：用于查询满足条件的数据。

（2）GROUP BY 子句：用于结合统计函数，对结果集进行分组。

（3）ORDER BY 子句：用于对结果进行排序。

【例 13.5】查询所有图书信息。

查询所有图书信息，但不包含图书 ID。

```
SELECT title, author, price, publisher, isbn, remark FROM book
```

【例 13.6】查询某一本图书的信息。

根据书名查询某一本图书的信息的通用代码如下：

```
SELECT title, author, price, publisher, isbn, remark FROM book WHERE title = {书名}
```

例如，查询书名为《围城》的图书的信息，但不包含图书 ID。

```
SELECT title, author, price, publisher, isbn, remark FROM book WHERE title = '围城'
```

【例 13.7】根据价格范围查询图书信息。

查询所有满足给定价格范围的图书的信息，但不包含图书 ID，需要使用 BETWEEN AND 关键字。

```
SELECT title, author, price, publisher, isbn, remark FROM book WHERE price between {开始值} AND {结束值}
```

例如，查询价格范围在 20～40 元的所有图书的信息。

```
SELECT title, author, price, publisher, isbn, remark FROM book WHERE price between 20 and 40
```

【例 13.8】统计不同出版社的图书出版数量。

统计不同出版社出版的图书数量，需要使用 GROUP BY 关键字。

```
SELECT publisher, COUNT(title) AS book_count FROM book GROUP BY publisher
```

13.3 Python 操作数据库

Python 中内置了 SQLite3 模块。在进行数据库操作之前，需要导入 SQLite3 模块，导入语句如下：

```
import sqlite3
```

13.3.1 操作数据库的基本流程

Python 操作数据库的基本流程如图 13-8 所示。

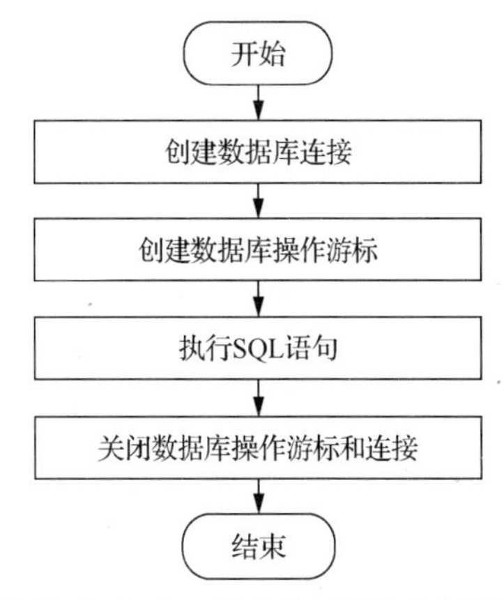

图 13-8 Python 操作数据库的基本流程

1．创建数据库连接

首先在磁盘上创建一个数据库文件。在 Python 中通过 connect( )函数连接数据库并获取数据库连接对象。connect( )函数的语法格式如下：

```
connect(database, timeout)
```

参数说明如下。

（1）database：设置指定路径的数据库文件，默认为当前文件夹。

（2）timeout：访问数据的超时设定。

connect( )函数会返回一个数据库连接对象。例如：

```
con = sqlite3.connect("Mydata.db")
```

2．创建数据库操作游标

创建数据库连接后，并不能直接操作数据库，还需要创建数据库操作游标，因为 Python 是通过游标来读取和操作数据库的。

在 Python 中通过 cursor( )函数创建数据库操作游标。cursor( )函数的语法格式如下：

```
cursor()
```

cursor( )函数会返回一个数据库操作游标。例如：

```
cur = con.cursor()
```

3．执行 SQL 语句

在创建了数据库操作游标后，就可以执行 SQL 语句了。例如：

```
cur.execute("SELECT * FROM book")    #获取所有数据
book_all = cur.fetchall()
```

4．关闭数据库操作游标和连接

在数据库操作完成后，需要先关闭数据库操作游标，再关闭数据库连接。在 Python 中通过 close( )函数关闭数据库操作游标和数据库连接。close( )函数语法格式如下：

```
close()
```

例如：

```
cur.close()   #关闭数据库操作游标
con.close()   #关闭数据库连接
```

【例 13.9】创建、关闭数据库连接和数据库操作游标。

编写代码如下：

```
import sqlite3          #导入 SQLite3 模块
con = sqlite3.connect("Mydata.db")          #创建数据库连接
cur = con.cursor()      #创建数据库操作游标
pass        #此处可以添加数据库操作代码
cur.close()         #关闭数据库操作游标
con.close()         #关闭数据库连接
```

13.3.2 操作数据库的基本方法

在 Python 中通过 execute( )函数执行一条 SQL 语句。execute( )函数的语法格式如下：

```
execute(sql [, optional parameters])
```

参数说明如下。

（1）sql：参数化的 SQL 语句，对于某些不固定的数据，我们可通过使用占位符代替 SQL 文本。目前，SQLite3 模块支持两种类型的占位符：问号和命名占位符。

（2）[, optional parameters]：是可选参数，用于替换 SQL 语句中的占位符。

【例 13.10】带有参数的 SQL 语句。

假设数据库中有一个表的名称为 people，只包含 name 和 age 字段，Python 程序运行时用户输入 name 和 age 变量的值，将新的数据插入 people 表中，其 execute( )函数代码如下：

```
execute("INSERT INTO people VALUES (?, ?)", (name, age))
```

其中，name 和 age 两个字段的值分别存储在 name 和 age 变量中。在执行 SQL 语句时，在 SQL 语句中相应位置的问号（?）由 name 和 age 两个变量中的值替换。

在执行完 SQL 语句后，还需要通过事务提交才能真正完成对数据库的操作。在 Python 中通过使用 commit( )函数完成事务提交。commit( )函数的语法格式如下：

```
commit()
```

1．创建表

【例 13.11】创建 book 表。

编写代码如下：

```
import sqlite3
con = sqlite3.connect("Mydata.db")    #创建数据库连接
cur = con.cursor()    #创建数据库操作游标
#此处可以添加数据库操作代码
#创建表
cur.execute("CREATE TABLE book ( book_id INTEGER NOT NULL PRIMARY KEY AUTOINCREMENT, title 
TEXT, author TEXT, price REAL, publisher TEXT, isbn TEXT, remark TEXT )")
con.commit()   #提交事务
print('创建图书表成功')
cur.close()    #关闭数据库操作游标
con.close()    #关闭数据库连接
```

2．添加数据到表

【例 13.12】向 book 表中添加一条记录。

编写代码如下：

```
#创建数据库连接 con 和游标 cur
#添加一本图书
print("======添加新图书===========")
title = input("书名：")
author = input("作者：")
price = eval(input("价格："))  #注意 price 为数字格式，因此需要用 eval()进行转换
publisher = input("出版社：")
isbn = input("ISBN：")
remark = input("备注：")
cur.execute("INSERT INTO book (title, author, price, publisher, isbn, remark) VALUES 
(?, ?, ?, ?, ?, ?)", (title, author, price, publisher, isbn, remark))
con.commit()
print('添加图书信息成功')
#关闭数据库游标 cur 和连接 con
```

用以上程序可替换例 13.9 中的 pass 代码。

3. 修改表中数据

【例 13.13】修改 book 表中某一本图书的价格。

编写代码如下：

```
#创建数据库连接 con 和游标 cur
#根据书名修改图书价格
print("======修改图书信息==========")
title = input("书名：")
price = eval(input("价格："))
cur.execute("UPDATE book SET price = ? WHERE title = ?", (price, title))
con.commit()
print('修改图书价格成功')
#关闭数据库游标 cur 和连接 con
```

用以上程序可替换例 13.9 中的 pass 代码。

4. 删除表中数据

【例 13.14】删除 book 表中某一本图书的信息。

编写代码如下：

```
#创建数据库连接 con 和游标 cur
#根据书名删除图书信息
print("======删除图书信息==========")
title = input("书名：")
cur.execute("DELETE FROM book WHERE title = ?", (title,))   #title 后的逗号不能少
con.commit()
print('删除图书成功')
#关闭数据库游标 cur 和连接 con
```

用以上程序可替换例 13.9 中的 pass 代码。

5. 查询表中多条数据

在 Python 中通过使用 fetchall( )函数执行一条 SQL 查询语句，其结果包含多条数据。fetchall( )函数语法格式如下：

```
fetchall()
```

fetchall( )函数会返回一个包含所有查询结果的列表。

【例 13.15】查询所有图书信息（不显示图书 ID）。

编写代码如下：

```
#创建数据库连接 con 和游标 cur
#查询所有图书信息（不显示图书 ID）
print("======所有图书信息==========")
cur.execute("SELECT title, author, price, publisher, isbn, remark FROM book")
#获取所有数据
book_all = cur.fetchall()
#遍历
for book in book_all:
   print(book)
#关闭数据库游标 cur 和连接 con
```

用以上程序可替换例 13.9 中的 pass 代码。

【例 13.16】根据价格范围查询图书信息（不显示图书 ID）。

编写代码如下：

```
#创建数据库连接 con 和游标 cur
#根据价格范围查询图书信息（不显示图书 ID）
print("======价格在一定范围的图书信息===========")
low_price = eval(input("最低价格："))
```

```
    high_price = eval(input("最高价格: "))
    cur.execute("SELECT title, author, price, publisher, isbn, remark FROM book WHERE price
BETWEEN ? AND ?", (low_price, high_price))
    #获取所有数据
    book_all = cur.fetchall()
    #遍历
    for book in book_all:
        print(book)
    #关闭数据库游标 cur 和连接 con
```

用以上程序可替换例 13.9 中的 pass 代码。

【例 13.17】统计不同出版社的图书出版数量。

编写代码如下：

```
    #创建数据库连接 con 和游标 cur
    #统计不同出版社的图书出版数量
    print("======不同出版社的图书出版数量===========")
    cur.execute("SELECT publisher, COUNT(title) AS book_count FROM book GROUP BY publisher")
    #获取所有数据
    book_all = cur.fetchall()
    #遍历
    for book in book_all:
        print(book)
    #关闭数据库游标 cur 和连接 con
```

用以上程序可替换例 13.9 中的 pass 代码。

6. 查询表中单条数据

在 Python 中通过使用 fetchone( )函数执行一条 SQL 查询语句，其结果包含单条数据。fetchone( )函数语法格式如下：

```
    fetchone()
```

fetchone( )函数会返回一个包含查询结果的元组。

【例 13.18】根据书名查询图书信息（不显示图书 ID）。

编写代码如下：

```
    #创建数据库连接 con 和游标 cur
    #根据书名查询图书信息
    print("======一本书的信息===========")
    title = input("书名: ")
    cur.execute("SELECT title, author, price, publisher, isbn, remark FROM book WHERE title = ?",
            (title,))
    #获取一条数据
    book_one = cur.fetchone()
    print(book_one)
    #关闭数据库游标 cur 和连接 con
```

用以上程序可替换例 13.9 中的 pass 代码。

13.4 综合案例

在前文中讲解了使用 Python 操作数据库的基本用法，包括创建表，以及数据添加、修改、删除、查询等操作。本节将通过设计一个简易数据库操作程序的综合案例，综合应用前文所讲内容。

【例 13.19】简易数据库操作程序的主要功能包括创建表，以及数据添加、修改、删除、查询等操作，并创建相应菜单。

在磁盘上创建了一个 Mydata.db 数据库文件。Mydata 数据库用于存放 employee 表，employee 表的结构如图 13-9 所示，其中 employee_id 字段为 employee 表的主键。

名	类型	大小	比例	不是 null	键
employee_id	INTEGER			☑	1
employee_name	TEXT	50		☐	
gender	TEXT	10		☐	
education	TEXT	50		☐	
birthday	TEXT	50		☐	
mobile	TEXT	50		☐	
address	TEXT	50		☐	
remark	TEXT	100		☐	

图 13-9　employee 表的结构

1. 主界面

主界面中包含若干选项，通过输入数字选择要进行的操作。

编写代码如下：

```
#操作主菜单，按7退出
while(True):
    print("==============================")
    print("1.添加新员工")
    print("2.修改员工电话号码")
    print("3.删除员工")
    print("4.查询所有员工信息")
    print("5.根据姓名查询员工信息")
    print("6.统计不同学历的员工人数")
    print("7.退出")
    print("==============================")
    choice = input("请输入选择：")
    if choice == "1":
        insert()
    elif choice == "2":
        update()
    elif choice == "3":
        delete()
    elif choice == "4":
        selectAll()
    elif choice == "5":
        selectByName()
    elif choice == "6":
        countByEducation()
    elif choice == "7":
        break
    else:
        print("请输入正确选项")
```

2. 连接和关闭函数

编写代码如下：

```
#导入SQLite3模块
import sqlite3
con = None
cur = None

#连接数据库
def connect():
    global con, cur
    #创建数据库连接
    con = sqlite3.connect("Mydata.db")
    cur = con.cursor()     #创建数据库操作游标

#关闭数据库连接和游标
def close():
    global con, cur
    cur.close()       #关闭游标
    con.close()       #关闭连接
```

3．创建表模块

编写代码如下：

```
#创建员工表
def create():
    global con, cur
    try:
        connect()
        cur.execute("CREATE TABLE employee ( employee_id INTEGER NOT NULL PRIMARY KEY
AUTOINCREMENT, employee_name TEXT, gender TEXT, education TEXT, birthday TEXT, mobile TEXT,
address TEXT, remark TEXT )")
        con.commit()
        print('创建员工表成功')
    except Exception as e:
        print(e)
        print('创建员工表失败')
        con.rollback()
    finally:
        close()
```

说明：语句 con.rollback( )的作用是事务回滚，撤销当前事务中对数据库所做的所有更改。

4．向表中添加数据模块

编写代码如下：

```
#向表中添加一名员工的数据
def insert():
    global con, cur
    #添加一名员工
    print("======添加新员工===========")
    employee_name = input("输入员工姓名：")
    gender = input("输入性别：")
    education = input("学历：")
    birthday = input("生日：")
    mobile = input("电话：")
    address = input("地址：")
    remark = input("备注：")
    try:
        connect()
        cur.execute("INSERT INTO employee (employee_name, gender, education, birthday,
mobile, address, remark) VALUES (?, ?, ?, ?, ?, ?, ?)",
       (employee_name, gender, education, birthday, mobile, address, remark))
        con.commit()
        print('添加员工信息成功')
    except Exception as e:
        print(e)
        print('添加员工信息失败')
        con.rollback()
    finally:
        close()
```

5．修改表中数据模块

编写代码如下：

```
#根据员工姓名修改员工的电话号码
def update():
    global con, cur
    print("======修改员工电话号码===========")
    employee_name = input("员工姓名：")
    mobile = input("电话号码：")
    try:
        connect()
        cur.execute("UPDATE employee SET mobile = ? WHERE employee_name = ?",
                (mobile, employee_name))
```

```
        con.commit()
        print('修改员工电话号码成功')
    except Exception as e:
        print(e)
        print('修改员工电话号码失败')
        con.rollback()
    finally:
        close()
```

6. 删除表中数据模块

编写代码如下：

```
#根据员工姓名删除员工的信息
def delete():
    global con, cur
    print("======删除员工信息===========")
    employee_name = input("员工姓名：")
    try:
        connect()
        cur.execute("DELETE FROM employee WHERE employee_name = ?",
                    (employee_name,))
        con.commit()
        print('删除员工信息成功')
    except Exception as e:
        print(e)
        print('删除员工信息失败')
        con.rollback()
    finally:
        close()
```

7. 查询所有员工信息模块

编写代码如下：

```
#查询所有员工信息（不显示员工 ID）
def selectAll():
    global con, cur
    print("======所有员工信息===========")
    try:
        connect()
        cur.execute("SELECT employee_name, gender, education, birthday, mobile, address,
remark FROM employee")
        #获取所有数据
        employee_all = cur.fetchall()
        #遍历
        for e in employee_all:
            print(e)
    except Exception as e:
        print(e)
        print('查询失败')
    finally:
        close()
```

8. 根据员工姓名查询员工信息模块

编写代码如下：

```
#根据员工姓名查询员工信息
def selectByName():
    global con, cur
    print("======一名员工的员工信息===========")
    employee_name = input("员工姓名：")
    try:
        connect()
        cur.execute("SELECT employee_name, gender, education, birthday, mobile, address,
remark FROM employee WHERE employee_name = ?",(employee_name,))
```

```
        #获取一条数据
        employee_one = cur.fetchone()
        print(employee_one)
    except Exception as e:
        print(e)
        print('查询失败')
    finally:
        close()
```

9．统计不同学历的员工人数模块

编写代码如下：

```
#统计不同学历的员工人数
def countByEducation():
    global con, cur
    print("======不同学历的员工人数===========")
    try:
        connect()
        cur.execute("SELECT education, count(employee_id) AS employee_count FROM employee
GROUP by education")
        #获取所有数据
        employee_all = cur.fetchall()
        #遍历
        for e in employee_all:
            print(e)
    except Exception as e:
        print(e)
        print('查询失败')
    finally:
        close()
```

程序的运行结果举例如下。

（1）主界面。

```
================================
1.添加新员工
2.修改员工电话号码
3.删除员工
4.查询所有员工信息
5.根据姓名查询员工信息
6.统计不同学历的员工人数
7.退出
================================
请输入选择:
```

（2）输入4，查询所有员工信息。

```
请输入选择: 4
======所有员工信息===========
('王冲','男','本科','1988/04/07',
'189    1192','天津市河西区', None)
('张彤','女','硕士','1986/06/09',
'138    8818','天津市滨海新区', None)
('李思雨','男','本科','1999/10/12',
'155    8921','天津市南开区', None)
('张栋梁','男','博士','1980/08/06',
'133    1981','天津市滨海新区', None)
('李梅','女','硕士','1987/09/06',
'186    7463','天津市河东区', None)
('陈军','男','本科','1997/09/10',
'155    9098','天津市和平区', None)
('王猛','男','本科','1998/05/04',
'186    6492','天津市河北区', None)
```

习题

一、选择题

1. 以下关于 SQLite 的说法中错误的是（　　）。

A. SQLite 是一款轻量级的关系数据库系统　B. 主要应用场景是手机应用的数据库

C. 可以运行 SQL 语句　D. 操作非常复杂

2. 在数据库中创建表的 SQL 关键字是（　　）。

A. INSERT　B. UPDATE　C. CREATE TABLE　D. DELETE

3. 在数据库中添加数据使用的 SQL 关键字是（　　）。

A. INSERT　B. UPDATE　C. SELECT　D. DELETE

4. 在数据库中删除记录使用的 SQL 关键字是（　　）。

A. INSERT　B. UPDATE　C. SELECT　D. DELETE

5. 在数据库中修改数据记录使用的 SQL 关键字是（　　）。

A. INSERT　B. UPDATE　C. SELECT　D. DELETE

6. 在数据库中查询记录时，表示查询条件的 SQL 关键字是（　　）。

A. INSERT　B. UPDATE　C. SELECT　D. WHERE

7. Python 中内置的 SQLite 模块名称是（　　）。

A. SQlite　B. SQLite3　C. sql　D. Database

8. connect( )的作用是（　　）。

A. 连接数据库　B. 创建游标　C. 创建查询　D. 提交事务

9. cursor( )的作用是（　　）。

A. 连接数据库　B. 创建游标　C. 创建查询　D. 提交事务

10. close( )的作用是（　　）。

A. 关闭数据库连接和游标　B. 关闭文件

C. 关闭表　D. 关闭查询

11. commit( )的作用是（　　）。

A. 连接数据库　B. 创建游标　C. 处理事务回滚　D. 处理事务提交

12. rollback( )的作用是（　　）。

A. 连接数据库　B. 创建游标　C. 处理事务回滚　D. 处理事务提交

13. execute( )函数中，SQL 语句的占位符使用（　　）。

A. #　B. *　C. ?　D. $

14. fetchall( )获取查询结果返回类型为（　　）。

A. 集合　B. 元组　C. 字典　D. 列表

15. fetchone( )获取查询结果返回类型为（　　）。

A. 集合　B. 元组　C. 字典　D. 列表

二、编程题

现有一个数据库 MyStudentdata.db。其中包括学生表（student），表结构为：学号（student_id）、姓名（name）、性别（gender）、生日（birthday）、入学成绩（grade）、备注（remark）。

使用 Python 对数据库进行如下操作。

（1）创建学生表（student2）。

SQL 语句：

```
CREATE TABLE student2( student_id INTEGER PRIMARY KEY, name TEXT, gender TEXT, birthday
TEXT, grade REAL, remark TEXT )
```

（2）插入一名新学生的信息为：'李梅', '女', '2001/01/01', 285.7, '无'。

SQL 语句：

```
INSERT INTO student(name, gender, birthday, grade, remark) VALUES('李梅', '女',
'2001/01/01', 285.7, '无')
```

（3）修改姓名为“李梅”的一名学生的入学成绩为 289 分。

SQL 语句：

```
UPDATE student SET grade = 289 WHERE name = '李梅'
```

（4）删除姓名为“李梅”的学生的所有信息。

SQL 语句：

```
DELETE FROM student WHERE name = '李梅'
```

（5）查询所有学生信息。

SQL 语句：

```
SELECT name, gender, birthday, grade, remark FROM student
```

（6）查询姓名为“李梅”的学生信息。

SQL 语句：

```
SELECT name, gender, birthday, grade, remark FROM student WHERE name = '李梅'
```

（7）查询成绩为 280～290 分的学生信息。

SQL 语句：

```
SELECT name, gender, birthday, grade, remark FROM student WHERE grade BETWEEN 280 AND
290
```

（8）统计不同性别的学生人数。

SQL 语句：

```
SELECT gender, COUNT(student_id) AS student_count FROM student GROUP BY gender
```

第14章 网络爬虫程序设计

随着信息技术的发展，网络中的数据规模呈爆炸式增长，人们获取信息的方式多种多样，如付费购买、网络搜索等。Internet 中大量的网页中包含海量信息，人们还可以从网页中提取信息。在网页中提取信息时，如果通过手动复制页面内容则过于烦琐，效率过低；此时可以使用网络爬虫程序自动爬取网页中的信息，提高获取信息效率，从而实现大量信息的获取。

14.1 网络爬虫的概念

网络爬虫通过统一资源定位符（Uniform Resource Locator，URL）来获取目标网页，并按照指定规则自动抓取网页中的内容。用户通过网络爬虫获取网页信息时不需要打开网页，只需要通过 Python 编写的程序就可以自动获取网页信息，从而提高数据采集的速度和准确度，并且可以获取大量数据。

例如，搜索引擎使用了大量的网络爬虫技术，通过爬取网络中与关键字相关的网页，将搜索结果反馈给用户。很多新闻推荐网站本身并不发布新闻，其新闻内容都是通过爬取其他新闻网站的内容并进行转载而来的。使用网络爬虫的应用场景还有很多，在此就不一一列举了。

在进行网络爬虫程序设计之前，首先需要了解浏览器显示网页的过程：浏览器首先向服务器发送一个获取网页文件的请求（Request），其中包含要获取的网页的地址；服务器接收请求后，将网页文件以响应（Response）形式返回给浏览器。其过程如图 14-1 所示。

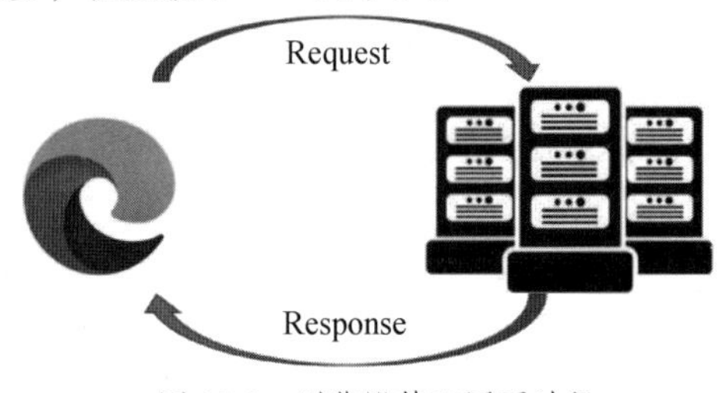

图 14-1 浏览器获取网页过程

网页文件由 HTML、CSS 和 JavaScript 编写。因此浏览器在获得服务器响应的网页文件后，还需要将网页文件进行解析才能呈现在浏览器中。以下代码解析后的网页如图 14-2 所示。

```
<div class="pl2">
  <a href="https://book.douban.com/subject/1007305/" onclick="moreurl(this,{i:'0'})";
title="红楼梦"> 红楼梦 </ a>
  <img src="/pics/read.gif" alt="可试读" title="可试读"/>
</div>
<p class="pl">[清] 曹雪芹 著 / 人民文学出版社 / 1996-12 / 59.70 元</p >
<div class="star clearfix">
  <span class="allstar50"></span>
  <span class="rating_nums">9.6</span>
  <span class="pl">( 380741 人评价 )</span>
</div>
<p class="quote" style="margin: 10px 0; color: #666">
  <span class="inq">都云作者痴，谁解其中味? </span>
</p >
```

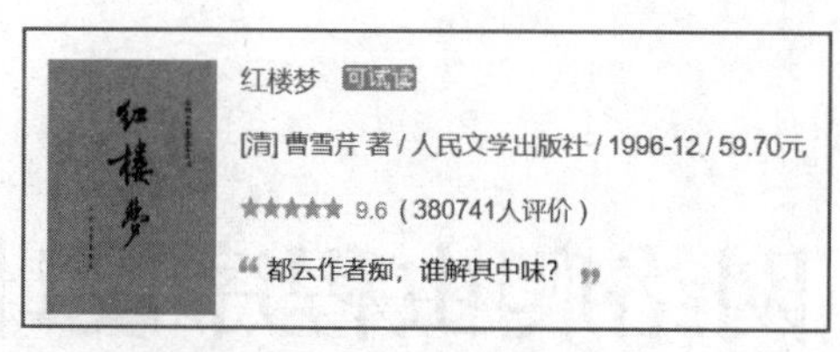

图 14-2　浏览器显示的网页

网络爬虫获取数据的主要步骤如下。

（1）通过 URL 获取网页源代码。

（2）解析网页源代码。

（3）从网页源代码中提取所需数据。

（4）将提取出的数据存入本地文件或数据库。

14.2 网络爬虫的相关技术

一个完整的网页源文件一般由以下 3 部分组成。

（1）HTML：网页的整体框架和内容。

（2）CSS：主要用于美化网页的样式和布局。

（3）JavaScript：主要用于页面的客户端交互。

在开始编写网络爬虫程序之前，必须掌握以上的基础知识。

14.2.1 HTML 基础

超文本标记语言（Hypertext Markup Language，HTML）是用来描述网页的一种语言，它通过标记符号来标记要显示的网页中的各个部分。标记就是使用“< >”括起来的描述网页内容的对应代码，使用超级链接实现网页间的跳转。常用的 HTML 标记如表 14-1 所示。

表 14-1　常用的 HTML 标记

标记	意义	举例
<html>…</html>	定义 HTML 文档	—
<head>…</head>	定义 HTML 头部	—
<body>…</body>	HTML 主体标记	—
<p>…</p>	分段	<p>一个段落<p>
 	换行	—
<hr>	画水平线	—
<b>…</b>	粗体字显示	<b>第一个网页</b>
<hn>…</hn>	*n* 级标题显示	<h2>第一个网页</h2>
<font>…</font >	字体	<font face="楷体_GB2312" size=6 color="red">
<img src="…">	加载图片	<img src="ABC.jpeg">
<a href="…">	超级链接	<a href="http://www.ryjianyu.com">
<table>…</table>	定义表格	—
<tr>…</tr>	定义表格行	—
<td>…</td>	定义单元格	—

【例 14.1】一个简单的 HTML 代码的网页。

HTML 代码如下：

```
<html>
    <head>
       <title>演示页面</title>
    </head>
    <body>
         <p>这是一个演示网页！</p>
         <div>
             <img src="tust.jpg">
         </div>
         <div>
             <a href="www.tust.edu.cn">天津科技大学</a>
             <ul>
                <li>人工智能学院</li>
                <li>生物工程学院</li>
                <li>机械工程学院</li>
             </ul>
         </div>
         <h3>表格</h3>
         <table border="1">
          <tr>
                <td>第 1 行第 1 列</td>
                <td>第 1 行第 2 列</td>
          </tr>
          <tr>
                <td>第 2 行第 1 列</td>
                <td>第 2 行第 2 列</td>
          </tr>
         </table>
    </body>
</html>
```

在浏览器中打开，显示一个简单的网页，如图 14-3 所示。

图 14-3　一个简单的网页

▶学习提示

了解 HTML 代码是为了在网络爬虫中分析网页内容，读者可以自行学习 HTML 代码编写方法，本节不做详细介绍。

14.2.2　CSS 基础

串联样式表（Cascading Style Sheets，CSS）主要用于控制 HTML 页面的样式和布局。通过 CSS 能够将网页内容以更加美观的方式呈现出来。

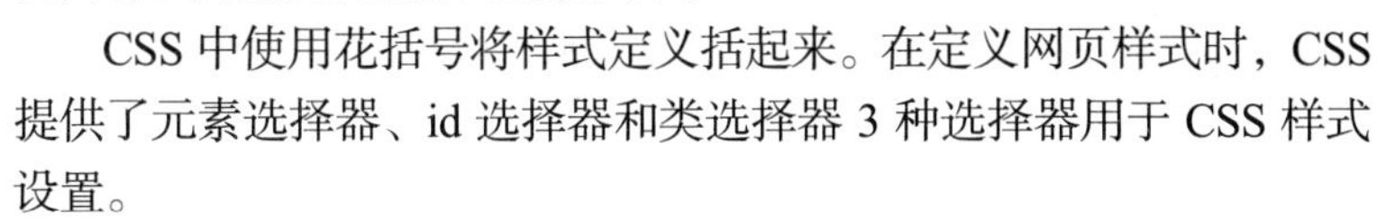

CSS 中使用花括号将样式定义括起来。在定义网页样式时，CSS 提供了元素选择器、id 选择器和类选择器 3 种选择器用于 CSS 样式设置。

1．元素选择器

元素选择器是在设置 CSS 样式时，根据 HTML 标识名称来设置指定 HTML 标记的样式。编写时直接使用标记名称。

【例 14.2】编写网页 1402.html，使用 CSS 设置段落标记<p>的样式。

```
<html>
    <head>
       <title>演示页面</title>
```

```
<style type="text/css">
p{
    text-align: center;
    color: red;
}
</style>
    </head>
    <body>
        <p class="room">这是一个演示网页！</p>
        <div class="room">这是一个演示网页！</div>
    </body>
</html>
```

在网页中，以下 CSS 代码为网页中所有段落标记<p>…<p>的文字，并设置为红色、居中显示。

```
p{
    text-align: center;
    color: red;
}
```

2. id 选择器

id 选择器是在设置 CSS 样式时，根据 HTML 标记的 id 值来设置标记的样式。由于网页中 id 值是唯一值，因此相当于设置某一标记的样式。编写时在 id 名前加井号。

【例 14.3】设置网页中特定 id 值的样式。

```
#para{
    text-align: center;
    color: red;
}
```

以上 CSS 代码将网页中 id 值为 para 的 HTML 标记中的文字设置为红色、居中显示。

在 HTML 代码中设置标记的 id 属性值为 para，就可以将该标记样式设置为 para 的样式。

```
<p id="para">这是一个演示网页！</p>
```

3. 类选择器

类选择器是在设置 CSS 样式时，根据 HTML 中的 class 值来指定 HTML 标记的样式。由于网页中的 class 值可重复，因此相当于对一类标记进行指定样式设置。编写时在 class 名前加点。

【例 14.4】设置网页中特定 class 值的样式。

```
.room{
    text-align: center;
    color: red;
}
```

以上 CSS 代码将网页中 class 值为 room 的 HTML 标记中的文字设置为红色、居中显示。

在 HTML 代码中设置标记的 class 属性值为 room，则该标记显示为 room 的样式。

```
<p class="room">这是一个演示网页！</p>
<div class="room">这是一个演示网页！</div>
```

【例 14.5】设置网页中特定标记中的特定 class 值的样式。

```
p.room{
    text-align: center;
    color: red;
}
```

以上 CSS 代码将网页中所有 class 值为 room 的段落标记<p>…<p>中的文字设置为红色、居中显示。而其他标记如<div>则不使用该样式。

```
<p class="room">这是一个演示网页！</p>
<div class="room">这是一个演示网页！</div>
```

4. 网页中的CSS

以下页面为豆瓣读书中《西游记》这本书的部分网页源代码，其中方框选中内容为网页内容和与之对应的HTML代码和CSS类，如图14-4所示。

作者: 吴承恩
出版社: 人民文学出版社
出版年: 2018-1
页数: 1115
定价: 190.00元
装帧: 精装
丛书: 四大名著珍藏版
ISBN: 9787020125548

<span class="pl">出版年:</span>
" 2018-1"

<span class="pl">页数:</span>
" 1115"

<span class="pl">定价:</span>
" 190.00元"

<span class="pl">装帧:</span>
" 精装"

图14-4　网页内容与HTML和CSS类对应

14.2.3　HTTP基础

超文本传输协议（Hypertext Transfer Protocol，HTTP）是Internet中使用非常广泛的网络传输协议，是用于从万维网（World Wide Web，WWW）服务器传输超文本到本地浏览器的协议，是客户端和服务器请求及响应的标准。

在网络爬虫编程中，与HTTP有关的3个主要内容包括HTTP消息头、HTTP请求方式、HTTP状态码。

1. HTTP消息头

HTTP消息头是在HTTP的请求和响应消息中最开始部分的内容。HTTP消息头用来描述正在获取的资源、服务器或者客户端的行为，定义了HTTP操作中的具体操作参数。比较重要的两个参数如下。

（1）Cookie：为了辨别用户身份而存储在用户本地的数据。

（2）User-Agent：使用的浏览器型号、版本和操作系统的信息。

2. HTTP请求方式

客户端向服务器发送请求时，不仅包含请求内容，还包含请求的状态信息。HTTP定义了若干种请求方式，在网络爬虫中主要使用以下3种方式。

（1）GET：请求指定的页面信息，主要用于信息查询。

（2）POST：向指定资源提交数据处理的请求，主要用于更新数据。

（3）PUT：向指定资源位置上传数据，主要用于添加新数据。

3. HTTP状态码

客户端向服务器发送请求后，服务器需要向客户端返回响应，其中就包含HTTP状态码。HTTP状态码由3位数字代码组成，常见的HTTP状态码如下。

（1）200：代表请求成功，浏览器会把响应返回的信息显示在浏览器。

（2）301：代表资源（网页等）被永久转移到其他URL，即获取失败。

（3）404：代表请求的资源（网页等）不存在，这是非常常见的失败状态码。

（4）500：代表内部服务器错误。

只有HTTP状态码为200时才表示获取资源成功，其他状态码均表示获取资源失败，而失败的原因会通过HTTP状态码体现。

14.3 用Python编写网络爬虫

在用Python编写网络爬虫时，经常需要使用的3个库分别如下。

（1）requests：浏览器向服务器发送请求。

（2）response：服务器响应信息。

（3）BeautifulSoup：解析网页内容。

使用 Python 进行网络爬虫操作的主要步骤如图 14-5 所示。

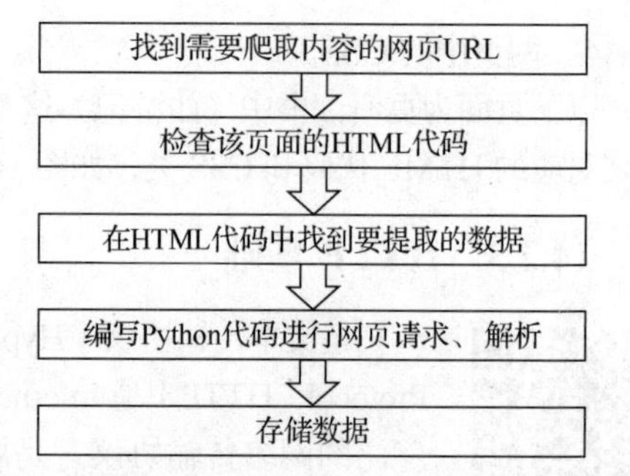

图 14-5 使用 Python 进行网络爬虫操作的主要步骤

14.3.1 发送请求

编写网络爬虫的第一步就是模拟客户端向服务器发送 Request 请求，通过发送请求尝试从服务器端下载网页。Python 中经常用 requests 库模拟浏览器向服务器发送请求。在 Anaconda 软件中已经自带 requests 库，因此不需要再单独安装。在使用 requests 库前，需要使用 import 导入，代码如下：

```
import requests
```

对应前文中提到的 3 种 HTTP 请求方式，requests 库提供了如下 3 个主要函数。

（1）get( )函数：获取 HTML 网页的主要函数，对应 HTTP 的 GET 请求。

（2）post( )函数：向 HTML 网页提交 POST 请求的函数。

（3）put( )函数：向 HTML 网页提交 PUT 请求的函数。

本章使用 HTTP 的 GET 请求方式，因此主要使用 requests 库中的 get( )函数，get( )函数语法格式如下：

```
requests.get(url, headers)
```

参数说明如下。

（1）url：需要爬取的 URL 地址。

（2）headers：HTTP 请求的消息头，格式为字典。

get( )函数会返回包含服务器资源的 response 对象。

【例 14.6】 获取百度页面的 response 对象。

```
import requests
#获取百度页面的服务器响应信息
response_baidu = requests.get(url = "https://www.baidu.com")
print(response_baidu)
```

程序的运行结果如下。

```
<Response[200]>
```

向百度页面发送 get 请求时，只需设置 url 一个参数即可，返回结果为 HTTP 状态码。

【例 14.7】 获取豆瓣电影排行榜页面的 response 对象。

在向豆瓣电影排行榜页面发送 Request 请求时，需要设置 url 和 headers 两个参数。如果仅包含 url 一个参数，返回 HTTP 状态码 200，即成功获取页面信息。

第一步：获取豆瓣电影排行榜页面的 URL 地址。

在浏览器中打开豆瓣电影排行榜的页面。读者需要确认 URL 是否正确。

在浏览器中按<Windows+F12>组合键，打开开发者工具，选择其中的“Network”选项卡，刷新页面，选择其中的“chart”，在右侧则会显示相应的 URL 地址（图中方框括起来部分），如图 14-6 所示。

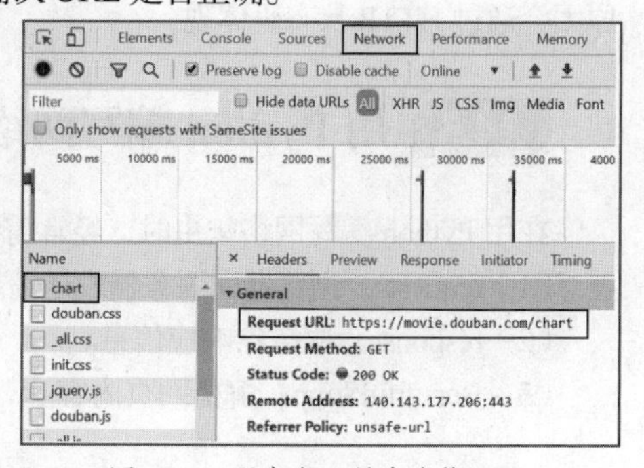

图 14-6 开发者工具中查找 URL

第二步：获取 headers 参数的值。

headers 参数中存放了 HTTP 请求的消息头，主要使用如下两个数据。

（1）User-Agent：用户代理，表明访问者信息。通过设置 User-Agent 可以让爬虫程序伪装成浏览器向服务器发送请求，避免请求被服务器拦截。

（2）Cookie：Cookie 一般用于存放用户登录信息，与用户信息相对应。通过发送 Cookie，同样可以伪装爬虫程序。

在浏览器的开发者工具中可以查看 User-Agent 和 Cookie 的值，两个值均存放在 headers 中。

User-Agent 值如下：

```
    Mozilla/5.0 (Windows NT 10.0; Win64; x64) AppleWebKit/537.36 (KHTML, like Gecko)
Chrome/105.0.0.0 Safari/537.36
```

Cookie 值如下：

```
    ll="108289";bid=KGuzopvX6Eg;
    __gads=ID=3c268c74e513d6f8-22dc147112d30085:T=1651905217:RT=1651905217:S=ALNI_
MaJEc9tOd0Cq_coQy91jdss8hptlQ;
    __utmz=30149280.1656692958.5.2.utmcsr=baidu|utmccn=(organic)|utmcmd=organic;
    viewed="30137808";
    gr_user_id=e5bd9e67-6cd5-4965-a8eb-84f14d70c61c;
    gr_session_id_22c937bbd8ebd703f2d8e9445f7dfd03=21e2bde0-0222-40f8-98e8-259ca2e9d4d5;
    … #注意：因篇幅所限，此处省略多行
```

爬取豆瓣电影的代码时，需要在 get( )函数中分别设置 url 和 headers 两个参数。

```
import requests
#获取豆瓣电影排行榜页面的服务器响应信息
headers = {"User-Agent": User-Agent 值, "Cookie": Cookie 值}
response_douban = requests.get(url = "https://movie.douban.com/chart", headers = headers)
print(response_douban)
```

程序的运行结果如下。

```
<Response[200]>
```

从 HTTP 状态码可以看出，已经成功向豆瓣电影排行榜页面发送请求并获得响应信息。

14.3.2 获取响应内容

当爬虫程序使用 requests 库向服务器发送请求后，会获得服务器的响应信息。在响应信息中除页面内容外，还包括如 HTTP 状态码、字符编码等其他信息。通过解析响应信息可以获取页面的更多信息。

返回的响应信息被存放于 response 对象中，response 对象的属性如下。

（1）encoding：响应字符编码，默认为 ISO-8859-1，不支持中文，如包含中文需要设置 encoding='UTF-8'或 encoding='GBK'。

（2）text：字符串，网页源代码。

（3）content：字节流，字符串网站源代码，用于下载图片、音频、视频等。

（4）status_code：HTTP 状态码。

（5）url：实际的 URL 地址。

【例 14.8】查看 response 对象的各个属性。

```
#获取百度的服务器响应信息
response_baidu = requests.get(url = "https://www.baidu.com")
#查看 response 对象的各个属性
print("=========response 对象的各个属性==============")
print("url: " + response_baidu.url + "\n")
print("encoding: " + response_baidu.encoding + "\n")
print("status_code: " + str(response_baidu.status_code) + "\n")
print("==================text===============")
response_baidu.encoding = 'UTF-8'  #设置字符编码，否则显示乱码
print(response_baidu.text)
print("==================content===============")
print(response_baidu.content)
```

由于篇幅所限，仅截取部分运行结果如下。

```
=========response 对象的各个属性==============
url: https://www.baidu.com/
encoding:ISO-8859-1
status_code:200
```

14.3.3 解析网页内容

从服务器获取网页内容之后，还需要解析网页，从而提取所需要的信息。网页中存在大量数据，但并不是所有数据都有用，因此需要提取出有用数据，这一过程称为解析网页。

在 Python 中可以使用 BeautifulSoup 库解析网页。BeautifulSoup 是超文本标记语言/可扩展标记语言（Hypertext Markup Language/Extensible Markup Language，HTML/XML）的解析器，主要功能是解析和提取 HTML/XML 数据。BeautifulSoup 自动将输入文档转换为 Unicode 编码，将输出文档转换为 UTF-8 编码。

在使用 BeautifulSoup 库之前需要进行安装，安装的命令如下：

```
pip install beautifulsoup4
```

安装完成后，需要使用 import 导入，代码如下：

```
from bs4 import BeautifulSoup
```

BeautifulSoup 用于解析网页内容，并从解析内容中提取所需信息。BeautifulSoup( )函数的语法格式如下：

```
BeautifulSoup(HTML 文本,解析器)
```

参数说明如下。

（1）HTML 文本：网站源代码的字符串形式。

（2）解析器：在对页面内容进行解析时，主要使用以下 4 种解析方式。

① 'html.parser'：bs4 的 HTML 解析器。

② 'lxml'：lxml 的 HTML 解析器，建议使用。

③ 'xml'：lxml 的 XML 解析器。

④ 'html5lib'：html5lib 的解析器。

BeautifulSoup( )函数会返回一个 BeautifulSoup 对象。BeautifulSoup( )不仅可以解析网络页面，还可以直接解析 HTML 代码和本地网页。

1．直接解析 HTML 代码

直接解析 HTML 代码的过程比较简单，只需将 HTML 代码传入 BeautifulSoup( )函数就可以了。

【例 14.9】直接解析 HTML 代码。

```
import requests
from bs4 import BeautifulSoup
#直接解析 HTML 代码
html_code = '''<html>
    <head>
        <title>演示页面</title>
    </head>
    <body>
        <p>这是一个简单的网页！ </p>
    </body>
</html>'''
soup = BeautifulSoup(html_code, 'lxml')
print(soup)
```

程序的运行结果如下。

```
<html>
<head>
<title>演示页面</title>
</head>
<body>
<p>这是一个简单的网页! </p>
</body>
</html>
```

2．直接解析本地网页

除直接解析 HTML 代码外，还可以解析本地磁盘中存储的网页文件。我们只需将本地网页文件打开，将文件对象传入 BeautifulSoup( )函数。

【例 14.10】直接解析本地 HTML 网页。

```
import requests
from bs4 import BeautifulSoup
#直接解析本地 HTML 网页
with open('webdemo.html','r',encoding='UTF-8') as fp:
    soup = BeautifulSoup(fp, 'lxml')
    print(soup)
```

webdemo.html 为本地磁盘存储的网页，解析后会获取页面的网页源代码。

3．与 requests 结合解析网络页面

网络爬虫中使用非常多的是通过 requests 库向服务器发送请求，并将服务器发回的响应通过 BeautifulSoup( )函数进行解析。

【例 14.11】与 requests 结合解析网络页面。

```
import requests
from bs4 import BeautifulSoup
#解析网络页面
response = requests.get(url = "https://www.baidu.com/")
response.encoding='UTF-8'  #需要响应编码格式为 UTF-8，否则出现乱码
soup = BeautifulSoup(response.text, 'lxml')
print(soup)
```

通过以上 3 种方式可以获得网页源代码，并存入 BeautifulSoup 对象中。下一步就是解析 BeautifulSoup 对象中存储的网页源代码，提取所需数据。

14.3.4 提取网页元素

BeautifulSoup 提取页面元素的方式有很多种，如 CSS 选择器、搜索文档树、遍历文档树等。本节主要介绍通过 CSS 选择器提取页面元素的方式。CSS 选择器主要通过查找页面中指定名称的 CSS 样式来获取页面元素，只有获取了页面元素才能提取出相应 HTML 标记中的文字。

在通过代码获取页面元素前，首先需要在浏览器的开发者工具中查看相应元素的标识符以及 CSS 名称。在要提取的页面文字处右击，在弹出的快捷菜单中选择“检查”命令，在右侧会显示选中文字对应的 HTML 代码。通过分析 HTML 代码，确定 BeautifulSoup( )函数相应的参数如何设置。查看对应 HTML 代码，如图 14-7 所示。

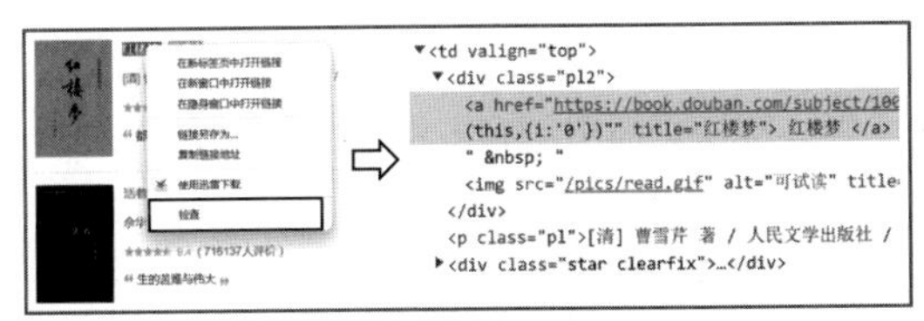

图 14-7　查看对应 HTML 代码

在网页中会大量使用 CSS 选择器进行页面的美化和排版，BeautifulSoup 支持大部分的 CSS 选择器，我们可以通过设置参数为 CSS 选择器获取页面元素。获取页面中元素的函数为 select( )函数，其语法格式如下：

```
select(CSS 选择器字符串)
```

参数说明如下。

CSS 选择器字符串：指定格式的 CSS 选择器。

select( )函数会返回一个包含提取结果的列表。

1．通过标记名查找页面元素

通过标记名查找页面元素，select( )函数写法如下：

```
select("标记名称")
```

【例 14.12】获取豆瓣电影排行榜页面中所有<a>…</a>标记。

```
import requests
from bs4 import BeautifulSoup
headers = {"User-Agent": "Mozilla/5.0 (Windows NT 10.0; WOW64) AppleWebKit/537.36 (KHTML, like Gecko) Chrome/80.0.3987.87 Safari/537.36 SE 2.X MetaSr 1.0"}
response = requests.get(url = "https://movie.douban.com/chart", headers = headers)
soup = BeautifulSoup(response.text, 'lxml')
#通过标记名查找
print(soup.select("a"))     #查找页面中的<a>…</a>标记
```

2．通过 CSS 类名查找页面元素

通过 CSS 类名查找页面元素，select( )函数写法如下：

```
select(".CSS 类名")
```

【例 14.13】获取豆瓣电影排行榜页面中所有 CSS 类名为 item 的元素。

图 14-8 中方框括起来的是 CSS 类名为 item 的一个元素。

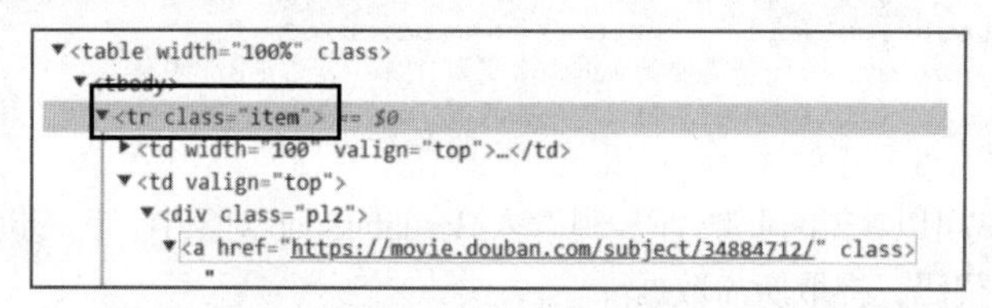

图 14-8　CSS 类名为 item 的一个元素

获取网页源代码中所有 CSS 类名为 item 的元素，代码如下：

```
import requests
from bs4 import BeautifulSoup
headers = {"User-Agent": "Mozilla/5.0 (Windows NT 10.0; WOW64) AppleWebKit/537.36 (KHTML, like Gecko) Chrome/80.0.3987.87 Safari/537.36 SE 2.X MetaSr 1.0"}
response = requests.get(url = "https://movie.douban.com/chart", headers = headers)
soup = BeautifulSoup(response.text, 'lxml')
print(soup.select(".item"))   #查找页面中 CSS 类名为 item 的元素
```

3．通过 CSS 的 id 名查找页面元素

通过 CSS 的 id 名查找页面元素，select( )函数写法如下：

```
select("#CSS id 名")
```

【例 14.14】获取豆瓣电影排行榜页面中所有 CSS 的 id 名为 content 的元素。

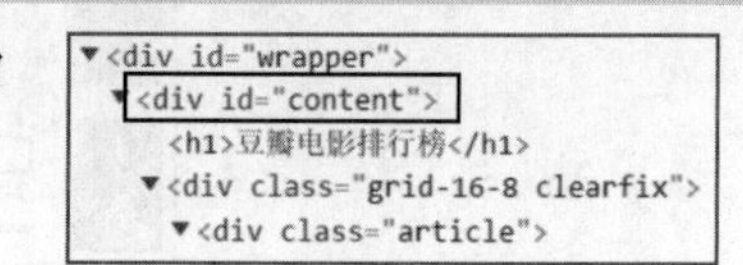

图 14-9　CSS id 名为 content 的元素

图 14-9 中方框括起来的是 CSS id 名为 content 的元素。

由于 id 名在网页中具有唯一性，因此网页源代码中所有 CSS

中 id 名为 content 的元素只能有一个元素，代码如下：

```
import requests
from bs4 import BeautifulSoup
headers = {"User-Agent": "Mozilla/5.0 (Windows NT 10.0; WOW64) AppleWebKit/537.36 (KHTML, like Gecko) Chrome/80.0.3987.87 Safari/537.36 SE 2.X MetaSr 1.0"}
response = requests.get(url = "https://movie.douban.com/chart", headers = headers)
soup = BeautifulSoup(response.text, 'lxml')
print(soup.select("#content"))    #查找页面中 CSS id 名为 content 的元素
```

4．组合查找

组合查找是指查找同时满足多个条件的元素。select( )函数写法如下：

```
select("组合字符串")
```

参数说明如下。

组合字符串：组合字符串为标记、类名、id 名的组合，组合之间用空格间隔。查找时多个条件之间是并且的关系，即查找满足所有条件的元素。

例如：

```
#查找页面中所有<a>标记且 CSS 类名为 nbg 的元素
select("a.nbg")
#查找页面中所有<div>标记且 CSS 类名为 pl 的元素
select("div .pl")
```

5．直接子标记查找

直接子标记查找是指在某个标记的所有子标记中查找满足条件的元素。select( )函数写法如下：

```
select("父标记>子标记")
```

参数说明如下。

父子标记：标记之间用“>”代表父子关系，注意父子关系只有一层关系。

例如：

```
#查找页面中 CSS 类名为 star 的<div>标记中包含的<span>标记
select("div.star > span")
#查找页面中 CSS 类名为 star 的<div>标记中包含的 CSS 类名为 rating_nums 的<span>标记
select("div.star > span.rating_nums")
```

6．属性查找

属性查找是通过查找某类标记中某个属性为指定值的元素，其中属性需要用方括号括起来。注意因为属性和标记属于同一节点，所以中间不能加空格，否则会无法匹配到。

例如：

```
#查找页面中 CSS 类名为 rating_nums 的<span>标记
select('span[class = "rating_nums"]')
#查找页面中<div>标记下 CSS 类名为 pl 的<span>标记
select('div span[class = "pl"]')
```

7．获取元素包含的内容

查找指定元素的目的是获取元素中包含的内容。通过查找、获得指定元素列表后，就可以获取列表中每个元素包含的内容。而获取的内容不仅限于相应元素在页面中显示的文字或图片，同样也包含其他信息，如超链接地址、CSS 类名等。

获取元素内容或元素属性值主要通过以下两个函数。

（1）通过 get_text( )函数可以获取元素中包含的文字（包括子孙元素中的内容），get_text( )函数的语法格式如下：

```
get_text()
```

（2）通过 get( )函数可以获取元素中指定属性的属性值，get( )函数的语法格式如下：

```
get(HTML 属性)
```

例如：

```
#获取 CSS 类名为 pl2 的<div>包含的第一个<a>标记的 href 属性值
select("div.pl2 > a")[0].get("href")
```

【例 14.15】获取豆瓣电影排行榜页面中指定元素的内容。

```
import requests
from bs4 import BeautifulSoup
headers = {"User-Agent": "Mozilla/5.0 (Windows NT 10.0; WOW64) AppleWebKit/537.36 (KHTML, like Gecko) Chrome/80.0.3987.87 Safari/537.36 SE 2.X MetaSr 1.0"}
response = requests.get(url = "https://movie.douban.com/chart", headers = headers)
soup = BeautifulSoup(response.text, 'lxml')
movie_names = soup.select("div.pl2 > a")  #获取 CSS 类名为 pl2 的<div>下所有<a>标记
for movie_name in movie_names:
    print(movie_name.get_text(), movie_name.get("href"))
```

以上代码通过 select( )获取页面中所有用于显示电影名称的<a>标记，并存入 movie_names 列表中。通过遍历依次输出 movie_names 列表中<a>标记在页面中显示的文字以及对应超链接地址。

14.3.5 保存数据

一般从网页中爬取的数据都需要保存到本地磁盘中，以便于以后对数据进行分析和处理。保存到本地磁盘时，可以选择保存为 CSV 文件或保存至数据库中。常用的方式是保存到本地 CSV 文件中，通过使用 pandas 库可以轻松将数据存入 CSV 文件。例如：

```
import pandas
df = pd.DataFrame(datalist)
df.to_csv('data.csv', encoding="UTF_8_sig", index=0, header=1)
```

14.4 robots.txt

网络爬虫需要不断连接服务器，并从服务器获取网页资源，但频繁连接服务器会对服务器负载造成较大负担。为了规范网络爬虫的使用，各网站都对网站中哪些内容可以爬取以及可以被哪些程序爬取制定了相关规定，这些规定都存储于 robots.txt 中。

robots 协议也称为爬虫协议，它是指网站建立 robots.txt 文件来规定搜索引擎能爬取哪些页面，不能爬取哪些页面。而搜索引擎则通过读取 robots.txt 文件来识别这个页面是否允许被爬取。

在网站域名后加上“/robots.txt”就可以查看网站中 robots.txt 文件的内容。

【例 14.16】查看豆瓣电影的 robots.txt 文件。

豆瓣电影的 robots.txt 文件打开后显示内容如下。

```
User-agent: *
Disallow: /subject_search
Disallow: /amazon_search
Disallow: /search
…#注意：因篇幅所限，此处省略多行
Allow: /ads.txt
Sitemap: https://www.douban.com/sitemap_index.xml
Sitemap: https://www.douban.com/sitemap_updated_index.xml
#Crawl-delay: 5
User-agent: Wandoujia Spider
Disallow: /
…#注意：因篇幅所限，此处省略多行
```

> **▶学习提示**
>
> 虽然网站在服务器的robots.txt中已经明确了网络爬虫应遵守的规定，但robots.txt仅仅是一个文本文件，既不是防火墙，也无法阻挡任何网络爬虫，只是一个君子协议。虽然robots协议并不能从物理上限制网络爬虫，但却可以作为法律依据，因此在进行网络爬虫时应遵守爬虫协议和网站规则，避免违规、侵权。

14.5 综合案例

前文讲解了使用Python进行网络爬虫编程的基本方法，包括向服务器发送请求、接收服务器响应、解析网页内容和保存数据等。本节通过设计一个综合案例来爬取本地磁盘中的网页文件，以综合应用前文所讲内容。

【例14.17】网络爬虫综合案例。

在本地磁盘中保存了一个简单的网页，网页内容为豆瓣电影中排名前250名的电影信息，其中包括电影名称、电影简介、电影评分等信息。

案例的主要开发过程包括分析页面源文件，编写页面爬取代码，爬取电影名称、电影简介、电影评分数据，并存储到CSV文件中。

网页展示和部分网页源代码如图14-10所示。

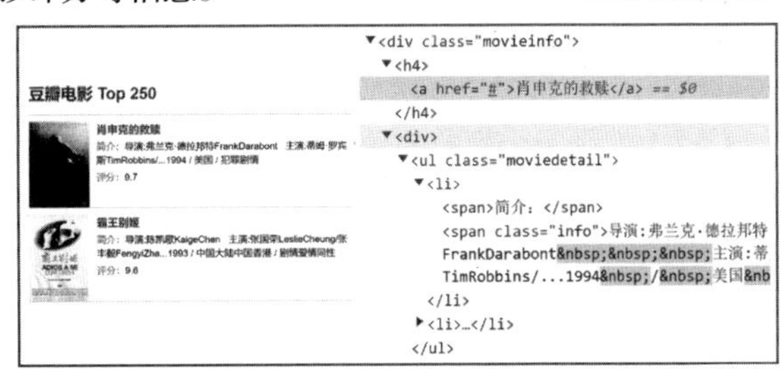

图14-10　网页展示和部分网页源代码

1．发送请求并获取响应

由于本案例使用的是本地网页文件，即爬取本地网页中的信息，因此不涉及requests操作，只需要打开本地网页就可以了。

```
with open('movie.html','r',encoding='UTF-8') as fp:
    soup = BeautifulSoup(fp,"lxml")
```

2．根据CSS选择器解析页面

通过查看网页源文件，确定CSS选择器组合，分别解析电影名称、电影简介和电影评分，并存入相应列表中。

```
titles = soup.select('div.movieinfo > h4 > a')
infos = soup.select('span.info')
ratings = soup.select('span.rating')
```

3．获取页面元素

从解析出的列表中提取出每一部电影的信息，将每一部电影信息以字典方式存放，最终合并至一个列表中。

```
alldata = []
for title,info,rating in zip(titles,infos,ratings):
    data = {
        'title':title.get_text(),
        'info':info.get_text(),
        'rating':rating.get_text(),
    }
    alldata.append(data)
```

4．保存数据

将电影信息列表中的数据保存至CSV文件中。

```
df = pd.DataFrame(alldata)
df.to_csv('movie.csv',encoding="UTF_8_sig",index=0,header=1)
```

5. 完整代码

本案例的完整代码如下。

```
from bs4 import BeautifulSoup
import pandas as pd
alldata = []  #存放所有获得的电影数据
#获得本地movie.html网页中所有的电影信息，将所有电影信息存入alldata列表中
with open('movie.html','r',encoding='UTF-8') as fp:
    soup = BeautifulSoup(fp,"lxml")
    titles = soup.select('div.movieinfo > h4 > a')
    infos = soup.select('span.info')
    ratings = soup.select('span.rating')
for title,info,rating in zip(titles,infos,ratings):
    data = {
        'title':title.get_text(),
        'info':info.get_text(),
        'rating':rating.get_text(),
    }
    alldata.append(data)
#将爬取出的电影信息存入CSV文件中
df = pd.DataFrame(alldata)
df.to_csv('movie.csv',encoding="UTF_8_sig",index=0,header=1)
```

以上就是一个简单的网络爬虫程序的设计过程。读者通过这一综合实例可以进一步理解使用Python编写网络爬虫的过程。在实际应用中，会遇到网页结构复杂、页面信息不能直接获取或需要设置互联网协议（Internet Protocol，IP）池等复杂情况，网络爬虫的设计可能往往比较复杂，读者需要深入研究和学习。

习题

一、选择题

1. 以下选项中，（　　）是爬虫爬取数据的用途。

A. 搜索引擎　B. 数据分析　C. 广告过滤　D. 破坏网络

2. 如果表单中带有图片，一般用（　　）请求方式。

A. Get　B. Post　C. Head　D. Patch

3. 请求成功的响应状态码是（　　）。

A. 301　B. 302　C. 200　D. 404

4. 网页文件的扩展名是（　　）。

A. .txt　B. .json　C. .csv　D. .html

5. 以下说法中，错误的是（　　）。

A. <a>标记的链接放在src属性中　B. <a>标记的链接放在href属性中

C. <img>标记的图片资源放在src属性中　D. <span>是行内标记

6. HTML中<a>标记是指（　　）。

A. 标题　B. 表格　C. 图片　D. 超链接

7. HTML中<img>标记中显示图片的属性是（　　）。

A. src　B. href　C. title　D. Image

8. 在CSS的id选择器中使用的符号是（　　）。

A. ?　B. &　C. .　D. #

9. CSS 的类选择器使用的符号是（　　）。

A. ?　　B. &　　C. .　　D. #

10. 以下选项中，（　　）不是 requests 模块提供的方法。

A. get( )　　B. post( )　　C. put( )　　D. query( )

11. requests 的 get( )方法的返回值是（　　）。

A. string 类型　　B. response 类型　　C. list 类型　　D. dict 类型

12. requests 获取数据的方法是（　　）。

A. requests.get( )　　B. requests.fetch( )　　C. requests.http( )　　D. requests.html( )

13. 使用 res = requests.get('网址')获取数据后，以下选项中，（　　）是获取的字符串形式的属性。

A. res.status_code　　B. res.text　　C. res.content　　D. res.encoding

14. 用来解析网页的 Python 库是（　　）。

A. requests　　B. BeautifulSoup　　C. html　　D. response

15. BeautifulSoup 的内置解析器是（　　）。

A. html.parser　　B. lxml　　C. xml　　D. Html5lib

16. select("#content")的作用是（　　）。

A. 查找页面中标记名为 content 的标记

B. 查找页面中 CSS 的 id 名为 content 的标记

C. 查找页面中 CSS 的 class 名为 content 的标记

D. 查找页面中 CSS 的 tag 名为 content 的标记

17. select("div.title")的作用是（　　）。

A. 查找页面中所有的<div>标记

B. 查找页面中 CSS 的 id 名为 title 的<div>标记

C. 查找页面中 CSS 的 class 名为 title 的<div>标记

D. 查找页面中 CSS 的 tag 名为 title 的<div>标记

18. select("div > span")的作用是（　　）。

A. 查找页面中所有的<div>标记

B. 查找页面中所有的<span>标记

C. 查找页面中<div>下所有的<span>标记

D. 查找页面中<div>下一层的所有的<span>标记

19. select("div span")的作用是（　　）。

A. 查找页面中所有的<div>标记

B. 查找页面中所有的<span>标记

C. 查找页面中<div>下所有的<span>标记

D. 查找页面中<div>下一层的所有的<span>标记

20. get("href")的作用是（　　）。

A. 获取页面中标记名为 href 的标记　　B. 获取页面中字符串为 href 的内容

C. 查找页面中<a>标记的内容　　D. 获取页面中<a>标记的 href 属性值

二、编程题

爬取豆瓣音乐中排名前 250 名的音乐信息，并使用 BeautifulSoup 模块分析页面。

（1）分析页面源文件。

（2）编写页面爬取代码，爬取专辑名、演唱者、发行日期、流派、评分等，并存储到 CSV 文件中。

第15章 数据分析与可视化程序设计

数据分析与可视化是 Python 的重要应用领域之一。Python 提供了丰富的、功能全面的数据分析和可视化库，可以让用户轻松实现数据分析和可视化功能，从而挖掘数据的潜在价值。数据分析与可视化在很多行业和领域中都有广泛应用。

15.1 数据分析的概念

数据分析通过对收集到的大量数据进行分析，提取数据中的有用信息，最终形成一定结论，这些结论包括对数据的研究过程和概括总结等。近年来，随着大数据技术的发展，数据分析被认为是数据科学领域的必备技能。

数据分析可以帮助用户对海量数据进行梳理和总结，在梳理和总结的过程中不断提炼数据，并根据结论做出相应处理和操作。

数据分析被广泛应用于各个领域，如金融领域、商业领域、政策辅助领域等。数据的可视化以更加直观的表现形式呈现数据分析结果，图 15-1 展示了两个可视化效果。

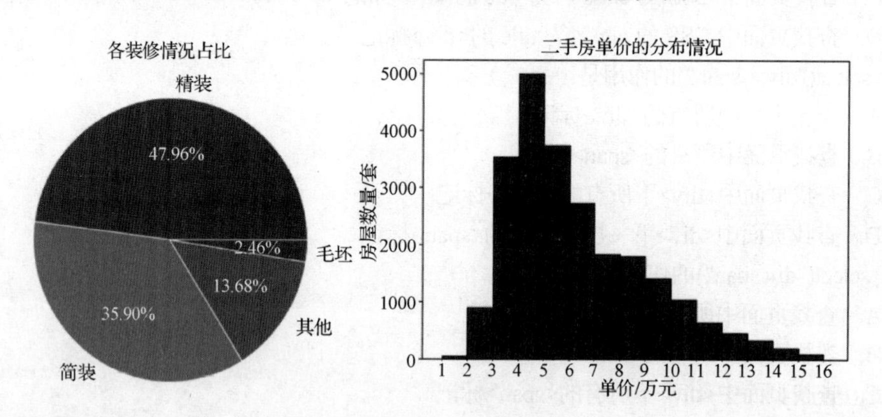

图 15-1　两个可视化效果

数据分析包括多个步骤：分析需求、收集数据、数据预处理、分析数据和数据可视化等。

15.2 数据分析与可视化编程

Python 提供了两个数据预处理和数据分析的模块，分别是 NumPy 库和 pandas 库。NumPy 库主要用于数据预处理，pandas 库主要用于数据分析。Python 提供了很多的数据可视化绘图库，其中 Matplotlib 库是较为常用的一个。

15.2.1 NumPy 库

NumPy 库是 Python 的一个开源数值计算库，主要用于存储和处理矩阵。相较于 Python 本身的循环遍历方式，NumPy 库更加高效和快速。NumPy 库支持多维数组与矩阵运算，并且针对数组运算提供大量的数学函数库，因此非常适合进行数据预处理。

在使用 NumPy 库前，需要使用 import 导入，代码如下：

```
import numpy as np
```

1．数组对象

NumPy 库中重要的处理对象是多维数组（ndarray）。虽然 ndarray 和 list 都可以用来存储多维数组，但是 ndarray 存储的是单一数据类型的多元素，而 list 可以存储不同数据类型的元素。

2．创建数组对象

使用 array( )函数可以创建多维数组对象，array( )函数的语法格式如下：

```
array(object, dtype=None)
```

参数说明如下。

（1）object：用于创建多维数组的数据，可以是 list 或其他数据。

（2）dtype：数组中元素的数据类型。

【例 15.1】创建数组对象。

```
import numpy as np
data = np.array([1, 2, 3, 4, 5])   #创建一个包含 5 个元素的一维数组
print(data)
```

程序的运行结果如下。

```
[1 2 3 4 5]
```

创建数组对象时，数据类型会根据参数提供的数据自动被识别，用户也可以通过 dtype 参数指定元素的数据类型。

【例 15.2】创建数组对象，指定元素的数据类型。

```
import numpy as np
#创建一个包含 2 行 5 列的二维数组，并指定元素的数据类型
data = np.array(([1, 2, 3, 4, 5], [1, 2, 3, 4, 5]), dtype=np.float)
print(data)
```

程序的运行结果如下。可见，这里创建了二维数组，元素的数据类型为浮点型。

```
[[1. 2. 3. 4. 5.]
 [1. 2. 3. 4. 5.]]
```

3．ndarray 对象常用属性

ndarray 对象常用属性如表 15-1 所示。

表 15-1 ndarray 对象常用属性

属性	说明
ndarray.ndim	秩，即轴的数量或维度的数量
ndarray.shape	数组的维度，即数组的行数和列数
ndarray.size	数组元素的总个数
ndarray.dtype	数组元素的数据类型

【例 15.3】ndarray 对象常用属性。

```
import numpy as np
data = np.array(([1, 2, 3, 4, 5], [1, 2, 3, 4, 5])) #创建一个包含2行5列的二维数组
print(data)
print("秩: " + str(data.ndim))
print("维度: " + str(data.shape))
print("元素总个数: " + str(data.size))
print("元素类型: " + str(data.dtype))
```

程序的运行结果如下。

```
[[1 2 3 4 5]
 [1 2 3 4 5]]
秩:2
维度:(2,5)
元素总个数:10
元素类型:int32
```

4．ndarray 对象常用方法

ndarray 对象常用方法如表 15-2 所示。

表 15-2　ndarray 对象常用方法

方法	说明
arange( )	类似 range( )，生成一定范围内固定间隔的数字
ones( )	创建值全为 1 的 ndarray
zeros( )	创建值全为 0 的 ndarray
empty( )	创建值未初始化的 ndarray
asarray( )	从序列类型数据创建 ndarray
reshape( )	将 ndarray 重新分配维度，生成新数组，原有 ndarray 不变
resize( )	将 ndarray 重新分配维度，不生成新数组

【例 15.4】ndarray 对象常用方法。

```
import numpy as np
data_arange = np.arange(1, 12, 2)  #创建元素值为1、3、5、7、9、11的ndarray
print(data_arange)
data_ones = np.ones((2, 4))         #创建2行4列值全为1的ndarray
print(data_ones)
data_zeros = np.zeros((2, 4))       #创建2行4列值全为0的ndarray
print(data_zeros)
data_empty = np.empty((2, 4))       #创建2行4列值全未初始化的ndarray
print(data_empty)
data_list = [[2, 5, 6],[4, 6, 8]]  #通过list创建ndarray
data_asarray = np.asarray(data_list)
print(data_asarray)
data_arange.reshape((2,3))          #重新分配维度，原有数组元素不会发生变化
print(data_arange)
data_reshape = data_arange.reshape(-1, 1)     #根据第二个参数（列数）重新调整数组
print(data_reshape)
data_reshape = data_arange.reshape(1, -1)     #根据第一个参数（行数）重新调整数组
print(data_reshape)
data_arange.resize((2,3))           #重新分配维度，原有数组元素会发生变化
print(data_arange)
```

由于篇幅所限，程序的运行结果在此不展示。

5．访问 ndarray 对象中元素

访问 ndarray 对象时可以使用与 list 相同的索引和切片方式，ndarray 对象的下标从 0 开始计数。一维数组访问方式与 list 完全相同，二维数组访问方式为每个维度索引之间用逗号分隔。

【例 15.5】访问 ndarray 对象中的元素。

```
import numpy as np
data_one = np.array([1, 2, 3, 4, 5]) #创建一个包含 5 个元素的一维数组
data_two = np.array(([10, 20, 30, 40, 50], [11, 12, 13, 14, 15]))
#创建一个包含 2 行 5 列的二维数组
print("第 2 个元素: " + str(data_one[1]))#一维数组的访问方式
print("第 2 行第 2 列: " + str(data_two[1, 1]))#二维数组的访问方式
```

程序的运行结果如下。

```
第 2 个元素:2
第 2 行第 2 列:12
```

6. 常用统计函数

NumPy 库提供了一些常用统计函数，如表 15-3 所示。

表 15-3 常用统计函数

函数	说明	函数	说明
sum( )	求和	max( )	求最大值
mean( )	求平均值	std( )	求标准差
min( )	求最小值	var( )	求方差

【例 15.6】常用统计函数。

```
import numpy as np
#创建 50 个元素的一维数组，每个元素都是 10 到 99 的随机数
data = np.random.randint(10, 100, (50))
print("sum: " + str(data.sum()))
print("mean: " + str(data.mean()))
print("min: " + str(data.min()))
print("max: " + str(data.max()))
print("std: " + str(data.std()))
print("var: " + str(data.var()))
```

程序的运行结果如下。

```
sum:2931
mean:58.62
min:10
max:98
std:26.215178809231876
var:687.2356
```

15.2.2 pandas 库

pandas 库是基于 NumPy 的一个开源库，主要用来进行数据分析。pandas 库提供了大量函数和方法可用于数据分析，提供了高效操作大规模数据集所需的工具。

pandas 库提供了两个非常重要的数据结构，分别为 Series 结构和 DataFrame 结构。Series 结构类似一维数组，DataFrame 结构类似二维数组。

在使用 pandas 库之前，需要使用 import 导入库，代码如下：

```
import pandas as pd
```

1. Series 结构

Series 结构也称为 Series 序列，其结构类似表格中的一列，由索引标签和数据值组成。Series 结构如图 15-2 所示。

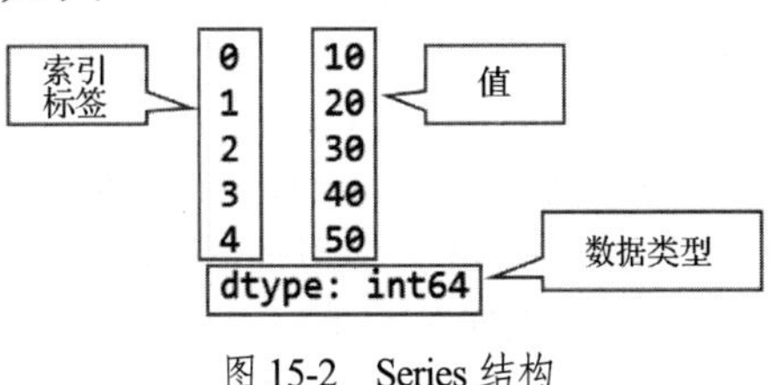

图 15-2 Series 结构

2．创建 Series

Series( )函数可以创建 Series 对象，其语法格式如下：

```
Series( data, index, dtype)
```

参数说明如下。

（1）data：输入的数据，可以是列表、常量、ndarray。

（2）index：索引标签值，可以是数字或字符，默认值为从 0 开始的整数。

（3）dtype：数据类型，默认根据获得的值自动指定。

【例 15.7】创建 Series，不指定索引标签值。

```
import pandas as pd
data_list = [10, 20, 30, 40, 50]
series = pd.Series(data_list)
print(series)
```

程序的运行结果如下。

```
0    10
1    20
2    30
3    40
4    50
dtype:int64
```

【例 15.8】创建 Series，指定索引标签值。

```
import pandas as pd
data_list = [10, 20, 30, 40, 50]
series = pd.Series(data_list, index = [1, 2, 3, 4, 5])
print(series)
```

程序的运行结果如下。

```
1    10
2    20
3    30
4    40
5    50
dtype:int64
```

3．获取 Series 的索引标签值和元素值

通过 Series 的 index 属性来获取 Series 中的索引标签值，通过 values 属性来获取 Series 中的元素值。

【例 15.9】获取 Series 的索引标签值和元素值。

```
import pandas as pd
data_list = [10, 20, 30, 40, 50]
series = pd.Series(data_list, index = [1, 2, 3, 4, 5])
print(series.index)    #索引值
print(series.values)  #元素值
```

程序的运行结果如下。

```
Int64Index([1, 2, 3, 4, 5],dtype='int64')
[10 20 30 40 50]
```

4．访问 Series 元素值

访问 Series 中元素值有如下两种方式。

（1）下标访问。此处的下标是 Series 自动生成的索引编号。

（2）索引标签访问。

【例 15.10】通过下标访问 Series 中元素。

```
import pandas as pd
data_list = [10, 20, 30, 40, 50]
series = pd.Series(data_list, index = ['a', 'b', 'c', 'd', 'e'])
print(series[3])    #下标访问单个元素
print(series[1:4]) #下标访问多个元素
```

程序的运行结果如下。

```
40
b    20
c    30
d    40
dtype:int64
```

【例 15.11】通过索引标签访问 Series 中元素。

```
import pandas as pd
data_list = [10, 20, 30, 40, 50]
series = pd.Series(data_list, index = ['a', 'b', 'c', 'd', 'e'])
print(series['b'])    #索引标签访问单个元素
print(series[['b', 'd']]) #索引标签访问多个元素
```

程序的运行结果如下。

```
20
b    20
d    40
dtype:int64
```

5. DataFrame 结构

DataFrame 型是一个表格型的数据结构。DataFrame 型中包含一组有序的列，每列可以是不同的类型，如数值型、字符串型、布尔型等。DataFrame 既有行索引也有列索引，它可以被看作多个 Series 的集合。DataFrame 结构如图 15-3 所示。

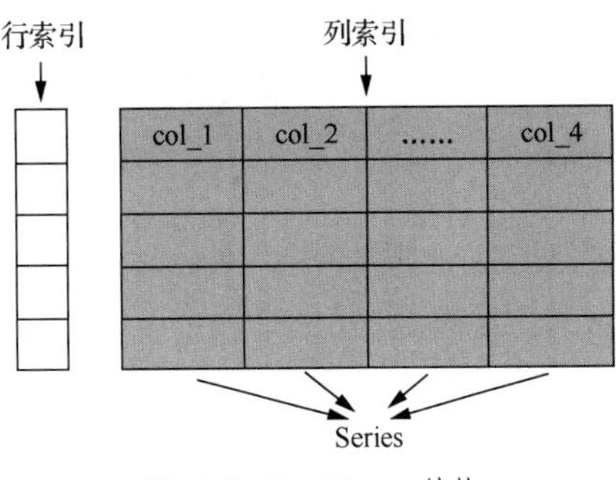

图 15-3　DataFrame 结构

6. 创建 DataFrame

DataFrame( )函数可以创建 DataFrame 对象，其语法格式如下：

```
DataFrame( data, index, columns, dtype)
```

参数说明如下。

（1）data：输入的数据，可以是列表、常量、ndarray 或字典。

（2）index：行索引值，列表数据，默认值为从 0 开始的整数。

（3）columns：列索引值，列表数据，默认值为从 0 开始的整数。

（4）dtype：数据类型，默认会根据获得的值自动指定。

【例 15.12】创建 DataFrame，不指定索引值。

```
import pandas as pd
data_list = [[10, 20, 30],[40, 50, 60]]
data_dataframe = pd.DataFrame(data_list)
print(data_dataframe)
```

程序的运行结果如下。

```
     0    1    2
0   10   20   30
1   40   50   60
```

【例 15.13】创建 DataFrame，指定索引值。

```
import pandas as pd
data_list = [['Male', 38, 10, 48000],
             ['Male', 25, 2, 40000],
             ['Female', 32, 6, 60000],
             ['Male', 34, 8, 50000],
             ['Female', 43, 15, 64000],
             ['Male', 47, 20, 70000],
             ['Female', 44, 16, 56000],
             ['Male', 45, 10, 49000]]
columns = ['性别', '年龄', '工作年限', '年收入']
index = ['No.1', 'No.2', 'No.3', 'No.4', 'No.5', 'No.6', 'No.7', 'No.8']
data_dataframe = pd.DataFrame(data_list, index = index, columns = columns)
print(data_dataframe)
```

程序的运行结果如下。

```
          性别    年龄      工作年限      年收入
No.1      Male     38          10      48000
No.2      Male     25           2      40000
No.3    Female     32           6      60000
No.4      Male     34           8      50000
No.5    Female     43          15      64000
No.6      Male     47          20      70000
No.7    Female     44          16      56000
No.8      Male     45          10      49000
```

【例 15.14】使用字典创建 DataFrame。

```
import pandas as pd
data_dict = {'性别': ['Male', 'Male', 'Female', 'Male', 'Female', 'Male', 'Female', 'Male'],
             '年龄': [38, 25, 32, 34, 43, 47, 44, 45],
             '工作年限': [10, 2, 6, 8, 15, 20, 16, 10],
             '年收入': [48000, 40000, 60000, 50000, 64000, 70000, 56000, 49000]}
index = ['No.1', 'No.2', 'No.3', 'No.4', 'No.5', 'No.6', 'No.7', 'No.8']
data_dataframe = pd.DataFrame(data_dict, index = index)
print(data_dataframe)
```

程序的运行结果如下。

```
          性别   年龄  工作年限     年收入
No.1      Male    38       10     48000
No.2      Male    25        2     40000
No.3    Female    32        6     60000
No.4      Male    34        8     50000
No.5    Female    43       15     64000
No.6      Male    47       20     70000
No.7    Female    44       16     56000
No.8      Male    45       10     49000
```

7. 查看 DataFrame 基本信息

创建 DataFrame 后，可以查看 DataFrame 的基本信息，如下。

（1）shape：查看各维度大小。

（2）index：查看行索引值。

（3）columns：查看列索引值。

（4）head( )：默认查看前 5 行数据，可以设置查看的行数。

（5）tail( )：默认查看最后 5 行数据，可以设置查看的行数。

【例 15.15】查看 DataFrame 基本信息。

```
import pandas as pd
data_dict = {'性别': ['Male', 'Male', 'Female', 'Male', 'Female', 'Male', 'Female', 'Male'],
             '年龄': [38, 25, 32, 34, 43, 47, 44, 45],
```

```
            '工作年限': [10, 2, 6, 8, 15, 20, 16, 10],
            '年收入': [48000, 40000, 60000, 50000, 64000, 70000, 56000, 49000]}
index = ['No.1', 'No.2', 'No.3', 'No.4', 'No.5', 'No.6', 'No.7', 'No.8']
data_dataframe = pd.DataFrame(data_dict, index = index)  #查看各维度大小
print(data_dataframe.shape[0])  #查看行数
print(data_dataframe.shape[1])  #查看列数
print(data_dataframe.index)     #查看行索引值
print(data_dataframe.columns)   #查看列名
print(data_dataframe.head(6))   #查看前 6 行
print(data_dataframe.tail(6))   #查看最后 6 行
```

由于篇幅所限，程序的运行结果在此不展示。

8. 重建 DataFrame 行索引

重建 DataFrame 行索引，可以通过修改行索引值 index 来修改 DataFrame 的行索引列表。

【例 15.16】重建 DataFrame 行索引。

```
import pandas as pd
data_dict = {'性别': ['Male', 'Male', 'Female', 'Male', 'Female', 'Male', 'Female', 'Male'],
            '年龄': [38, 25, 32, 34, 43, 47, 44, 45],
            '工作年限': [10, 2, 6, 8, 15, 20, 16, 10],
            '年收入': [48000, 40000, 60000, 50000, 64000, 70000, 56000, 49000]}
index = ['No.1', 'No.2', 'No.3', 'No.4', 'No.5', 'No.6', 'No.7', 'No.8']
data_dataframe = pd.DataFrame(data_dict, index = index)
newindex = [1,2,3,4,5,6,7,8]
data_dataframe.index = newindex
print(data_dataframe.index)     #查看新的行索引值
```

程序的运行结果如下。

```
Int64Index([1, 2, 3, 4, 5, 6, 7, 8],
dtype='int64')
```

9. 修改 DataFrame 列名

DataFrame 的列名可以全部修改或只修改其中某个列名。修改 DataFrame 列名可以通过以下两种方式实现。

（1）通过修改 columns 属性，修改 DataFrame 的全部列名。

（2）通过 rename( )函数，修改 DataFrame 的指定列名。rename( )函数语法格式如下：

```
rename(columns = 新列名, inplace = True)
```

其中 columns 值为字典类型，字典的 key 为原始列名，value 为新列名。

【例 15.17】修改 DataFrame 全部列名。

```
import pandas as pd
data_dict = {'性别': ['Male', 'Male', 'Female', 'Male', 'Female', 'Male', 'Female', 'Male'],
            '年龄': [38, 25, 32, 34, 43, 47, 44, 45],
            '工作年限': [10, 2, 6, 8, 15, 20, 16, 10],
            '年收入': [48000, 40000, 60000, 50000, 64000, 70000, 56000, 49000]}
index = ['No.1', 'No.2', 'No.3', 'No.4', 'No.5', 'No.6', 'No.7', 'No.8']
data_dataframe = pd.DataFrame(data_dict, index = index)
newcolumns = ['1','2','3','4']
data_dataframe.columns = newcolumns
print(data_dataframe.columns)
```

程序的运行结果如下。

```
Index(['1', '2', '3', '4'],dtype='object')
```

【例 15.18】修改 DataFrame 指定列名。

```
import pandas as pd
data_dict = {'性别': ['Male', 'Male', 'Female', 'Male', 'Female', 'Male', 'Female', 'Male'],
            '年龄': [38, 25, 32, 34, 43, 47, 44, 45],
            '工作年限': [10, 2, 6, 8, 15, 20, 16, 10],
```

```
            '年收入': [48000, 40000, 60000, 50000, 64000, 70000, 56000, 49000]}
index = ['No.1', 'No.2', 'No.3', 'No.4', 'No.5', 'No.6', 'No.7', 'No.8']
data_dataframe = pd.DataFrame(data_dict, index = index)
data_dataframe.rename(columns = {'性别':'1'}, inplace = True)
print(data_dataframe.columns)
```

程序的运行结果如下。

```
Index(['1', '年龄', '工作年限', '年收入'],
dtype='object')
```

10. 选择 DataFrame 元素

选择 DataFrame 中元素有如下两种方式。

（1）使用下标值选择元素：通过 iloc。

（2）使用索引标签值选择元素：通过 loc。

【例 15.19】使用下标值（iloc）选择 DataFrame 元素。

```
import pandas as pd
data_dict = {
    'name': ['tom', 'jerry', 'jack', 'marry', 'peter'],
    'weight(kg)': [75, 65, 85, 55, 77],
    'height(cm)': [180, 170, 190, 165, 177],
    'gender': ['male', 'female', 'male', 'female', 'male'],
    }
data_dataframe = pd.DataFrame(data_dict)
print(data_dataframe)
print("选择第 2 行数据")
print(data_dataframe.iloc[1, :])
print("选择第 2 行到第 4 行数据")
print(data_dataframe.iloc[1: 4, :])
print("选择第 2 行和第 4 行数据")
print(data_dataframe.iloc[[1, 3], :])
print("选择第 2 列数据")
print(data_dataframe.iloc[:, 1])
print("选择第 2 列到第 4 列数据")
print(data_dataframe.iloc[:, 1: 4])
print("选择第 2 列和第 4 列数据")
print(data_dataframe.iloc[:, [1, 3]])
print("选择第 2 行第 3 列的元素")
print(data_dataframe.iloc[1, 2])
print("选择第 2 行第 2 列到第 4 行第 3 列区域内的元素")
print(data_dataframe.iloc[1: 4, 1: 3])
```

由于篇幅所限，程序的运行结果在此不展示。

【例 15.20】使用索引标签值（loc）获取 DataFrame 元素。

```
import pandas as pd
data_dict = { 'name': ['tom', 'jerry', 'jack', 'marry', 'peter'],
              'weight(kg)': [75, 65, 85, 55, 77],
              'height(cm)': [180, 170, 190, 165, 177],
              'gender': ['male', 'female', 'male', 'female', 'male'],
            }
data_dataframe = pd.DataFrame(data_dict,index=["a","b","c","d","e"])
print(data_dataframe)
print("选择第 2 行数据")
print(data_dataframe.loc["b", :])
print("选择第 2 行到第 4 行数据")
print(data_dataframe.loc["b": "d", :])
print("选择第 2 行和第 4 行数据")
print(data_dataframe.loc[["b", "d"], :])
print("选择第 2 列数据")
print(data_dataframe.loc[:, "weight(kg)"])
print(data_dataframe["weight(kg)"])
```

```
print("选择第 2 列到第 4 列数据")
print(data_dataframe.loc[:, "weight(kg)": "gender"])
print("选择第 2 列和第 4 列数据")
print(data_dataframe.loc[:, ["weight(kg)", "gender"]])
print("选择第 2 行第 3 列的元素")
print(data_dataframe.loc["b", "height(cm)"])
print("选择第 2 行第 2 列到第 4 行第 3 列区域内的元素")
print(data_dataframe.loc["b": "d", "weight(kg)": "height(cm)"])
```

由于篇幅所限，程序的运行结果在此不展示。

11．DataFrame 数据筛选

通过条件过滤可以实现 DataFrame 的数据筛选，设置过滤条件需要使用以下两个运算符。

（1）&：与运算，运算符左右两个表达式都必须满足。

（2）|：或运算，运算符左右两个表达式满足其中之一即可。

注意运算符左右两边表达式必须用圆括号括起来。

【例 15.21】DataFrame 数据筛选。

```
import pandas as pd
data_dict = { 'name': ['tom', 'jerry', 'jack', 'marry', 'peter'],
              'weight(kg)': [75, 65, 85, 55, 77],
              'height(cm)': [180, 170, 190, 165, 177],
              'gender': ['male', 'female', 'male', 'female', 'male'],
            }
data_dataframe = pd.DataFrame(data_dict)
df_filt = data_dataframe[(data_dataframe['weight(kg)'] > 70) & (data_dataframe
['weight(kg)'] < 80)]
print(df_filt)
```

程序的运行结果如下。

```
    name   weight(kg)   height(cm)   gender
0    tom           75          180     male
4  peter           77          177     male
```

12．读取 CSV 文件

pandas 库提供了直接读取 CSV 文件的方式。使用 read_csv( )函数可以读取 CSV 文件，其语法格式如下：

```
read_csv(path,index_col,names,header,usecols,parse_dates,encoding)
```

参数说明如下。

（1）path：文件路径。

（2）index_col：自定义行索引值。

（3）names：设置标题行的列名，当读取的文件中没有标题行时可以设置自定义的列名。

（4）header：指定行数用来作为列名。

（5）usecols：指定读取哪些列。

（6）parse_dates：指定合并为日期类型的列。

（7）encoding：指定编码，文件中包含中文使用“GBK”或“UTF-8”编码。

13．保存 CSV 文件

pandas 库提供了直接保存 CSV 文件的方式。使用 to_csv( )函数可以保存 CSV 文件，其语法格式如下：

```
to_csv(path,sep,index,header,columns,encoding)
```

参数说明如下。

（1）path：文件路径。

（2）sep：分隔符，默认为逗号。

（3）index：是否保留行索引，类型为布尔型。

（4）header：是否保留列名，类型为布尔型。

（5）columns：指定保存哪些列。

（6）encoding：指定编码，文件中包含中文时使用“GBK”或“UTF-8”编码。

14．查看 DataFrame 的摘要信息

pandas 库提供了查看 DataFrame 的摘要信息的方式。info( )函数可以查看索引和各列的数据类型，以及非空值的数量，其语法格式如下：

```
info()
```

15．查看 DataFrame 的统计信息

pandas 库提供了查看 DataFrame 的统计信息的方式。describe( )函数可以查看 DataFrame 的统计信息，其语法格式如下：

```
describe()
```

统计信息如下。

（1）count：数量统计，此列共有多少有效值。

（2）std：标准差。

（3）min：最小值。

（4）25%：四分之一分位数。

（5）50%：二分之一分位数。

（6）75%：四分之三分位数。

（7）max：最大值。

（8）mean：均值。

【例 15.22】读入 CSV 文件的数据，并保存。

```
import pandas as pd
df = pd.read_csv("长宽高.csv", encoding = 'GBK')  #读入 CSV 文件的数据
print(df.describe())
#将统计信息存入 DataFrame
df_describe = pd.DataFrame()
df_describe = df.describe()
df_describe.to_csv("长宽高 describe.csv")  #保存 CSV 文件
```

对 CSV 文件中读入的数据进行统计后，将统计信息存入新的 CSV 文件中。程序的运行结果如下。

```
             长度          宽度          高度
count    5.000000     5.000000     5.000000
mean     7.800000    15.800000     9.400000
std      1.923538     2.683282     2.073644
min      5.000000    12.000000     7.000000
25%      7.000000    14.000000     8.000000
50%      8.000000    17.000000     9.000000
75%      9.000000    18.000000    11.000000
max     10.000000    18.000000    12.000000
```

15.2.3 Matplotlib 库

数据可视化是数据分析不可或缺的重要工具，通过数据可视化方式可以直观地展示数据之间的关系。使用 Matplotlib 库可以绘制各种图形，如柱状图、饼状图、折线图等。

Matplotlib 库中常用的绘图模块是 pyplot，使用时需要使用 import 导入，代码如下：

```
import matplotlib.pyplot as plt
```

pyplot 模块中的常用绘图函数如表 15-4 所示。

表 15-4 pyplot 模块中的常用绘图函数

函数名称	描述
plot( )	绘制折线图
bar( )	绘制柱状图
hist( )	绘制直方图
pie( )	绘制饼图
scatter( )	绘制散点图

1．绘制折线图

使用 plot( )函数可以绘制折线图，其语法格式如下：

```
plot(x, y, 格式控制字符串)
```

参数说明如下。

（1）x：x 轴的值。

（2）y：y 轴的值。

（3）格式控制字符串：设置基本属性，如颜色（color）、点型（marker）、线型（linestyle）等。

在绘制图表时还可以通过使用相应函数对图表的外观样式进行设置，可用函数如下。

（1）设置 x 轴标题：xlabel(标题名称)。

（2）设置 y 轴标题：ylabel(标题名称)。

（3）设置图标标题：title(标题名称)。

（4）设置图例：legend(图例位置)。

（5）中文显示：plt.rcParams["font.family"]="SimHei"。

（6）保存图形：savefig(图片名称)。

【例 15.23】绘制折线图。

```
import pandas as pd
import matplotlib.pyplot as plt
#读入数据
df = pd.read_csv("天津2021年12月PM2.5检测站点数据.csv", encoding = 'GBK', index_col = 
['日期'], header = 0, parse_dates = ['日期'])
#由于日期数据太长，重新修改索引，改为1~31的数字
df = df.reset_index(drop = True)  #重建行索引，变为从0开始的整数
df.index = df.index + 1   #将索引变成从1开始，与日期对应
print(df.head(10))
#设置x轴标题、y轴标题、图标标题
plt.rcParams["font.family"] = "SimHei"
plt.plot(df.index, df['勤俭道'], color = 'green', marker = 'o', linestyle = 'dashed')
plt.xlabel("日期")
plt.ylabel("PM2.5")
plt.title("天津2021年12月勤俭道站PM2.5值变化")
plt.show()
```

程序的运行结果如图 15-4 所示。

2．绘制柱状图

使用 bar( )函数可以绘制柱状图，其语法格式如下：

```
bar(x, height, width,label)
```

参数说明如下。

（1）x：x 轴的值。

（2）height：柱的高度值，相当于 y 轴值。

（3）width：宽度，取值范围为 0～1，默认值为 0.8。

（4）label：数据柱的标题。

【例 15.24】绘制柱状图。

```
    import pandas as pd
    import matplotlib.pyplot as plt
    #读入数据
    df = pd.read_csv("天津 2021 年 12 月 PM2.5 检测站点数据.csv", encoding = 'GBK', index_col =
['日期'], header = 0, parse_dates = ['日期'])
    #以柱状图显示勤俭道监测站的 PM2.5 值
    plt.rcParams["font.family"] = "SimHei"
    plt.bar(df.index, df['勤俭道'], width = 0.6)
    plt.xlabel("日期")
    plt.ylabel("PM2.5")
    plt.title("天津 2021 年 12 月勤俭道站 PM2.5 值变化")
    plt.show()
```

程序的运行结果图 15-5 所示。

3．绘制直方图

使用 hist( )函数可以绘制直方图，其语法格式如下：

```
    hist(x, bins)
```

参数说明如下。

（1）x：*x* 轴的值，对应 plot( )中 *y* 轴的值。

（2）bins：指定箱子的个数，即总共有几条条状图。

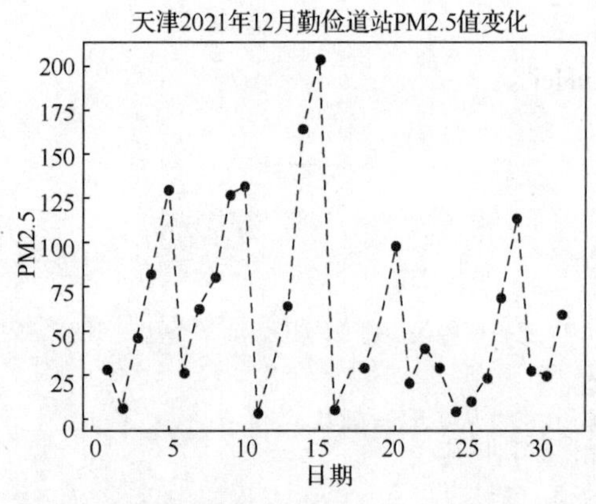

图 15-4　绘制折线图程序运行结果

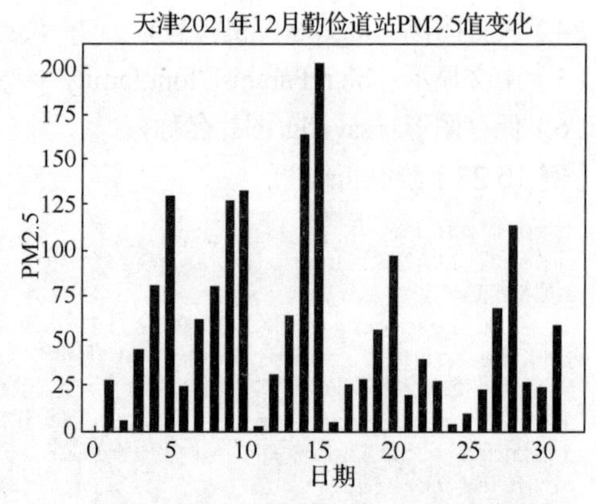

图 15-5　绘制柱状图程序运行结果

【例 15.25】绘制直方图。

```
    import pandas as pd
    import matplotlib.pyplot as plt
    #读入数据
    df = pd.read_csv("天津 2021 年 12 月 PM2.5 检测站点数据.csv", encoding = 'GBK', index_col =
['日期'], header = 0, parse_dates = ['日期'])
    #以直方图显示勤俭道监测站的 PM2.5 值
    plt.rcParams["font.family"] = "SimHei"
    #将 PM2.5 的值按照区间进行划分
    plt.hist(df['勤俭道'], bins = [0, 50, 100, 150, 200, 250])
    plt.xlabel("PM2.5")
    plt.ylabel("个数")
    plt.title("天津 2021 年 12 月勤俭道站 PM2.5 值变化")
    plt.show()
```

程序的运行结果如图 15-6 所示。

4．绘制饼图

使用 pie( )函数可以绘制饼图，其语法格式如下：

```
pie(data,labels,autopct)
```

参数说明如下。

（1）data：饼图数据。

（2）labels：扇面说明文字。

（3）autopct：在扇面上显示比例的格式，默认值为 None。

【例 15.26】绘制饼图。

```
import pandas as pd
import matplotlib.pyplot as plt
#以饼图显示数据
plt.rcParams["font.family"] = "SimHei"
data = [10, 20, 30, 40]
labels = ["part1", "part2", "part3", "part4"]
plt.pie(data, labels = labels, autopct = "%.2f%%")
plt.title("饼图案例")
plt.show()
```

程序的运行结果如图 15-7 所示。

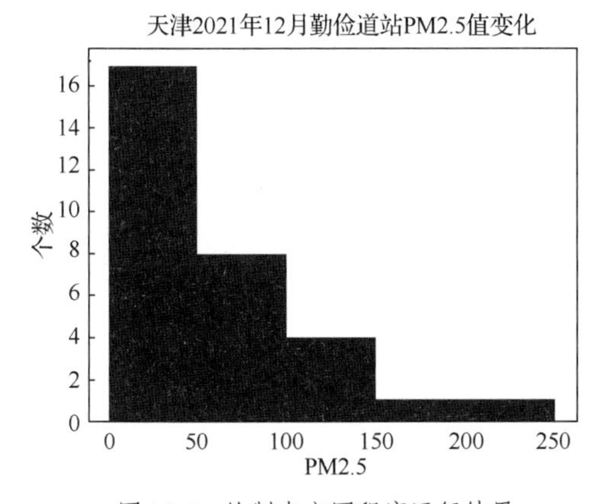

图 15-6　绘制直方图程序运行结果

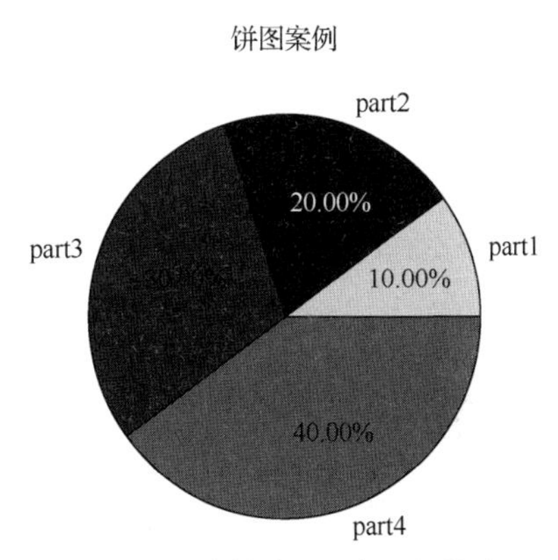

图 15-7　绘制饼图程序运行结果

5．绘制散点图

使用 scatter( )函数可以绘制散点图，其语法格式如下：

```
scatter(x,y,s,c,marker)
```

参数说明如下。

（1）x：x 轴的值。

（2）y：y 轴的值。

（3）s：散点大小。

（4）c：散点颜色。

（5）marker：散点类型。

【例 15.27】绘制散点图。

```
import pandas as pd
import matplotlib.pyplot as plt
df = pd.read_csv("男生身高体重数据.csv", encoding = "GBK")  #读入数据
#以散点图显示数据
```

```
plt.rcParams["font.family"] = "SimHei"
plt.scatter(df['身高/cm'], df['体重/kg'])
plt.xlabel("身高/cm")
plt.ylabel("体重/kg")
plt.title("男生身高与体重关系")
plt.show()
```

程序的运行结果如图 15-8 所示。

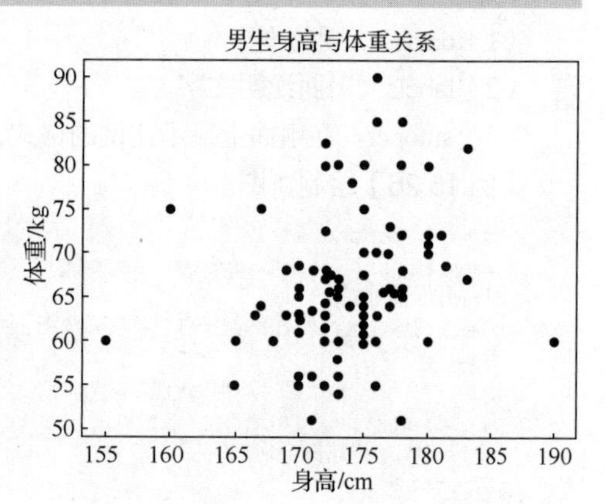

图 15-8 绘制散点图程序运行结果

15.3 综合案例

前文讲解了使用 Python 进行数据分析和可视化的基本用法，包括读入、分析、统计、保存数据及数据可视化等。本节将通过一个综合案例来读入 CSV 文件并对数据进行分析以及可视化以综合应用前文各节所讲内容。

【例 15.28】分析 CSV 文件中的“天津市 2021 年每一天的空气质量检测”数据，绘制 2021 年各指标图形。

数据分析的主要步骤包括读取数据、数据清洗、分析数据和数据可视化，如图 15-9 所示。

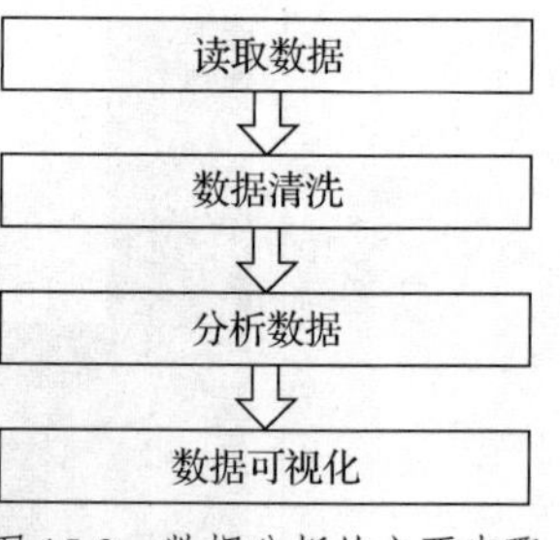

图 15-9 数据分析的主要步骤

1．读取数据

读取并显示存储于文件名称为“天津 2021 空气质量.csv”的文件中的数据。

```
import pandas as pd
import matplotlib.pyplot as plt
df = pd.read_csv("天津2021年空气质量.csv", encoding = 'GBK',
index_col = ['日期'], header = 0, parse_dates = ['日期'])
print(df.head(5))
```

程序的运行结果如下。

```
            AQI  PM2.5  PM10  SO2  NO2  O3    CO  质量等级
日期
2021-01-01   71     51    86   18   62  20  1.45      良
2021-01-02  103     53    77   15   55  21  1.63  轻度污染
2021-01-03   57     58    81   17   60  28  1.72      良
2021-01-04   30     29    55   11   46  54  1.05      优
2021-01-05   57     11    28    6   25  62  0.46      良
```

2．数据清洗

查看各列数据情况和是否存在缺失值，如果有缺失值应进行处理。

```
print(df.info())   #查看各列数据情况
print(df.isnull().sum())   #查看各列缺失值的个数
```

由于篇幅所限，程序的运行结果在此不展示。

数据中并不存在缺失的数据，因此无须进行处理；如果数据中存在缺失值，我们可以使用如下两个函数进行处理。

（1）dropna( )函数：直接将缺失值所在行或列删除。

（2）fillna( )函数：使用其他值填充。

3．分析数据

（1）查看数据的简单统计信息的程序如下：

```
print(df.describe())
```

程序的运行结果如下。

```
              AQI       PM2.5        PM10  ...        NO2          O3          CO
count  365.000000  365.000000  365.000000  ...  365.000000  365.000000  365.000000
mean    72.800000   40.802740   78.967123  ...   37.071233   93.701370    0.843945
std     55.822826   32.123893   68.859740  ...   17.748560   47.401559    0.293692
min     12.000000    3.000000    5.000000  ...    9.000000    7.000000    0.320000
25%     43.000000   19.000000   41.000000  ...   23.000000   57.000000    0.640000
50%     56.000000   29.000000   62.000000  ...   33.000000   89.000000    0.820000
75%     82.000000   52.000000   98.000000  ...   48.000000  123.000000    1.000000
max    500.000000  203.000000  857.000000  ...   96.000000  269.000000    2.120000
```

（2）获取 AQI 的最大值和最小值及其日期。

```
print("AQI 最大值日期：", df['AQI'].idxmax(), "，最大值为：", df['AQI'].max())
print("AQI 最小值日期：", df['AQI'].idxmin(), "，最小值为：", df['AQI'].min())
```

程序的运行结果如下。

```
AQI 最大值日期：2021-03-15 00:00:00，最大值为：500
AQI 最小值日期：2021-11-06 00:00:00，最大值为：12
```

（3）获取 AQI 的平均值和标准差。

```
print("AQI 的平均值：", df['AQI'].mean())
print("AQI 的标准差：", df['AQI'].std())
```

程序的运行结果如下。

```
AQI 的平均值：72.8
AQI 的标准差：55.822826084746964
```

（4）获取不同质量等级的天数。

```
print(df['质量等级'].value_counts())
```

程序的运行结果如下。

```
良          164
优          133
轻度污染     39
中度污染     20
重度污染      6
严重污染      3
Name:质量等级,dtype:int64
```

4．数据可视化

（1）绘制天津 2021 年 AQI 值折线图。

```
plt.rcParams["font.family"] = "SimHei"
plt.plot(df.index, df["AQI"])
plt.xlabel("日期")
plt.ylabel("AQI")
plt.title("天津 2021 年 AQI 值变化")
plt.show()
```

程序的运行结果如图 15-10 所示。

（2）绘制天津 2021 年 12 月 AQI 值柱状图。

```
df12 = df.loc['2021-12-01': '2021-12-31', :]    #获取 12 月数据
df12 = df12.reset_index()     #重置索引，将索引值变为从 1 开始的整数
df12.index = df12.index + 1
plt.rcParams["font.family"] = "SimHei"
```

```
plt.bar(df12.index, df12["AQI"])
plt.xlabel("日期")
plt.ylabel("AQI")
plt.title("天津 2021 年 12 月 AQI 值变化")
plt.show()
```

程序的运行结果如图 15-11 所示。

（3）绘制 AQI 值不同区间的直方图。

```
plt.rcParams["font.family"]="SimHei"
plt.hist(df['AQI'], bins = [0, 50, 100, 150, 200, 250])
plt.xlabel("AQI 值")
plt.ylabel("个数")
plt.title("天津 2021 年 AQI 值区间个数")
plt.show()
```

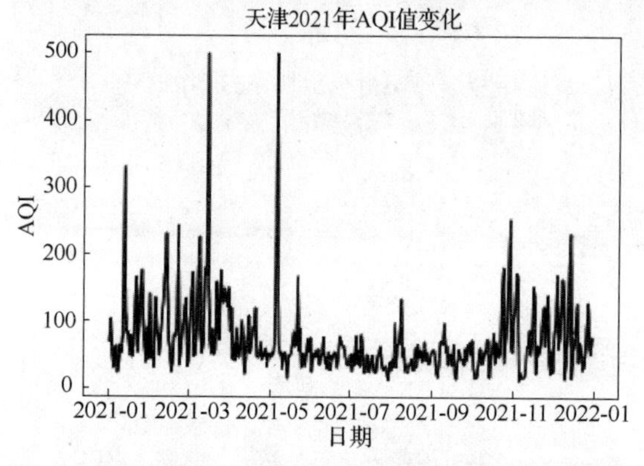

图 15-10　绘制天津 2021 年 AQI 值折线图程序运行结果

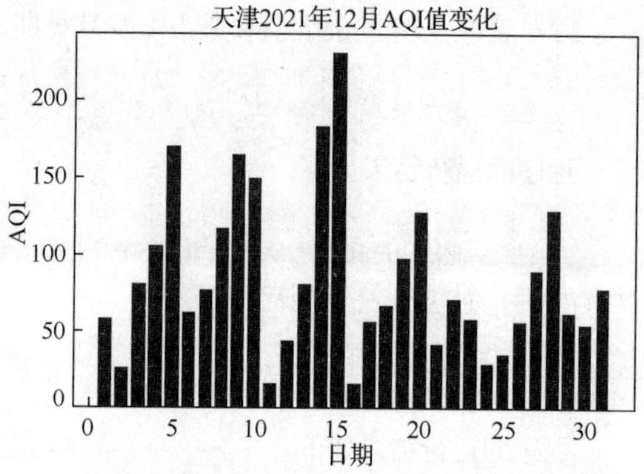

图 15-11　绘制天津 2021 年 12 月 AQI 值柱状图程序运行结果

程序的运行结果如图 15-12 所示。

（4）绘制质量等级饼图。

```
df_quality = df['质量等级'].value_counts()
plt.rcParams["font.family"] = "SimHei"
data = df_quality.values
labels = df_quality.index
plt.pie(data, labels = labels, autopct = "%.2f%%")
plt.title("天津 2021 年质量等级饼图")
plt.show()
```

程序的运行结果如图 15-13 所示。

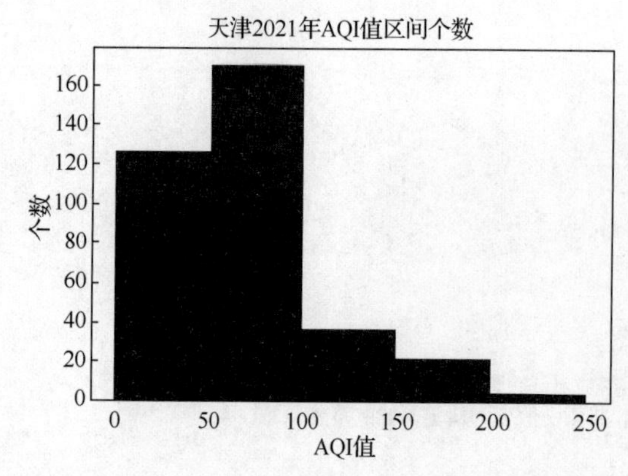

图 15-12　绘制 AQI 值不同区间直方图程序运行结果

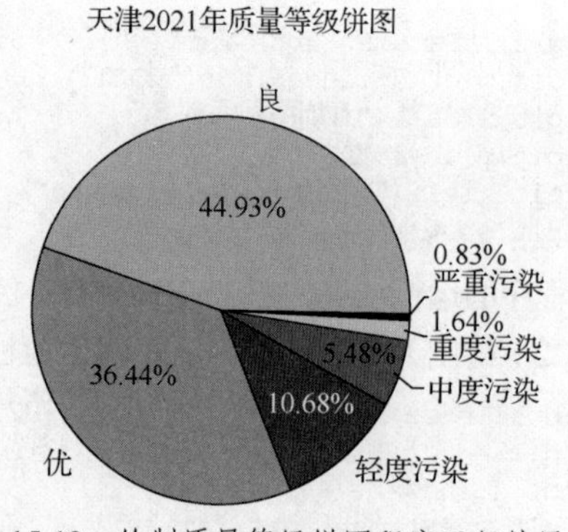

图 15-13　绘制质量等级饼图程序运行结果

（5）绘制 PM2.5 与 AQI 关系散点图。

```
plt.rcParams["font.family"]="SimHei"
plt.scatter(df['PM2.5'], df['AQI'])
plt.xlabel("PM2.5")
plt.ylabel("AQI")
plt.title("PM2.5 与 AQI 关系")
plt.show()
```

程序的运行结果如图 15-14 所示。

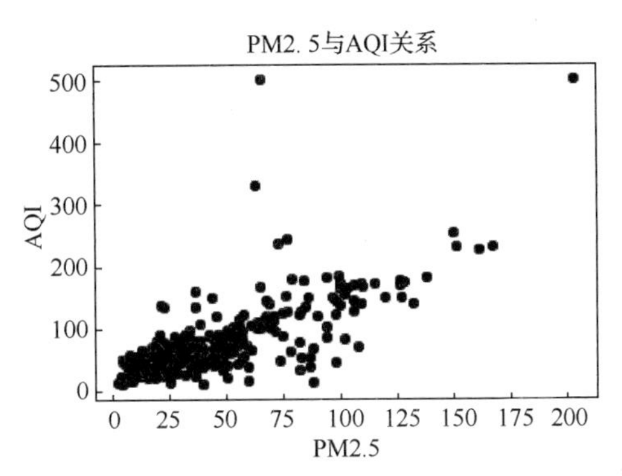

图 15-14　绘制 PM2.5 与 AQI 关系散点图程序运行结果

习题

一、选择题

1. 以下程序的运行结果是（　　）。

```
import numpy as np
data = np.array([10, 15, 20])
print(data)
```

A. 101520　　B. 10 15 20　　C. [10,15,20]　　D. [10 15 20]

2. 以下程序的运行结果是（　　）。

```
import numpy as np
data = np.array([1, 2, 3, 4, 5, 6])
print(data[-4:])
```

A. [-4]　　B. [3 4 5 6]　　C. [1 2 3 4]　　D. [3]

3. NumPy 中计算标准差的方法是（　　）。

A. mean()　　B. sum()　　C. max()　　D. std()

4. 以下选项中，（　　）不是 NumPy 的常用属性。

A. ndim　　B. shape　　C. size　　D. add

5. pandas 中的 DataFrame 是（　　）数据。

A. 一维　　B. 二维　　C. 三维　　D. 四维

6. pandas 中 Series 的 values 属性是（　　）。

A. Series 的索引值　　B. Series 的元素个数

C. Series 的元素类型　　D. Series 的元素值

7. DataFrame 中使用下标值访问元素的函数是（　　）。

A. iloc()　　B. loc()　　C. get()　　D. set()

8. DataFrame 中获取“weight”列的数据的代码是（　　）。

A. df.iloc["weight"]　　B. df.loc["weight"]

C. df["weight"]　　D. df.get["weight"]

9. DataFrame 中获取列索引的代码是（　　）。

A. df.index　　B. df.columns　　C. df.getcolumns　　D. df.getindex

10. pandas 中读取 CSV 文件的方法是（　　）。

A. pd.open_csv( )　　B. pd.read_csv( )　　C. pd.csv( )　　D. pd.input_csv( )

11. pandas 中 read_csv( )函数中 names 参数的作用是（　　）。

A. 自定义索引　　B. 自定义列名称

C. 指定行数用来作为列名　　D. 指定读取哪些列

12. pandas 中 to_csv( )函数中 sep 参数的默认值是（　　）。

A. 换行　　B. 空格　　C. 逗号　　D. 分号

13. pandas 中 describe( )函数的作用是（　　）。

A. 数量统计　　B. 查看数据大致信息　　C. 查看数据类型　　D. 数据的统计信息

14. 下列关于 Matplotlib 的方法，说法错误的是（　　）。

A. plt.pie( )方法用于绘制饼图

B. plt.plot( )和 plt.bar( )方法都可以用于绘制折线图

C. plt.hist( )方法用于绘制直方图

D. plt.scatter( )方法用于绘制散点图

15. 当 plt.legend( )方法不传参数时，图例默认会显示在（　　）。

A. 左上角　　B. 右上角　　C. 中间　　D. 合适的位置

二、编程题

1. 创建一个 ndarray 对象，其数据为 10、20、30、40、50，计算最大值、最小值和平均值，并输出结果。

2. 文件“天津 2021 年天气.csv”中存放了天津市 2021 年的天气情况，其中包括日期、最高气温、最低气温、天气、风向、风力（级）。对这些数据进行如下分析。

（1）读取数据。

（2）查看数据的各列信息是否存在缺失值。

（3）分析统计最低气温、最高气温的平均值。

（4）绘制最高气温的折线图。

（5）绘制最高气温和最低气温的柱状图。

（6）绘制不同天气天数的饼图。

（7）绘制不同风力的直方图。

第16章 人工智能程序设计

随着人工智能（Artificial Intelligence，AI）技术的发展，人工智能在越来越多的领域辅助人们的生产和生活。Python 提供了丰富的人工智能开发库及第三方库，利用这些库可以高效地开发人工智能程序。本章讲解使用 scikit-learn 库和百度 AI 开放平台开发人工智能程序，使读者了解和掌握人工智能的相关开发技术。

16.1 人工智能的概念

人工智能是研究、开发用于模拟、延伸和扩展人的智能的理论、方法、技术及应用系统的一门新的技术科学，通过程序模仿人类思维的过程完成一些复杂工作。

人工智能主要研究内容包括知识表示、机器学习、自然语言处理、计算机视觉、智能机器人、自动程序设计等。本章介绍的人工智能开发，多数都与机器学习有关。

人类的学习按逻辑顺序可分为 3 个阶段，分为输入、整合、输出。机器学习是指用某些算法指导计算机利用已知数据得出适当的模型，并利用此模型对新的情境给出判断的过程。机器学习是人工智能领域的一个分支，是一门多领域交叉学科。机器学习是对人类生活中学习过程的模拟，它可以通过计算机在计算中通过经验自动改进算法。

机器学习在 20 世纪 80 年代开始发展，常见研究方向包含决策树、随机森林、人工神经网络、朴素贝叶斯等。机器学习的应用领域非常多，简单介绍如下。

（1）垃圾邮件过滤：自动识别垃圾邮件中的关键字。

（2）推荐系统：用户在线购物时推荐产品。

（3）语音识别：智能录音笔，自动完成语音转文字。

（4）文字识别：智能翻译笔。

（5）图像识别：自动驾驶。

（6）自然语言处理：文字语义识别。

16.2 scikit-learn 库

scikit-learn 库是一个免费的 Python 语言的机器学习库。scikit-learn 库包含多种机器学习算法，如回归和分类、支持向量机、决策树、随机森林、朴素贝叶斯等。scikit-learn 库中不仅提供了各种机器学习算法，还提供了机器学习数据，因此其广受欢迎。

在 scikit-learn 库包含的各种算法中，简单且常用的算法是回归分析。回归分析是利用回归方程对一个或多个自变量和因变量之间的关系进行建模的一种算法。被预测的变量称为因变量，被用来进行预测的变量称为自变量。回归分析分为简单线性回归（Simple Linear Regression）、多元线性回归、多项式回归。

简单线性回归是回归分析中最简单的一种算法。简单线性回归中包含一个自变量（x）和一个因变量（y），自变量和因变量之间的变量关系通过一条直线来模拟。通过线性回归方程 $y=ax+b$ 来表示自变量和因变量的数量关系。由于所有自变量无法通过线性回归方程 $y=ax+b$ 完全拟合，因此在进行方程计算时使用最小二乘法保证 y 的值和线性回归方程距离最小。

在使用简单线性回归进行方程拟合时，需要使用 import 导入相应模块，代码如下：

```
from sklearn.linear_model import LinearRegression
```

使用 LinearRegression( )函数创建简单线性回归模型，其语法格式如下：

```
model = LinearRegression()
```

模型创建完成后，还需要将自变量数据和因变量数据进行模型拟合来计算简单线性回归方程。使用 fit( )函数可以创建简单线性回归方程，其语法格式如下：

```
model.fit(x的值, y的值)
```

简单线性回归方程创建完成后，还可以使用新 x 值计算预测 y 值。使用 predict( )函数可以进行预测，其语法格式如下：

```
model.predict(data)
```

参数说明如下。

data：用于预测的 x 值。

16.3 百度 AI 开放平台

百度 AI 开放平台是百度公司提供的一个全面、开放的人工智能技术平台，它提供了语音、图像、自然语言处理、视频、知识图谱等多个方向的人工智能技术。百度 AI 开放平台为用户提供了可以直接调用的、简单易用的 API。用户不需要自行编写机器学习算法，直接使用平台提供的 API 函数就可以实现各种人工智能的开发。

百度 AI 开放平台提供了语音识别、图像识别、文字识别、人脸识别、自然语言处理、增强现实（Augment Reality，AR）特效等人工智能技术。

本节选用百度 AI 开放平台中的货币识别 API，完成货币识别。货币识别是识别图像中货币的类型，以纸币为主，正反面均可准确识别，可以识别各类常见货币，如美元、欧元、英镑、澳大利亚元、卢布、日元、韩元、泰铢、印尼卢比等。API 则返回货币的名称、代码、面值、年份信息。

使用百度 AI 开放平台的货币识别 API 时，可以通过向网页发送 HTTP 的 POST 请求，获得包含货币信息的返回信息。返回信息如表 16-1 所示。

表 16-1　返回信息

字段	是否必选	类型	说明
log_id	是	uint64	请求标识码，随机数，唯一
result	是	dict	识别结果如下。 （1）hasdetail：uint 类型，判断是否返回详细信息（除货币名称之外的其他字段），含有则返回 1，不含有则返回 0 （2）currencyName：string 类型，货币名称，无法识别则返回空 （3）currencyCode：string 类型，货币代码。hasdetail = 0 时，表示无法识别，该字段不返回 （4）currencyDenomination：string 类型，货币面值。hasdetail = 0 时，表示无法识别，该字段不返回 （5）year：string 类型，货币年份。hasdetail = 0 时，表示无法识别，该字段不返回

使用百度AI开放平台编写货币识别程序的主要步骤如下。

1．注册并登录百度AI开放平台

在使用百度AI开放平台前，需要注册并登录百度AI账户。单击官网首页“控制台”按钮，如图16-1所示。

图16-1　官网首页“控制台”按钮

2．选择相应功能模块

登录后需要选择要使用的API所属模块，货币识别属于图像识别模块，如图16-2所示。

3．创建应用

单击“创建应用”按钮，创建人工智能程序，填写应用名称和应用描述信息，设置接口选择和应用归属。百度AI开放平台会创建相应模块程序，如图16-3所示。

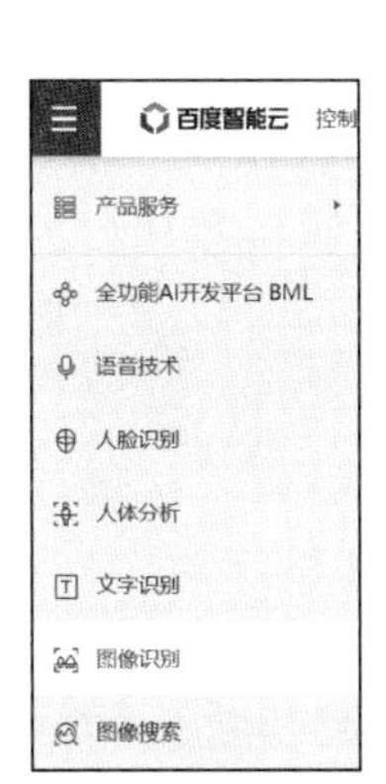

图16-2　选择所属模块

图16-3　创建货币识别程序

4．查看应用详情

程序创建完成后，可以查看应用程序详情，并获取AppID、API Key、Secret Key，这些信息被应用于程序中以调用API，如图16-4所示。

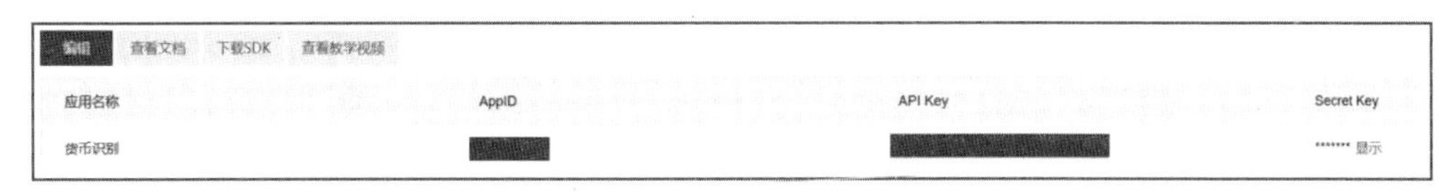

图16-4　应用程序详情

5．查看API文档

在使用百度AI的API前，需要查看API的使用方法。货币识别API的基本信息如下。

（1）API请求次数限制：每个接口每天免费赠送100次。

（2）API请求参数。

image：图像数据、base64编码，要求base64编码后大小不超过4MB，最短边至少15像素，最长边最大4096像素，支持JPG/PNG/BMP格式。

（3）返回结果。

① result：dict类型。

② currencyName：货币种类，无法识别则返回空。

③ currencyCode：货币代码。

④ currencyDenomination：货币面值。

⑤ year：货币发行年份。

6．货币识别程序基本框架

货币识别程序基本框架如下：

```
request_url = "https://aip.baidubce.com/rest/2.0/image-classify/v1/currency"
params = {"image":本地图像文件}
access_token = '[调用接口获取的token]'
request_url = request_url + "?access_token=" + access_token
headers = {'content-type': 'application/x-www-form-urlencoded'}
response = requests.post(request_url, data=params, headers=headers)
```

说明如下。

（1）本地图像文件：用来识别的本地图像文件。

（2）调用接口获取的 token：获取的货币识别程序的 token。

7．获取 Access Token

调用货币识别 API，需要使用 Access Token。我们可以通过如下代码获取 Access Token。

```
import requests
#client_id 为官网获取的API Key，client_secret 为官网获取的Secret Key
host = 'https://aip.baidubce.com/oauth/2.0/token?grant_type=client_credentials &
client_id=[官网获取的AK]&client_secret=[官网获取的SK]'
response = requests.get(host)
if response:
    print(response.json()['result'])
```

8．货币识别程序

货币识别程序在运行前需要先获取 Access Token，其完整代码如下：

```
import requests
import base64
request_url = "https://aip.baidubce.com/rest/2.0/image-classify/v1/currency"
f = open('1980版50.jpg', 'rb')  #以二进制方式打开图片文件
img = base64.b64encode(f.read())
params = {"image":img}
access_token = '[调用鉴权接口获取的token]'   #填入获取的access_token
request_url = request_url + "?access_token=" + access_token
headers = {'content-type': 'application/x-www-form-urlencoded'}
response = requests.post(request_url, data=params, headers=headers)
if response:
    print("货币种类：", response.json()['result']['currencyName'])
    print("货币代码：", response.json()['result']['currencyCode'])
    print("货币面值：", response.json()['result']['currencyDenomination'])
    print("货币发行年份：", response.json()['result']['year'])
```

识别后将显示货币种类、货币代码、货币面值和货币发行年份等信息。

16.4 综合案例

前文讲解了使用 scikit-learn 库开发人工智能程序和百度 AI 开放平台。本节将通过一个综合案例，读入 CSV 文件、对数据进行分析以及可视化，创建简单线性回归模型并进行预测，以综合应用前文所讲内容。

本案例将分析天津 2021 年空气质量数据，CSV 文件中存储了天津市 2021 年每一天的空气质量检测数据。通过简单线性回归建立 PM2.5 与 AQI 的关系模型，预测 AQI 值。

1．读取数据

数据存储于 CSV 文件中，数据文件名称为“AQI 预测训练数据.csv”。读取数据的程序如下：

```
import pandas as pd
import matplotlib.pyplot as plt
from sklearn.linear_model import LinearRegression
df_train = pd.read_csv("AQI 预测训练数据.csv")    #读入训练数据
print(df_train.head(10))
```

程序的运行结果如下。

```
    AQI     PM2.5      PM10    SO2     NO2     O3       CO
0    71        51        86     18      62     20     1.45
1   103        53        77     15      55     21     1.63
2    57        58        81     17      60     28     1.72
3    30        29        55     11      46     54     1.05
4    57        11        28      6      25     62     0.46
```

2．分析数据

通过绘制图分析 PM2.5 与 AQI 之间关系的程序如下：

```
plt.rcParams['font.sans-serif'] = ['SimHei']
plt.scatter(df_train["PM2.5"], df_train["AQI"])
plt.title("PM2.5 与 AQI 关系")
plt.xlabel("PM2.5")
plt.ylabel("AQI")
plt.legend()
plt.show()
```

程序的运行结果如图 16-5 所示。

简单线性回归的目的是找出 PM2.5 与 AQI 的关系，即构建简单线性方程，其示意图如图 16-6 所示。

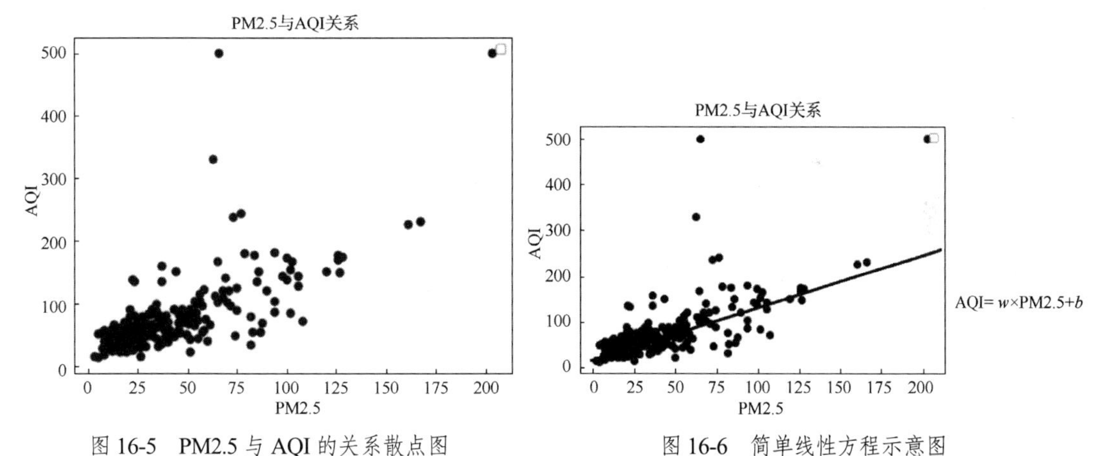

图 16-5　PM2.5 与 AQI 的关系散点图　　　图 16-6　简单线性方程示意图

3．获取训练数据

获取训练数据中自变量为 PM2.5 的值、因变量为 AQI 的值的程序如下：

```
#取训练集的 x 值（自变量）
X_train = df_train["PM2.5"].to_frame()
#取训练集的 y 值（因变量）
y_train = df_train["AQI"]
```

4．构建简单线性回归模型

根据 PM2.5 和 AQI 的值构建简单线性模型的程序如下：

```
#训练模型，拟合简单线性回归模型
model = LinearRegression()
model.fit(X_train, y_train)
```

5．查看训练结果

简单线性回归模型建立后，使用训练数据中 PM2.5 值预测 AQI 值，并根据 PM2.5 值和预测的

AQI 值绘制简单线性方程。其程序如下：

```
#计算训练集的预测结果
y_trainPred = model.predict(X_train)
#绘制训练集的原始数据和线性模型的图形
plt.scatter(X_train, y_train, color = 'red')
plt.plot(X_train, y_trainPred, color = 'blue')
plt.title('简单线性回归训练值与线性函数')
plt.xlabel('PM2.5')
plt.ylabel('AQI')
plt.show()
```

程序的运行结果如图 16-7 所示。

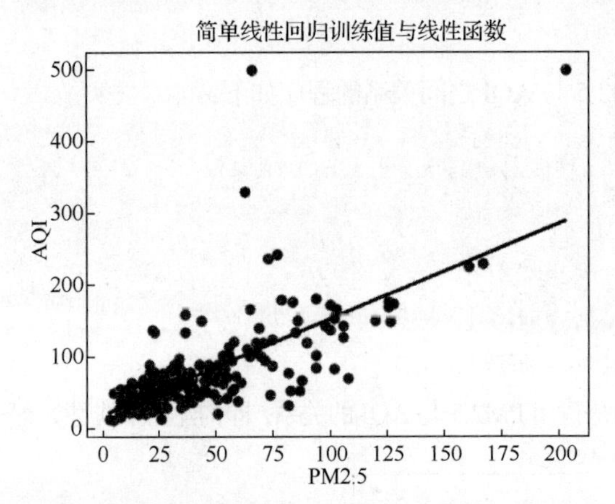

图 16-7　简单线性回归训练值与线性函数程序运行结果

6．查看回归方程

根据回归方程的斜率和截距，构建回归方程。

```
print("回归方程：", "y = ", model.coef_[0], " * x + ", model.intercept_)
```

程序的运行结果如下。

```
回归方程： y = 1.331042470961497 * x + 19.24816697341892
```

习题

一、选择题

1. AI 的英文全称是（　　）。

   A. Automatic Intelligence　　B. Artificial Intelligence

   C. Automatic Information　　D. Automatic Intelligence

2. 以下关于人工智能的叙述中，错误的是（　　）。

   A. 人工智能与其他科学技术相结合，极大地提高了应用技术的智能化水平

   B. 人工智能是科学技术发展的趋势

   C. 人工智能是 20 世纪 50 年代才开始的一项技术，还没有得到应用

   D. 人工智能有力地促进了社会的发展

3. 以下选项中，（　　）不是人工智能发展过程中的重要事件。

   A. 1950 年“图灵测试”的提出　　B. 20 世纪 70 年代专家系统诞生

   C. 1997 年“深蓝”战胜国际象棋世界冠军　　D. 2010 年苹果第四代手机 iPhone 4 发布

4. 以下关于机器学习的说法中，错误的是（　　）。

A. 机器学习是对人类生活中学习过程的模拟

B. 机器学习是从大量历史数据中挖掘出其中隐含的规律，并用于预测或者分类

C. 机器学习是人工智能的一部分

D. 机器学习就是计算机脱离人类自己学习

5. scikit-learn 库包含很多模型，其中（　　）不是其包含的模型。

A. XGBoost　　B. 回归　　C. 随机森林　　D. SVM

6. sklearn 中线性回归的包名称是（　　）。

A. LinearRegression　　B. SimpleLinearRegression

C. MultipleLinearRegression　　D. PolynomialRegression

7. sklearn 中 fit( )函数的作用是（　　）。

A. 适应数据　　B. 训练数据　　C. 预测数据　　D. 调整数据

8. sklearn 中 predict( )函数的作用是（　　）。

A. 适应数据　　B. 训练数据　　C. 预测数据　　D. 调整数据

9. 百度 AI 开放平台中使用 HTTP 方式调用 API，使用的 HTTP 方法是（　　）。

A. get( )　　B. put( )　　C. post( )　　D. send( )

10. 百度 AI 开放平台中使用货币识别 API 的返回数据类型是（　　）。

A. list　　B. array　　C. ndarray　　D. dict

11. 百度 AI 开放平台中使用 HTTP 方式调用 API 前需要先（　　）。

A. 获取 token　　B. 获取 API Key　　C. 获取 Secret Key　　D. 获取 App ID

二、编程题

1. 根据“AQI 预测训练数据.csv”文件中保存的空气质量数据，使用 scikit-learn 库中的简单线性回归建立 PM10 与 AQI 的关系模型，预测 AQI 值。

2. 调用百度 AI 的 API 对纸币图片进行识别，获取纸币相关信息。

参考文献

[1] 中国高等院校计算机基础教育改革课题研究组. 中国高等院校计算机基础教育课程体系2014[M]. 北京：清华大学出版社，2014.

[2] 教育部高等学校计算机基础课程教学指导委员会. 大学计算机基础课程教学基本要求[M]. 北京：高等教育出版社，2016.

[3] 宁爱军，熊聪聪. 以能力培养为重点的程序设计课程教学[C]. //全国高等院校计算机基础研究会. 全国高等院校计算机基础教育研究会 2006 年会学术论文集. 北京：清华大学出版社，2006.

[4] 宁爱军，赵奇. Visual Basic 程序设计[M]. 北京：中国铁道出版社，2015.

[5] 熊聪聪，宁爱军. C 语言程序设计[M]. 3 版. 北京：人民邮电出版社，2020.

[6] 谭浩强. C 语言程序设计[M]. 3 版. 北京：清华大学出版社，2005.

[7] 甘勇，吴怀广. Python 程序设计[M]. 北京：中国铁道出版社，2019.

[8] 王学军. Python 程序设计[M]. 北京：人民邮电出版社，2017.

[9] 夏敏捷，杨关，张西广. Python 程序设计应用教程[M]. 2 版. 北京：中国铁道出版社，2018.

[10] 虞歌. Python 程序设计基础[M]. 北京：中国铁道出版社，2018.

[11] 龚良彩，谭杨. Python 程序设计[M]. 北京：清华大学出版社，2021.

[12] 吕云翔. Python 程序设计基础教程[M]. 北京：机械工业出版社，2018.

[13] 嵩天，礼欣，黄天羽. Python 语言程序设计基础[M]. 2 版. 北京：高等教育出版社，2017.

[14] 董付国. Python 程序设计[M]. 2 版. 北京：清华大学出版社，2016.